短程心理咨询的
方法与艺术

两仪心理疗法的世界 ·修订版·

杨文圣　著

上海交通大学出版社
SHANGHAI JIAO TONG UNIVERSITY PRESS

内容提要

现代人被各种烦恼包围,如原生家庭的创伤、学习就业的压力、情感婚恋的危机、人际相处的不快、抑郁焦虑的侵袭、生活意义的困惑。如何帮助自己快速地克服它们,如何帮助我们的家人、朋友、学生快速地克服它们,是每一个现代人必须回答的问题。

对于以上问题,本书作者基于自身二十三年的专业心理咨询经验与反思,以丰富的案例、直白的语言做出了干脆利落的回答。回答整合现代西方心理学理论和中国传统文化,形成一个独特的理论体系,完美展现快速简练、以问题解决为中心的短程心理咨询艺术。这种咨询艺术能够以柔克刚、因势利导地化解各种的心理问题。本书适合学生、教师、辅导员、家长、心理咨询工作者等使用。

图书在版编目(CIP)数据

短程心理咨询的方法与艺术 : 两仪心理疗法的世界 /
杨文圣著. -- 修订版. -- 上海 : 上海交通大学出版社,
2025. 4. -- ISBN 978-7-313-32553-2

Ⅰ. B849.1

中国国家版本馆 CIP 数据核字第 2025CC9877 号

短程心理咨询的方法与艺术
——两仪心理疗法的世界(修订版)
DUANCHENG XINLI ZIXUN DE FANGFA YU YISHU
——LIANGYI XINLI LIAOFA DE SHIJIE (XIUDING BAN)

著　　者:杨文圣
出版发行:上海交通大学出版社　　　　　　　地　　址:上海市番禺路 951 号
邮政编码:200030　　　　　　　　　　　　　　电　　话:021-64071208
印　　制:上海盛通时代印刷有限公司　　　　经　　销:全国新华书店
开　　本:710 mm×1000 mm　1/16　　　　印　　张:17
字　　数:257 千字
版　　次:2022 年 9 月第 1 版　2025 年 4 月第 2 版　　印　　次:2025 年 4 月第 3 次印刷
书　　号:ISBN 978-7-313-32553-2
定　　价:59.80 元

序 一

　　大学生是当今社会中最具活力的一个群体,他们的身心健康与发展状况关系到我们这个国家与民族的希望与未来。我国高度重视大学生的心理健康教育工作,将其作为新形势下贯彻党的教育方针、落实立德树人根本任务的重要举措。由于大学生心理健康教育工作是提升教育质量、实施素质教育的重要途径和方法和高等学校立德树人工作的重要内容,我国先后出台一系列的政策来扶持、促进、加强这项工作。

　　习近平总书记在全国高校思想政治工作会议上强调,"要坚持不懈促进高校和谐稳定,培育理性平和的健康心态,加强人文关怀和心理疏导,把高校建设成为安定团结的模范之地"。上海交通大学坚决贯彻落实习近平重要讲话精神,长期以来高度重视学生心理工作,形成了特色鲜明、富有成效的心理健康教育工作体系。

　　上海交通大学的心理健康教育工作起于 20 世纪 80 年代,是我国最早开展这项工作的高校之一。三十多年来,校心理健康教育与咨询中心先后开展了心理咨询、团体辅导、危机干预、学生骨干培训、辅导员培训等活动,在校园里普及心理健康知识,提升大学生的心理健康意识,有力促进了学生的身心发展,为学校的建设与发展做出重要贡献。近年来,我校进一步加大了心理健康教育的力度。2020 年,我校面向全体新生开设"大学生心理健康"必修课。2021 年,我校大幅度扩充、增强了学校心理健康教育队伍并推出一系列创新举措,大大提高了学校心理健康教育的覆盖面。我们期望在校园里形成人人重视大学生心理健康的氛围,提高全体交大人的身心素质,让同学们更阳光、更真诚、更有责任感、更有韧性,帮助他们成长为能对国家、对社会做出更大的贡献的人。

　　大学生心理健康教育与咨询工作源于西方,很多理论亦来自西方。但在中国大地开展大学生心理健康教育与咨询工作需要扎根中国大地,做好理论总结与提炼,进而发展出我们自己的理论,才能提升工作水平、提高针对性。

　　杨文圣老师是上海交通大学心理中心的一名教师,在从事大学生心理健康教育的二十余年里,他一直在心理健康教育的第一线,直接接待了数千名寻求心理咨询的大学生,对数百名大学生进行过危机干预。在实践中,杨文圣老师勤于思考,积极总结经验,在阅读大量中外文献的基础上,依托中国优秀传统文化,吸收现代西方主流心理学思想,提出了自己的理论体系,为大学生心理健康教育提供了重要的理论支撑。尤为可喜的是,杨老师还一直积极参与国际学术对话,向西方同行传递中国声音,为提升我国心理健康教育的国际声誉做出了难能可贵的贡献。

　　祝愿杨文圣老师在学术上取得更大的成绩,在维护学生身心健康和促进其全面发展的工作中继续勤奋耕耘、收获满满。

　　是为序。

2021 年 10 月 5 日于上海交大

上海交通大学党委书记
教育部普通高等学校学生心理健康教育专家指导委员会　副主任委员
上海学校心理健康教育专家指导委员会　主任委员

序　二

近年来,中国经历着剧烈快速的经济增长和社会变革。不出所料,心理学工作者的许多研究显示中国社会对心理健康服务和咨询需求相应增加。中国,无论是儿童还是成人,抑郁、焦虑、上瘾和人际关系问题都显著增多了。不幸的是,中国心理咨询行业的发展并没有跟上这些趋势。中国迫切需要经过专业训练的咨询师来缩小这一差距。目前,中国有培训项目和继续教育项目可以提供给想从事咨询职业或提高其技能的个人,但这样的培训机会数量有限。此外,他们通常只是在推广西方心理学的理论和实践框架。

然而,心理学学者和心理咨询师们越来越质疑在中国实施西方心理咨询和心理治疗模式的适当性和有效性。许多专业人士被西方模式吸引,并欣然接受它们,认为它们对发展中国的咨询很重要。与此同时,许多中国咨询师发现,西方的模式不足以与中国当事人建立有效的咨询关系或治疗关系。事实上,中国的从业者经常抱怨说,不加调整地使用西方模式,对他们的当事人似乎没有他们预期地那么有效。例如,当事人可能会对心理动力学方法感到失望,因为在这种方法的咨询关系里感受不到预期的情感支持或改变的希望。同样,其他的当事人可能会发现一个严格的认知行为方法指导性太强,这妨碍了他们咨询中放松、诚实地吐露心声。如果引进的西方模式不适应当地的文化价值观和规范,它们就可能不管用,当事人也可能永不再来。

当然,中国采用西方模式有很大的价值。当前,本土的心理咨询模式——直接面向中国基本文化价值观和哲学的模式——在中国咨询从业人员可用的工具库中还没有普及。这使得中国咨询师们很难获知如何调整西方模式以适应国情——几乎没有相关的步骤或技巧去指导他们。我们迫切需要这方面的资源来加强中国的咨询实践——特别是需要与中国人生活息息相关的文化咨询理论和有效技术。

这本书是心理咨询和心理治疗理论体系发展中的重要一步，它将西方心理咨询理论的核心要素融入中国传统哲学和价值观。它是十多年的学术研究、写作和思考的产物。其极具价值的贡献之一，是创新性地将中国传统哲学化为专业心理咨询实践。杨博士详细讨论了八十多个案例，让读者清楚地了解如何将理论转化成实践。

全书包含了丰富的理论和实践指导，涵盖了个人咨询领域的方方面面。它是中国本土心理咨询理论发展的一个重要进展。书的第一章阐述了儒道思想与现代人文主义相结合的途径。它的特色是，在讨论心理困扰本质时，不像许多典型的西方观点把重点放在精神病理学或诊断上。相反，杨博士巧妙而清晰地描述了一个咨询的总体框架，该框架适用于处理所有生活中遭遇困扰的人们，而不仅仅是那些遭受极度痛苦的人。它清楚地概述了咨询师如何通过帮助当事人重建阴阳平衡来获得对生活的掌控感，从而重获希望。第二章用详细的实例阐述该理论模型。在这里，杨博士透过中国传统哲学之镜，呼吁人们关注心理咨询基本的原则。例如，他深入透彻地阐述了如何在咨询领域贯彻中国古老的"以退为进，以柔克刚"思想以帮助咨询师应对挑战。

第三章极富创造性，是对心理咨询实践的重要贡献。杨文圣博士详细介绍了一个革新的六维模型来构建咨询干预的体系。他提供了一个非常细致的框架，整合了对西方和中国多种咨询理论中的评估和干预技术。同样具有创新性的是他在第四章中提供的阐述。在这里，他重点通过将每次会谈分为咨询四季来阐述短程心理咨询。其中咨询的每一季都要求完成特定的任务。他的创造性的框架，是对短程心理咨询基本元素成功、巧妙的整合。

在本书的第一篇附录中通过一名被诊断为双相情感障碍的大学生的真情实感的自述，来集中展示前面章节讨论的主题和思想。在这里，杨博士在每次当事人的自述后面都附上了咨询师的意见。这一案例令人信服地展示了杨文圣博士提出的这种整体咨询方案的创造力和有效性。

　　杨博士是一位有卓越成就的咨询师和心理治疗师。这本书表明,在他的内心深处,他也是一个哲学家和诗人。在这本书中,他带我们踏上了一段激动人心的重要旅程。更重要的是,他为我们提供了一本提升中国心理咨询质量所急需的教科书。

杰弗里·普林斯　博士

2017 年 5 月于美国旧金山

美国心理学会(APA)会士(Fellow)

国际心理咨询协会(IACS)前主席

加州大学伯克利分校心理咨询中心时任主任(现已荣休)

序　三

在中国,心理学是舶来品,心理咨询学更是。随便翻开一本书,能看到充满了西方心理学的各种思想与理论。在心理学全面西化的过程中,一些学者开始构建中国的心理咨询理论,钟友彬、李心天、杨德森、张亚林、鲁龙光、朱建军等前辈都曾提出过自己的理论,对心理咨询理论的本土化作过重要贡献。尽管不多,但是弥足珍贵! 杨文圣博士于二十年前就开始酝酿的心理咨询的思想与理论,而今终于破土而出,开花结果。祝贺!!!

文圣博士的这本书全面呈现了一个中国本土心理咨询理论,它有一个很雅致的名字——两仪心理疗法。作者整合了中国传统文化和众多国际主流心理咨询理论,提出全新的心理咨询架构,蕴含一系列具体的、可操作的咨询策略和会谈技巧。他创造性地提出心理咨询的方向为改变人心的力量对比,心理咨询基本原则是以退为进,以柔克刚;因势利导,阴消阳长。最后还以涧水为意象,阐释心理咨询犹如古人言兵:兵无常式,水无常形,相机而动,随机应变。这是作者在给大学生多年做心理咨询的实践中不断探索整合而出的理论,书中还呈现了丰富的案例以说明理论的实效。尽管两仪心理疗法的理论宏观磅礴,但是他与个案的工作中却展现了一份诗意和浪漫。

我与文圣博士是同行,他质朴、真实,有自己的思想,有学者的良知,不媚俗,难能可贵! 我们在诸多同行会议中相识、相知而成为挚友。印象最深的是在 2016 年 5 月在西安交通大学举办的中国心理卫生协会大学生心理咨询专业委员会第五届委员会第三次会议暨 2016 年全国高校心理健康教育高峰论坛上,文圣博士在分会上发言,介绍当时还称为"涧水疗法"的"两仪心理疗法"。讲者行云流水,陶醉其中;听者晕头转向,不明就里。我就希望他能系统全面接地气地呈现他思考和实践的结果。今天,他做到了。

所有的心理咨询理论都基于对人性的理解来阐释心理问题（苦恼、痛苦）怎么产生和怎么疗愈。尽管萨提亚理论强调人性中98%都是一样的，但是环境文化仍然在塑造人性方面起了重要的作用。后现代的心理咨询与治疗理论尤其强调文化对问题的建构，强调在人格塑造中文化系统的力量以及当个体把自我认同从文化的压制中解放出来的时候个体所获得的力量。希望在中国优秀传统文化中崛起的两仪心理疗法对于中国民众心理世界更有解释力和疗愈力。

是为序。

李焰

2019 年 1 月 25 日于清华园

清华大学学生心理发展指导中心主任
中国心理卫生协会大学生心理咨询专业委员会主任委员
教育部普通高校心理健康教育专家指导委员会副秘书长
中国心理学会临床心理学注册工作委员会第四届委员
中国心理学会注册督导师(D‑12‑004)

前　言

我是一名心理咨询师。

我的日常工作就是待在一间小屋里听各种人讲述他们的烦恼。在其中,我努力理解他们,安慰他们,并力争在非常有限的时间里帮助他们发现问题的解决之道。

这事,我做了二十三年。

我发现他们的问题有很多共性。例如,很多人都会说原生家庭带给他们的创伤,很多人都会说他们和身边人相处得不快,很多人都会说他们对于人生发展的迷茫。

我还发现我对这些问题的处理也有很多共性。例如,对于原生家庭问题,我会和他们讨论原生家庭到底影响了他们的什么:是自信心吗?是自我价值感吗?是安全感吗?然后锚定它们,鼓励咨询者在生活中或者就在咨询的当下解决它们,从而帮助他们和过去道别,集中精力创造属于自己的精彩人生。我不愿意他们沉浸在过往的痛苦里。

有时,我会想,有没有可能写一本书,对我处理的方法、技巧进行分类、编码、汇总,帮助现代人自己解决自己的烦恼,也帮助同行在咨询中汲取我的经验,少走弯路。

西人说,太阳底下无新事。

我相信,现代人面临很多共性问题,而人们对它们的处理也有共性。我要总结出这些共性,这是我的使命。

我行动了。

我行动的方式是不停地做咨询、思考、阅读和写作。这些年,我在中外期刊和会议论文集上,以"涧水疗法"之名陆续发表十余篇论文,阐述我的思考。那些思考,或许粗陋,但是,我想说,它们是真挚的。

时光荏苒,岁月如梭。二十三年匆匆过去,现在呈现在你面前的即是我这些年思考的集成。

说书的内容吧。

书的第一章和第二章主要讨论现代人心理困扰的本质以及心理咨询的原则,阐明我的咨询理念和逻辑根基,所以稍显抽象晦涩。**对于只关心心理自助技巧的读者,这部分可以直接略过,完全无碍。**但对于想去帮助他人的读者不妨一读,因为研读这部分可以帮助你们用活后面的技术。

书的第三章讨论心理咨询策略。**这一章是全书的主体,众多的心理自助技术和心理咨询策略在此集聚。**在这一章,你会发现众多来自现代西方心理咨询流派的技术,如心理动力学疗法、认知行为疗法、积极心理学疗法和后现代疗法等,它们被凝练成一个个"招式"。在这一章,你也会发现众多来自中国传统哲学的思想,如儒家、道家、佛家等,它们同样被凝练成一个个"招式"。诸法平等,无有高下。这一章将中西思想糅合在一起。

书的第四章讨论心理咨询的过程。这一章将心理咨询过程分为春夏秋冬四个阶段,并分别阐述各个阶段的工作要点。同时,这一章还详细讨论了咨询师在咨询当中如何倾听,如何观察,如何分析,如何建议等一系列的谈话技术,为咨询策略的有效运用和咨询谈话的顺畅进行扫清道路。

书的第五章讨论心理咨询的意象。本章用"涧水"作为心理咨询的意象,努力阐述心理咨询的东方神韵,表达道法自然、天人合一的咨询理念。

书的最后介绍了一个咨询者的咨询自述和两个案例报告。如果说前面几章主要介绍心理咨询中各项技术、策略的分解动作和使用原则,那么这一章所做的就是生动展现如何在咨询实战中灵活运用它们。

书里列举了八十余个咨询个案片段,它们都是本人接待的个案。很多当事人来自上海的兄弟高校,有的还来自遥远的美国常春藤名校。**在其中,有约三分之一的个案是一次会谈即令当事人满意而归的,所以本书介绍的方法是短程心理咨询方法。**为了保护他们的个人隐私,本书对所有的个案进行了必要的处理。在此,我要对他们表示衷心的感谢:你们塑造了我,没有你们,就没有现在的我;同时,我也想对那些我没有帮助到的当事人表达我的歉意:我想帮助你们,但很遗憾我没有做到。

　　再说本书所阐述的心理咨询思想，它叫两仪心理疗法（英文 Yin-Yang Psychotherapy）。两仪即阴阳，取自《易经》里的"易有太极，是生两仪"。全书浸透着浓浓的阴阳思维，试图用阴阳这一范畴来统合心理咨询的方方面面。有的地方明确使用了阴阳概念，所以你会清晰看到它的身影；有的地方未明言，但你若细心，一定会嗅到它的芬芳。

　　感谢阅读！

　　祝我们多欢乐！

杨文圣
2022 年 5 月

目　录

询师可以和人们讨论他们内心的恐惧,帮助他们转变对待风险的态度,最后调整个人的行为,迎接挑战。

4 第四章
心理咨询的过程：四季模型

心理咨询的过程分为春夏秋冬四个阶段,每一个阶段都有自己的使命。咨询就是一次次的会谈。一次会谈就是一次的四季轮回,多次会谈就是多次的四季轮回。咨询会谈是咨询双方的心灵碰撞,它成功的希望不在咨询师身上,也不在咨询对象身上,而是在碰撞产生的火光之上。

较全面地了解咨询对象的生活状况,探索他们的内心世界,帮助其宣泄情绪,再启发他们多角度看待自己的问题以获得洞见。

1 第一章
心理困扰的本质

◆ 人的内心有主动性和执着性两种基本力量，它们相互依存，相互制约，因时变化。

◆ 心理困扰的本质是人的执着性遮住了人的主动性，恰似乌云遮住了太阳。

◆ 心理咨询要做的是帮助人们改变它们的力量对比，让人的主动性占据优势，让太阳绽放光芒。

人生而追求幸福。

英国思想家欧文说:"人类一切努力的目的在于获得幸福。"

我们常向往甜蜜的情感、健康的身体、优美的环境、可口的食物、辉煌的事业或充实的内心,我们相信它们就是幸福,我们追求它们。在这个世界,每一个人对幸福的定义是不同的,但是我们对幸福的期盼与追求没有分别。

然而,人生不得意十之八九。生活中,人们常常遭遇失意,具体如工作不顺、生活贫困、情感危机、学业不佳、适应不良等,为此,一些人或郁郁寡欢、或沉沦萎靡、或焦躁不安、或孤独迷茫。他们想摆脱心理困扰,但没有成功。他们选择寻求心理咨询的帮助。

可是,我们也可以看到一些人,他们遭遇了工作不顺、情绪不佳、情感危机、学习不佳、适应不良,但他们微笑着面对生活,他们没有心理的困扰。

同样的境遇,为什么有人有心理困扰,而有人没有?

中国人喜阴阳,遇到问题,常思考阴阳,试图从中找到问题的答案。《黄帝内经》云:"阴阳者,天地之道也,万物之纲纪,变化之父母,生杀之本始,神明之府也,治病必求于本。"大意为:(黄帝说)阴阳是宇宙间的一般规律,是一切事物的纲纪,万物变化的起源,生长毁灭的根本,世间一切玄妙存乎其中。凡医治疾病,必须求得病情变化的根本,而道理不外乎阴阳二字(谢华,2001)。

那么,阴阳又是什么呢?冯友兰先生指出:阳字本是指日光,阴字本是指没有日光。到后来,阴、阳经过发展用来指两种宇宙势力或原理,也就是阴阳之道。阳代表阳性、主动、热、明、干、刚等,阴代表阴性、被动、冷、暗、湿、柔等。阴阳二道互相作用,产生宇宙一切现象。

在中国传统哲学里,世间一切系统均含阴阳。也就是说,这个世界由很多系统构成,如家庭、学校、医院、公司和政府等,它们内部都存在着阴阳两种基本的力量,这两种力量相互作用,促进系统发挥功用,推动系统向前发展。例如,在婚姻关系里,丈夫和妻子就构成一对阴阳,他们相互合作、博弈,促成家庭功能的发挥,也推动着家庭形态的发展变化。

人心可以这样思考吗? 如果可以这样思考,那么什么是人心之阳? 什么是人心之阴? 人心阴阳的划分对于人们摆脱心理困扰又有什么意义? 接下来我们就来讨论这些问题。

一、人心中的主动性

人心中有一种突破阻碍、发展自我的创生性力量,我们称之为主动性。人心的主动性是人心中的首要力量。关于此,梁漱溟(2005)认为,一切生物的生命都是生生不息,都是在一个当下接续一个当下中生活;每一个当下都有主动性在。主动性驱使生命体在这个世界发展、壮大、彰显,或者说是驱使它们不断地努力、争取、运用,后力加于前力,新新不已。显然,人心中的主动性就是人心之阳,因为冯友兰在对阴阳属性的论述中明确指出"阳"代表"主动"。

人心主动性这种阳性的力量突出表现在源自生命深处的、不自觉的创新上。梁漱溟(2005)认为,生命本性就是无目的地、无止境地向上奋进,不断翻新。它贯穿着漫长的生物进化史,一直到人类之出现,接着又伴随人类社会的发展而发展,直到今天。它还将继续发展下去,继续奋进,继续翻新。人思想上的每有所开悟,都是一次翻新;人志趣上的每有所感发,都是一次向上。人生有所成就无不凭借于此。例如,一切文学艺术佳作,不论是小说、诗歌、绘画,还是别的什么,总在其精彩,总在其出尘脱俗。需要指出的是,这种创新不是出自有意求新,而是不自觉的创新。有意创新,或者说刻意求新,是内里生命主动性不足的表现。主动性不是别的,它是生命所本有的生动、活泼和有力。

人心主动性这种阳性的力量还表现为一份坚持与豪迈。人的主动性,就在于人在与外部现实的斗争中,能够战胜外物而不是被外物掌控。被外物掌控,人心就不再是主动而是被动。但是外物的力量是强大的,控制外物的任务是艰巨的,这意味着人心饱受挫折。这个时候,坚持和豪迈就显得尤为重要。例如,在足球场上,前锋面对对方的球门一次次无功而返,但是屡败屡战,继续一次次尝试、一次次拼搏,直至终场哨声的吹起。而对方的球员,面对强敌,亦在战略上藐视敌人,战术上重视对手,坚定顽强地防守反击,不惧困难,努力争胜,尽展豪迈。

西方心理学家马斯洛也认为人心中有一种进步的力量。马斯洛指出,人有发展成更好的人的需要。所谓"更好的人",就是最能应对生活挑战的人,实现自我价值的人。马斯洛认为,在人内部存在着一种向某个方向成长的趋势或需要,这个方向一般可以概括为自我实现或心理健康成长。也就是说,人都有一种内在压力,它裹挟着人奔向人格统一和自发表现,以成为一个探索真理、有创造力的、成长美好的人等。他坚持向着越来越完美处前进,即向着美好的价值前进,向着安详、仁慈、英勇、正直、热爱、无私、善行前进。

罗杰斯发展了马斯洛的观点。罗杰斯(1990)说,人有自我实现的倾向,实现其潜在可能性的倾向,那是一种要求延伸、扩展、发展、成熟的强烈欲望。这种展示和发挥有机体或自我能力的倾向可能被深深埋在心理防御的层层包裹之中,可能掩藏于否认其存在的精致面具之后,但它真真切切地存在于每一个个体身上,并等待着在适当的条件下释放和表现出来。当有机体努力成为它自己,并与环境构建新的关系时,这一倾向才是创造的最主要动力。自我实现是一个过程。罗杰斯认为,我们每一个人都是一个变化之流,而不是一件成型的作品。换言之,我们每一个人都处于一个流动的过程中,而不是一个固定的、静态的实体;是一条川流不息的变化之河,而不是一块固体物质;是不断变化的群星灿烂的潜能,而不是简单的,一定数目的特征组合。

实际上,梁漱溟、马斯洛与罗杰斯阐述的是同一事物。物我问题是中国哲学的重要问题。中国文化中没有孤立的人,人总在与世界的对话中呈现、彰显和变化。这在中国日常生活语言里表现得非常明显:中国日常语言里的"自我"很多时候是一个贬义词,大致意思是说一个人"自私"和"自负"。中国日常语言里,还有两个词叫"忘我"和"无我",它们是褒义词,大致意思是说一个人"投身于某种光荣事业,忘却个人利益,忘却个人的成败得失"。梁漱溟正是从这个角度来观察事物,发现了人心中存在努力摆脱外物的制约、实现自由和超越的力量,命为"主动性"。西方文化重视个人的主体性,重视个人的独立。于是,马斯洛和罗杰斯从个人主体的成长发展的角度观察,发现了人在外在挑战面前的不断成长变化、成熟完善的现象,将其幕后的推动力命为"自我实现"。换言之,人自我实现的过程就是人一次次发挥个人主动性,克服外界的阻碍,取得一个个成就的过程。在这个过程中,个体本身发生变化,能力得到提高、人格得到升华,从而达成自我实现。在其中,如果没有主动性的发挥,自我实现根本无从谈起。

二、人心中的执着性

人心在主动性之外还有一种消极的力量,我们将这种力量称为执着性。执着性系指人心中一种自我限制的力量,它导致人们自我封闭、自我重复、钻牛角尖。如果说人心中的主动性属阳,那么执着性便属于人心之阴,因为它推动着人们走向被动,而"被动"在冯友兰先生关于阴阳的讨论中被明确地界定为"阴"。

历史上,西方思想家对人心中的消极力量也进行了广泛的讨论。在这些人中,马斯洛是一个人本主义者,但亦认为人的内心有两种力量,即在一种把人推向健康的力量之外,还有一种可怕的拉他倒退的力量,使他生病和软弱的力量。马斯洛说:"向着完美人性和健康成长的倾向,并不是人身上唯一的倾向。我们在同样的人身上,也可以发现死的愿望、畏惧、防御和退化的倾向等。"只是囿于自己的研究焦点,马斯洛未对其展开深入讨论。

关于人心中的消极力量,佛学进行了很多阐述,认为其有贪、嗔、痴、慢、疑五种基本的形态。下面谨整合佛学和现代西方思想,对人心执着性这种消极力量进行新的阐释:

1. 贪婪

贪婪是人类的本性,每个人内心深处都有贪婪的种子。在语言学上,贪婪有一个非常古老的定义,即"对食物或饮料的过度渴望,或是过度消耗——贪吃、渴求、饥渴"。接下来,便是

图 1.1　执着性类型图

一组紧密相连的有着强烈意味的词语,如欲望、贪恋和纵欲等。后来,贪婪的含义从无意识的原始兽性逐渐变为一项更加自觉的、物质方面的罪恶——对财富或收益过度的渴求或向往、过多或贪求的欲望(亚历山大·罗伯森,2001)。再往后面,贪婪的概念向人的精神领域进一步延伸:**人们对他人肯定的过度追求、对事务完美的过度追求、对内心平静的过度追求等,也被称为贪婪。**

在佛学中,贪婪与匮乏紧密联系在一起。"匮乏"的特征就像饿鬼,有个大肚子和针孔般的小嘴,以及再怎么吃也满足不了的无尽需求(郑石岩,2004)。"匮乏"的时候,总有一个声音说:"只要能再多一点,就会使我快乐"——多一些关系,多一些钱,坐得更舒服一些,噪声更少一些,气温更凉快一些,自己能再多睡一会儿——"我就会满足"。"匮乏"的声音永远无法满足于此时此地的一切。

匮乏得到满足后会怎样?通常会产生更多的需求,会变得空虚和无聊。王尔德说:"人生有两种最大的失望,一个是得不到你想要的,另一个是得到你想要的。"这种不健全欲望的追求是无止境的,因为**平静并非来自匮乏的满足,而是来自不满足的结束。**匮乏被填补时,会有一刹那的满足感,但这并非源自知足的快乐,而是来自贪婪的暂停。

2. 怨恨

尼采认为怨恨是一种对施及的伤害不能采取直接行动或有所反应的人作为补偿而对他人采取的"想象的报复"。**怨恨者对他人感到不满和愤怒,想报复又遭到自己理性的阻截,不能行动,只能依靠"想象的报复"来宣泄怒气。**这种想象的报复,有时表现为自己内心的咒骂,有时表现为在第三方面前对他人的言语攻击。

怨恨是人类社会的普遍现象,生活中比比皆是。例如,一个大学生怨室友自私专横,一名员工怨老板不赏识,一名家庭主妇怨自己丈夫不够体贴,一名丈夫怨妻子不够温柔,一个妈妈怨孩子不听话,一个孩子怨母亲啰唆……以上的怨恨是由于怨恨者认为他人的行为伤害了自己,如没有尊重自己,没有照顾自己等。此外,世间还有一种怨恨,即嫉妒。嫉妒常常是因为他人拥有自己渴望拥有而未能拥有的东西,如对方有好外貌、好工作、好朋友等。有时,他们虽然和别人拥有同样的东西但是仍然嫉妒对方,因为他们觉得自己经过艰苦努力才得来的,而别人仅凭社会关系或好运气就得到了。有时,他们自己的运气也不错,但是他们还是嫉妒别人,因为他们认为上天应该独宠他们一人,别人根本不应该也得到那样的运气。不管是何种嫉妒,嫉妒者都对人怀恨在心,虽然他人并没有对他们做什么不利的事。

怨恨给人以伤害。怨恨首先伤害了怨恨者自己。德国哲学家舍勒(1914)认为,怨恨是一种有明确的前因后果的心灵自我毒害。这种自我毒害有一种持久的心态,它是因强抑某种情感波动和情绪激动,使其不得发泄而产生的情态。在怨恨中,怨恨者想报复对方而又不敢报复对方,这让他们感觉苦闷、憋屈、无助、无能,怀疑自己生活的意义。其次,怨恨也给他人以伤害。因为怨恨者常带着情绪看待他人的行为,很难客观公正,以致他人的一个无心之举也被解读为一种有意针对,让人感觉莫名其妙。再者,怨恨者虽然拼命压制自己,但是他们还是会在不知不觉中去刁难他人,给他人制造某种不便,以满足自己的报复欲。这种小把戏令人感到不可理喻,非常无聊,让人厌恶、愤怒。就这样,人际互动中一个恶性循环诞生。随着时间的累积,它们甚至可能引发一些极端的悲剧。

3. 无知

无知意指人们不能正确认识自己或他人。生活要求我们对自己和他人都要有一定程度的把握。**如果不能正确认识自己,我们就不知道自己的希望在哪里,要向何处去;如果不能正确地认识他人,我们常不能对他人建立合理的期待,更不能和他人进行有效沟通以实现那些期待。所有这些都会给自己或他人带来伤害。**生活,有时如战场。关于战场,孙子说:"知己知彼,百战不殆。"换言之,不知己或不知彼,人们可能就要遭遇失败。

然而认识自我或他人注定艰难,这意味着我们每个人必然存在着程度不同的无知。这是因为无论是自我还是他人,都是一个世界,都具有无限丰富的内涵,包含了一个人的历史、文化、情感、欲望、追求、能力等。马斯洛(1977)说,如果我们要对真实的自我,人自身或说真正的人的最深、最真、最本质的各基本方面下定义的话,我们就会发现,由于它们过于宽泛,我们不仅要囊括人的体质和气质,囊括解剖学、心理学、精神病学、内分泌学,囊括他的各种能力、生理上的特质以及他基本的内在固有的需要,而且还得囊括存在价值,这也是他自身的存在价值。这使得人们只能达到对于自我或他人的有限认识，而无法认识它的全部。换言之，我们对自我或他人，必然存在着某种无知。

对自我的认识和对他人的认识紧密相连。世界是一个统一的世界，对自我的认识和对他人的认识经常交织在一起——它们相互联系，相互影响。一方面，正确认识自己有助于人们正确认识他人。关于此，鬼谷子说："知之始己，自知而后知人也。"缘此，人们对于他人的错误认识大多是因为未能正确认识自己。生活中，"以小人之心，度君子之腹"说的就是这个道理。另一方面，正确认识他人也有助于人们正确认识自己。我们关于自己的认识很多时候都是在和他人的比较中产生的。我们正确认识了他人，就会自动调整对于自我的认识。所以，宽阔的视野有助于我们正确认识自己，而狭小的视野常让自我认知发生偏差，使我们或妄自菲薄，或夜郎自大。

4. 傲慢

傲慢意指人们在待人处事上以自我为中心，抬高自己的价值，忽视或贬低他人的价值。傲慢的时候，人们认为自己具有他人无可比拟的优越性，具体如显赫的出身、漂亮的容颜、巨额的财富、如天的权力、出众的才华以及高尚的品质等。因此，自己比他人更有存在的价值，别人应当钦佩自己，赞美自己，追随自己，依靠自己，向自己学习，为自己服务。甚至，上天都应该垂青自己，优待自己。而一旦自己的这些期望没有实现，他人或者命运没有如此对待自己，他们常心生怨恨，咒骂他人，咒骂世界。

傲慢很多时候表现得很明显，但有时表现得非常隐蔽。例如，有的大学生在某门功课上遭遇很大的困难，同学也很愿意帮助他们，但是他们不愿意接受。他们期望完全依靠自己的力量去解决，结果事倍功半，精疲力竭，成绩很不如意。客观上看，这是他们对自己个人能力的迷信，是一种个人潜力的自负。其实，人皆有局限性，人不可能全知全能，所以我们生来就要依赖他人，就需要他人的帮助。《西游记》中，孙悟空在取经路上和众妖怪作战时，纵有七十二般变化，也会不停地去向各路神仙求助。孙悟空尚且如此，更何况作为普通人的我们。另外，他人在帮助我们的时候，他们也会感受到自己存在的价值，存在的意义。因此，**当我们在有条件获得帮助的时候顽固地坚持自力更生，实际上是在拒绝他人价值的彰显，或者说是对他人存在价**

值的否定。从根本上说，这就是一种傲慢，一种看似优雅的傲慢。

傲慢深藏在我们每一个人的灵魂最深处。法国思想家加尔文说，在人与他人的关系中，自己下意识表现出的、无法克服的问题就是骄傲。人自己会下意识地认为自己比其他人要强，这是人骨子里无法抹去的。一个人就是在别人面前说话再谦虚，再有意识地把自己放低、放低再放低，但是心里面仍然认为自己比别人要强。

5. 猜疑

猜疑是指一个人凭借感觉与想象而非事实，去认定自己或他人境况糟糕。猜疑的第一个要素是发生一件事情。这些事情常见的有：自己突然感觉不舒服，迎面而来的朋友对自己视而不见，要去一个陌生的城市读研究生了……猜疑的第二个要素是猜疑者仅依据感觉与想象即认定自己或他人境况糟糕。例如，一些人仅仅通过自己呼吸困难就坚定地认为自己正在乘坐的电梯要坠落；一些人仅仅因为一个同学一次在路上没有和自己打招呼，就坚定地认为对方不喜欢自己；一些人仅仅因为要去的地方没有旧朋友就担心自己适应不了新环境。怎么办？一些人想，要未雨绸缪、积极备战；一些人想，要谨小慎微、严阵以待；一些人想，要逃之夭夭、溜之大吉；一些人想，要先发制人、玉石俱焚。

猜疑是人性的一部分。我们的生命常遇危险。与危险博弈、共舞，是我们生命的一大主题。《易经》说："惧以终始，其要无咎。"大意为，在世间生活，我们需要时刻警惕，努力不犯错误。从另外一方面看，对于事物的判断，我们很难获得充分的信息，我们必然带有臆测、赌博的成分。一个人对自己是否友好、电梯是否有故障、自己是否有疾病等等，很多时候就是谜一样的存在。有备无患——这个时候，把周围环境判定为危险，常更有利于自我保护。进化心理学证实了这一点。那些进化中不为下一顿饭操心，也不警惕树丛中的咆哮声来自何方，却坐在树旁悠闲地欣赏日出的祖先，可能没有机会生活到老；生活到老的是那些常忧虑、常猜疑的先祖（威廉·欧文，2009）。

以上分别讨论了执着的五种类型，但实际上五种类型是一个有机的整体，它们彼此间相互联系，相互包含。

例如，生活中有一类人，他们非常热心，在任何朋友的聚会中都不自觉地过分付出，无暇享受。事后，他们很不舒服，他们不愿意自己这样，但无力改变。在这里,"热切地希望得到朋友的赞美"是一种贪婪,"事后常常不舒服"是一种怨恨,"不明白自己的内心需要"是一种无知,"觉得自己比他人有责任心"是一种傲慢,"害怕自己如果不付出就会被人看不起",这是一种猜疑。在这个简单的故事里,执着的五种类型皆具。

人心,并没有客观的观察者。同一个问题,不同的人看法自有不同。苏轼说:横看成岭侧成峰,远近高低各不同,不识庐山真面目,只缘身在此山中。**五种执着本为一体,它们是同一事物在不同的角度呈现出的不同风貌。**

三、两种力量的关系

人心的主动性和执着性同生于人心之中,构成一个有机系统。在其中,主动性属于人心之阳,而执着性属于人心之阴,两者同时存在,交互作用,共同建构人心,推动人心发展变化,也塑造着人们的多彩生活。具体地说,它们之间主要有以下关系:

1. 相互依存

阴阳的相互依存系指阴和阳相互依赖,任何一方都以另一方作为自己存在的条件。比如,以位置言,上为阳,下为阴;左为阳,右为阴;外为阳,内为阴。任何有形的物体,有上就一定有下,有左就一定有右,有外就一定有内,这是两者互为存在的前提。老子说的"有无相生,难易相成,长短相形,高下相倾,音声相和,前后相随",就是指阴和阳的相互依存。

图 1.2　人的内心世界

人心的阴阳亦如是。罗杰斯(1995)指出,人心中含有很多消极的力量,如敌意、贪欲、愤怒。但是除此之外,他还有关爱、温柔、体贴、合作的情感。除了懒惰或冷漠,他还有兴趣、激情、好奇的情感。除了恐惧,他还有勇气、冒险的情感。如果他能够以亲密、接纳的态度体验自己的这些复杂的情感,它们会在建设性的和谐之中发挥作用,而不会把他席卷到无法无天的邪恶道路上去。这意味着什么？这意味着人心中的主动性和执着性可以和谐共生。

人的执着性自有其存在的意义。实际上，贪婪里常含进取，怨恨里常含坚忍，无知里常含单纯，傲慢里常含自信，猜疑里常含敏锐，而进取、坚忍、单纯、自信和敏锐都有助于人的主动性落地生根、开花结果。事实上，执着性和主动性一起建构了人心的丰富性，创造了世界的丰富性。如果人们武断地拒斥执着性，人的主动性也无从发挥。由此，人心失去生机和活力，而这世界，亦失去了丰富和精彩。

2. 对立制约

阴阳的对立制约，指阴阳的双方，因为性质相反，所以相互对立，相互制约，此消彼长（王正山，2014）。《易经·系辞》中的"日往则月来，月往则日来"和"寒往则暑来，暑往则寒来"，说的就是阴和阳的对立制约。

人心的阴阳亦如是。以贪婪为例，庄子讲过一个故事：一个赌徒拿着瓦砾去赌时，几乎是逢赌必赢，而当他拿着万两黄金去赌时，却输得一败涂地。为什么？因为贪婪影响了他的创造力、判断力。如果该赌徒要增加取胜的机会，就需要放下胜负心，放下对财富的贪婪，而聚焦于赌博的过程，这样其创造力、判断力才可释放出来。许多条件不佳的人在婚恋中被骗就是这样：他们非常渴望得到一份爱情，于是渴望冲昏他们的头脑，无视骗子明显的破绽，受骗上当，追悔莫及。其实，他们在生活中其他事情上并非如此愚蠢，他们的无知只因他们的过分渴望。

3. 因时变化

阴阳的因时变化，系指随着时间的推移，阴阳双方的力量对比必然发生变化，或阴渐占优，或阳渐转强。《易经》说："无平不陂，无往不复"，阴阳的力量对比时时在改变。例如，自然界从冬至春及夏，气候由寒逐渐变热，这是"阴消阳长"的过程；反之由夏至秋及冬，气候由热逐渐变寒，这是"阳消阴长"的过程。

人心的阴阳亦如是。随着时光的推移，随着我们境遇的变化，我们心中的力量对比也在不断变化。有时，我们的主动性占据着绝对优势。那时，我们充满斗志、充满激情、充满创意；那时，我们甚至体会到"天地与我并生，而万物与我为一"。但是一段时间之后，可能是一月，可能是一年，可能是数年，我们的生活遭遇挑战，我们的执着性占据了绝对优势。那时，我们充满焦虑、恐惧、沮丧与茫然；那时，我们甚至感觉自己被这个世界抛弃。我们的人生常在此间摇摆，我们的心常在此间摇摆，而时光在此间溜走。

四、心理咨询的方向

当事人来咨询的时候，多是他们陷入心理困扰的时候。此时，他们心中感到困惑、困难、困扰。什么是困？《易经》有一个《困卦》，专门说"困"。对于"困"，《困卦》说："困，刚掩也。"大意为，"困"就是阳的力量被阴的力量遮掩压制。前面我们对人心中的阴阳两种力量进行了阐释，即"阳"为人心中的主动性，"阴"为人心中的执着性。这样，"刚掩"自指当事人心中的主动性受到执着性压制。由于主动性受到压制，当事人常感到内心压抑、烦闷，他们对外面世界的状况和自己内在状态均感到不满意，他们想摆脱这种状况，他们在努力。

当事人的努力显示着他们心中的主动性。**主动性是心理咨询的希望。只要生活继续，主动性就一直存在。在当事人的困难时分，它们也一直存在，一直在暗暗发挥作用。当事人来求助心理咨询更是其内心主动性存在的明证。**因为当事人不知道心理咨询能否帮助到他们，他们需要勇气。很多人从没有做过心理咨询，心理咨询对于他们来说，不啻为一种创意。

既然当事人的执着性和主动性的存在都有坚强的理由，人的心理困扰只是执着性的力量超过主动性的力量而已，那么心理咨询只需改变双方的力量对比，让人心的主动性占据优势即可。事实也是如此。当事人的心理困扰一旦解除，他们常会感到自己力量回归，活力增加，而这些正是主动性的表现。

改变双方的力量对比，咨询师有两种基本选择：其一，削弱当事人内心执着性的力量；其二，增强当事人内心主动性的力量。实践中，这两种途径都可以发挥作用。例如，一个同学为寝室关系困扰，前来进行心理咨询。这时，咨询师既通过帮助同学认识到他的困扰产生的根本原因是他在人际相处中看不起同学(削弱当事人的傲慢),也可以通过给予温暖和支持,帮助其宣泄自己内心的委屈和恐惧,发现自己拥有的资源(激发当事人的主动性)来改变。

咨询师选择任何一条路径都需要考虑阴阳的适度平衡。《易经·系辞》云:"阴阳合德,而刚柔有体,以体天地之撰,以通神明之德",说的是人们做事的时候需要综合考虑阴阳两种力量才能取得成功。在心理咨询中,这意味着咨询师在主打削弱人的执着性的时候,还要适度考虑人的主动性,即注意倾听当事人,表达对他们的理解、尊重和欣赏。调动他们的主观能动性,坚决不唱独角戏。**咨询师要记住,当事人具有改变的智慧、勇气和意志。咨询师需要把对当事人的这种信心和欣赏贯穿心理咨询的全过程,并一点点地渗入当事人的脑中,渗入当事人的心间。**但是,在主打发挥当事人的主动性的时候,咨询师也需适度考虑削弱其执着性,即给当事人些许善意提醒、分析和忠告,而不是完全依靠当事人自身智慧的力量。这样,既有利于发挥此方法的最大功效,也更富有人情味,使得咨询的过程更加自然流畅、生动有趣。

最后,咨询师还需充分尊重当事人的实际,把握好动作的尺度。在咨询实践中,每个咨询师都有自己的偏好:有人喜帮助当事人削弱其执着性,有人喜帮助当事人增强其主动性。这是咨询师的人性,也是咨询师的自由,故无可厚非。但是,咨询师不可以不顾当事人的情况,一意孤行,强制当事人降低甚至消灭某种执着,须知执着性是人性的一部分,**当事人有权保留自己的执着。**很多时候,消灭了一个人的执着性,就消灭了一个人的色彩。咨询师也不可以过分依赖当事人的主动性,在鼓励、支持中徒耗时光,须知每个人的主动性水平不同,**当事人有获得点拨的需要,也有获得点拨的权利。**

小　结

人的内心存在两种基本的力量:主动性和执着性。其中,主动性属阳,而执着性属阴,两者相互依赖,相互对立,因时变化。当事人存在心理困扰,只是因为他们心中的执着性遮住了他们心中的主动性,恰似乌云遮住了太阳。所以,心理咨询要做的是帮助当事人改变两者的力量对比,让人心主动性恢复优势,让太阳绽放光芒。

在咨询路径上,咨询师既可着力于"拨云",去削弱人心中阴的力量,也可以着力于"托日",去激发人心中阳的力量,或者"拨云"与"托日"并举,一手去削弱人心中的阴的力量,一手去激发人心中阳的力量。不过咨询师无论如何选择,都一定要重视对当事人的理解、关心和支持。当看到当事人思维的破绽与盲点的时候,咨询师可以轻触它们:如果它们有所松动,即加大触碰的强度,努力击溃它们;如果它们非常顽固,则当展示包容——将其视为当事人有权拥有的一种执着,悄然走开,继续倾听支持或者找寻新的突破口。**咨询师切不可试图彻底消灭人的执着性,将其赶尽杀绝,因为它和主动性相互依赖,根除它们,既不可能也不必要。**

《易经·系辞》上说,"易有太极,是生两仪"。大意为,世间一切事物都是一整体,都是一太极。同时,这个整体,这个太极,又是由彼此相对的阴阳两个方面构成。只是对于不同的事物,阴阳属性的界定有所不同。在对心理咨询中的问题的后续论述中,我们将一直贯彻这一思想——从阴阳两个方面来阐述心理咨询中的各类现象。缘此,我们将"两仪"提取出来,将本书阐述的咨询理论命名为"两仪心理疗法"。

2 第二章
心理咨询的原则

◆ 咨询师需要以真诚、包容和执后的态度对待咨询对象,充分尊重其话语权,努力争取他们的信任,激发他们的智慧。

◆ 在应对咨询对象的问题时,需要根据咨询现场的情况,因势利导,随机应变,或挖掘他们身上的优势,或纠正他们身上的不足,实现对他们的帮助。

遵守心理咨询的原则是心理咨询有效开展的基础。

孟子云："不以规矩,不能成方圆。"大意为,我们立身处世乃至治国安邦,都必须遵守一定的准则和法度。咨询亦如是。咨询中,如果我们不遵守原则,纵使学习多少技术、策略,都不能有效地运用它们,都不能有效地帮助到当事人。有时,那些技术、策略甚至会变成毒药,给当事人以伤害。

为什么会这样?

因为咨询师是凡人,他们的内心有"魔鬼"——他们有着自己的七情六欲,有着自身的执着性。它们干扰着咨询师的视线,导致咨询师用有色的眼镜注视着这个世界,导致咨询师的内心被个人私欲占据而把自己的使命忘记。这时候就要求心理咨询的那些原则"站"出来,以遏制咨询师内心的执着性,激发咨询师内心的主动性,从而帮助咨询师全力争取咨询的胜利。

那么,心理咨询里有哪些基本原则呢?

一、以退为进,以柔克刚

"以退为进,以柔克刚"是一种古老的道家思想,具有非常丰富的内涵。简单地说,就是人们在面对外界挑战的时候,要怀着敬畏之心,无条件接纳外界的变化,顺应外界的变化,然后施用最小的力去保全自我,成就自我。千百年来,这一思想已经深入中国人的骨髓,被中国人应用在生活做事的方方面面。心理咨询对于咨询师来说也是一种挑战,那么,在心理咨询中这一思想又意味着什么呢?

1. 真诚

真诚,指咨询师在咨询中全力以赴,不虚伪,不做作。中国传统文化,高度重视真诚。《中庸》说:"不诚无物","唯天下至诚,为能尽其性;能尽其性,则能尽人之性；能尽人之性，则能尽物之性；能尽物之性，则可以赞天地之化育；可以赞天地之化育，则可以与天地参矣"。心理咨询亦如此：没有真诚就没有真正的心理咨询，只有极真诚的咨询师才能充分发挥自己的本性；能充分发挥自己的本性，才能充分发挥当事人的本性；能充分发挥当事人的本性，才能调动所有的积极力量；能调动所有的积极力量，才能帮助当事人绽放生命的精彩；能帮助当事人绽放生命的精彩，才能令咨询师自己完成职业使命，成就无悔人生。

真诚的第一义是真心，即咨询师愿意帮助当事人走出心理困扰。"真心"要求咨询师在咨询中一定要问自己一个问题："我真的想帮助他（她）吗？"瑞典人说，快乐与人分享，快乐加倍；痛苦与人分担，痛苦减半。从当事人的角度说，咨询师的真心可以让当事人的快乐与痛苦都有了分享伙伴，从而快乐加倍，痛苦减半。真心还可以帮助当事人更信任咨询师，更投入心理咨询。当他们感觉到咨询师在真心帮助他们的时候，他们更愿意向咨询师祖露心扉，祖露自己的脆弱。这样，当事人可以更自在地宣泄情感，整理思绪，咨询师也可以得到更多有价值的信息，从而更有效地帮助当事人。这样，当咨询师提出个人观点的时候，当事人也更愿意去倾听、去理解、去相信。从咨询师的角度看，自己真心，就会竭尽所能地去观察和思考，从而更加敏感、智慧。否则，咨询师很容易把咨询当成例行公事，忽视当事人的独特性，把心理咨询变成说教。若当事人反对，咨询则变成争辩。这样的咨询，效果自可预见。最后，真心帮助当事人更容易让当事人原谅咨询师的过失。咨询师本是寻常人，他们会在不经意中说出一些伤害当事人的话，会给当事人提一些"愚蠢"的分析、建议。这些话语、分析和建议可能会给当事人以伤害，给咨询关系以破坏，但是咨询师的真心可以帮助当事人原谅咨询师，让他们觉得那是咨询师的无心之过，从而选择继续和咨询师同行。

真诚的第二义是专心，即咨询师全身心地聚焦于当事人的福祉。"专心"要求咨询师在咨询中要常问自己一个问题："我在帮助他（她）吗？"心理咨询是一个咨询双方相互感应，相互影响的过程。咨询师是寻常人，与当事人的交流经常会激活他们自己的内心执着，激活他们的私人欲望、私人情感。在一瞬间，他们可能会对当事人产生愤怒之情、厌恶之情，他们可能对当事人产生性的幻想，他们可能忆起自己成长经历中遭受的屈辱与不易，他们可能想炫耀自己历经艰辛后取得的成就。总之,他们的注意力产生漂移,漂移出对当事人的关心与支持,漂移至自己的欲望世界。如果他们滞留在这些思绪里,心理咨询就会受到阻碍,令当事人愤怒、反感,有时甚至给当事人带来深深的伤害。"真诚"要求咨询师敏锐地觉察自己的思维与情感,克制自己的私欲。我们要记住,我们是来帮助当事人的,我们不可以让当事人来帮助我们。问自己"我在帮助他(她)吗"常令咨询师在思绪漂移时,幡然回头,将自己的力量重新拉回到对当事人的帮助中去。

真诚的第三义是真实,即咨询师面对当事人时做真实的自己。"真实"要求咨询师在咨询中一定要问自己一个问题:"我在装吗?"关于真实,罗杰斯(1973)指出,咨询师在咨询关系中的真实性是影响咨询成功与否的首要因素。当咨询师最真实、最自然的时候也就是他的帮助最有效的时候。我们需要这种"训练有素的人性"。不同的咨询师以不同的方式取得相同的效果。对于急躁、言简意赅的咨询师来说,直接摊牌的方法最有效,因为通过这种方法,他能最大限度地敞开真实的自我。对于另一类咨询师而言,更温和、更亲切的方法最有效,因为该类咨询师的真实自我就是如此。罗杰斯说,他本人的经验深深地印证并强化了他的观点,即在那一刻,能够坦诚地面对自我、竭尽所能做到最深层自我的个体才是专业称职的咨询师。咨询中,其他任何东西与做真实的自我相比都不值一提。

2. 包容

包容,指咨询师悬置判断,无条件接纳当事人的所有表现。中国传统文化高度重视包容。《道德经》说:"上德若谷",大意为我们的心怀当如山谷,包容万物。为什么呢?《道德经》说:"知常容,容乃公,公乃全,全乃天,天乃道,道乃久,没身不殆。"大意为智者是无所不包的,无所不包才能坦然公正,公正才能周全,周全才能符合天意,符合天意才能符合"道"的精神,符合道的精神才能长久。这样,人就终身都不会被危险吞噬。

咨询师的包容,西方用"无条件积极关注"来表达。无条件积极关注是以人为中心的咨询师对当事人所持的基本态度。持这种态度的咨询师非常重视当事人的个性,并且不会因为当事人的任何特殊行为而影响这种重视。这种态度体现在咨询师对当事人始终如一的接纳和持久的温暖中。当咨询师保持这种接纳和非评判的态度时,咨询就更能够获得进展。在探索消极情感并进入自己焦虑和抑郁的核心时,当事人能够感到更安全,也就更有可能诚实地面对自己,而不是带着时常出现的、对遭受拒绝或者责备的恐惧(戴夫·默恩斯和布莱恩·索恩,2007)。此外,咨询师深刻的接纳经验可能使他们在生命中第一次感受到暂时的自我接纳。包容在心理咨询里的意义非常丰富,但以下三点尤为重要:

其一,咨询中,包容首先意味着咨询师尊重当事人的价值观和生活方式。古语云:"同声相应,同气相求。"说的是彼此之间比较类似的个体或群体容易相处与亲近。咨询师也不例外,但是包容要求咨询师抑制自己的个人喜好,尊重接纳不同的价值观和生活方式。因为,若不抑制这些,人们很容易歪曲事实真相,影响自己的判断,也容易引起当事人的对立情绪,所有这些都将给咨询带来不利。

其二,包容当事人展现的不足。上一章提到,当事人拥有保持个人执着性的权利。但是,有些咨询师常常犯的错误就是自己不自觉地将注意力集中在帮助当事人改正某种不足上,而完全忘却当事人的态度。如果当事人拒不接受,拒不改变,一些咨询师便认为当事人"朽木不可雕也,粪土之墙不可圬也"。其实,当事人来咨询的目的是摆脱困扰,而不是来改正错误。人可以带着错误与不足生活。紧盯当事人的某个错误,暴露了咨询师的执着,暴露了咨询师的不足。有人说,对于一个手中只有榔头的人,他所看到的东西都是钉子。很多时候,咨询师之所以盯住当事人的某个不足不放手,那是因为他们所知太少。

其三,接纳当事人在咨询过程中的态度。咨询中,当事人常常表现出对于咨询师的不敬,而人都期待获得尊重和认可。咨询师是普通人,他们也希望获得当事人的尊重和认可。因此,面对当事人的不敬,一些咨询师感到恼火,并带着怒气咨询,咨询效果可想而知。孙子说:"主不可以怒而兴师,将不可以愠而致战。"与此类似,咨询师当包容当事人的态度,微笑着与当事人交谈。

3. 执后

执后,语出《淮南子·诠言训》。《淮南子·诠言训》云:"无为者,道之体也;执后者,道之容也。"大意为无为是道的内在本质,执后是道的外在表现。在咨询中,**执后意指咨询师尊重当事人的话语权,并将其置于优先地位。**心理咨询是在有限时间里进行的对话。对话中,当事人努力影响咨询师,期望咨询师理解自己、接受自己,而咨询师也努力影响当事人,期望当事人能理解咨询师、接受咨询师。两者的需求有联系,但并不全然一致,而时间是有限的,这就必然导致话语权的争夺。"执后"要求咨询师首先满足当事人的需求,给予当事人足够的时间和机会去表达,而不是首先让当事人理解咨询师,倾听咨询师。**咨询师当然可以表达自己,但用语要简单明了,贴近当事人的话语体系,少用专业术语,让当事人可以轻松理解,轻松反驳。反之,如果咨询师在谈话中大量使用专业术语,当事人理解起来会很吃力,反驳自然更加艰难,这样就在事实上剥夺了当事人的话语权。**

"执后"要求咨询师在发表自己的观点时主动邀请当事人评论。俗语说,当局者迷,旁观者清。因为是旁观者,咨询师常比当事人更容易看清当事人的问题。但是,当咨询师表达出自己看法的时候,剧情立刻反转。此时,当事人成了旁观者,他们比咨询师更容易看出咨询师观点的问题。因为他们有自己的智慧,他们有大量的信息没有透露给咨询师,咨询师的观点激活了这些信息,这使得他们比咨询师看到更多。他们的反馈将帮助咨询师纠正自己的错误,从而更有效地帮助当事人。同时,人都有被欣赏、被尊重的需要。咨询师主动邀请当事人评论自己的观点,当事人常觉得自己被尊重、被信任。而这将有助于吸引当事人更多地投入到心理咨询中,发挥个人潜能,实现咨询的突破。因此,**咨询师在咨询中无论觉得自己对当事人的问题做了多么透彻精辟的分析,都需要倾听当事人对此的意见;无论咨询师自觉对当事人给出多么高明的建议,他们都需要邀请当事人给出意见。**

咨询中,咨询双方的观点不时会发生分歧。"执后"要求咨询师在与当事人观点冲突时要认真倾听当事人的声音。有分歧时,有时咨询师是对的,有时当事人是对的,有时双方都有合理的地方。无论何种情况,咨询师都要搁置自己的见解,倾听理解当事人的见解。人都有被理解、被肯定、被尊重的需要。咨询师不将其见解强加给当事人,而是搁置见解,理解消化自己的见解,对于当事人是一种莫大的心理安慰。反之,咨询可能变成一场争辩。争辩中,当事人可能屈从,但是他们的内心不会屈服,他们只会觉得自己没有得到尊重,没有得到理解,他们将摒弃咨询师的意见。对于咨询师来说,倾听理解当事人的观点,若对方观点正确或有合理的地方,可以很好地纠正或丰富自己对当事人的理解,有助于发现问题的解决之道;若当事人观点错误,也可以帮助自己在后面抓住其漏洞,执其矛,攻其盾,"击破"当事人。

最重要的,咨询师要尊重当事人的选择,允许他们沉默或离开,而不是勉强他们表达或坚守。有的当事人不习惯自我表达,他们期望听咨询师说话。这个时候,切不可形成咨询师一味地倾听而当事人被迫表达的局面。如果咨询师这样做,貌似专业,实则错误,因为当事人倾听的权利被剥夺了。这在一个咨询师同时面对多个当事人时(如某位大学生和他的父母亲、班主任一起来咨询)表现尤为明显。此时,我们常发现,多个当事人中的个别人不愿意说话。至于原因,有时是因为他们完全相信某个当事人(如妻子相信自己的丈夫),觉得自己无须多言;有时是因为他们在赌气,他们抗拒说话;有时是因为他们不相信心理咨询;有时是因为他们还没有准备好……这个时候,咨询师不可勉强他们开口,那样他们会感觉受到压迫。如若咨询师坚持己见,他们会排斥咨询师。这个时候,咨询师要尊重他们沉默的权利,告诉他们,他们可以保持沉默,但如若他们在听其他人交谈,有感觉、想插话,请不要顾虑,大胆插话。还有一些时候,个别当事人看到咨询师和某位当事人相言甚欢,他们很欣慰,他们想让这种美好延续,他们想离开,他们怕打搅谈话。这个时候,咨询师亦无须追问,直接允许他们离开,然后邀请他们后面进来即可。有时,个别因为觉得自己没有需求或者自己感到不舒服而要离开,咨询师亦无须执意挽留,因为离开是他们的权利。

真诚、包容和执后作为一个整体,一起守护着咨询关系,温暖着当事人的心灵,激发着当事人的智慧。在当事人方面,咨询师的真诚、包容和执后表达着他们对当事人的尊重和信任,表达着对当事人的承诺。它们让当事人感觉被接纳、被尊重,激发他们自在地袒露自己的思想情感,展现自己的智慧与资源,为问题的解决创造条件。在咨询师方面,真诚、包容和执后,帮助他们克服自己的贪婪、怨恨、无知、傲慢和猜疑,聚焦当事人的福祉,激发自己的主动性,在其中迸发智慧、迸发力量。

二、因势利导,阴消阳长

"因势利导"取自司马迁《史记》中讨论孙膑用兵的句子。司马迁说:"善战者,因势而利导之。"大意为兵家顺着事情发展的趋势,向有利于夺取胜利的方向引导。理解这个词的关键是搞懂什么是"势"。关于"势",唐朝诗人杜牧说:"夫势者,不可先见,或因敌之害见我之利,或因敌之利见我之害,然后始可制机权而取胜也。"大意为:战场上的形势,瞬息万变,不可能事先料定。或者因为敌人暴露出的某个弱点凸显我方的机会,或者因为敌人展现出的某个优势凸显了我方的危险。兵家须根据战场实际,扬长避短,相机而动,方能夺取胜利。

在咨询中,"势"同样重要。

在心理咨询中,"势"首先表现为当事人在咨询互动中展现出的叙事世界及其发展态势。在其中,我们可以发现当事人身上不时闪现有利于问题解决的积极力量和不利于问题解决的消极力量两种力量。前者如当事人有很好的人际关系,热爱运动,乐观向上等,后者如当事人性格懦弱,人生观消极,学习能力不足等。从中国传统哲学看,有利于问题解决的积极力量属于"阳",不利于问题解决的消极力量属于"阴"。

在心理咨询中,"势"还表现为当事人在咨询互动中的表现及其发展态势。在其中,有时当事人接纳咨询师,有时当事人排斥咨询师。显然,当事人接纳咨询师常意味着咨询推进顺利,而当事人拒绝咨询师常意味着咨询受阻。任何成功的咨询都包含这两部分。根据中国传统哲学,当事人对咨询师的接纳为"阳",当事人对咨询师的排斥为"阴"。

当事人在叙事世界中的表现及其发展态势和其在咨询互动中的表现及其发展态势是一个有机整体,前者在后者的发展中展开。在咨询中,我们常会看到,有的当事人先后甚至同时向多个咨询师求助。面对不同的咨询师,他们自觉不自觉地诉说不同的故事。为什么?因为与不同咨询师的互动,激发他们想到自己生活世界的不同方面,想到自己内心世界的不同方面。这就像面对同一片广袤的森林,人们从不同的地方进入,会看到不一样的风景。

因为"势"有两重含义,所以"因势利导,阴消阳长"亦有两重含义。在叙事世界里,它要求咨询师充分挖掘、发挥当事人积极力量的作用,抑制、削弱其消极力量的作用;在互动世界,它要求咨询师努力增加当事人接纳自己的时间,减少当事人排斥自己的时间。

需要指出的是,阴和阳是相互依存、相互滋养的。因此,完全排斥掉阴既不必要,也不可能。回到咨询上来,在当事人的叙事世界里,我们不必期待挖掘发挥他们所有的积极力量,或者完全排斥掉他们的消极力量。人生本就有缺憾,积极力量的全部发挥和消极力量的全部消除皆虚妄。很多时候,积极力量中含有我们未知的危险,消极力量也含有我们未发现的希望。对于咨询关系,我们同样地不必期待完全消灭当事人对咨询师的排斥,因为他们是独立的生命,他们需要保持自己的独立。他们需要用排斥来保护自己。试想一下,**如果当事人全然地接纳咨询师,他们不就变成咨询师的傀儡了吗? 万一咨询师错了呢? 又有谁能保证咨询师都对呢? 咨询师需要牢牢记住,自己可能是错的,然后大胆出击,及时调整。**咨询师完全不必追求当事人对自己的全然接纳。很多时候,如果咨询师对于当事人的排斥淡定且重视,那么当事人的一时排斥可能会促进其下一阶段的接纳。生活中,"不打不相识"揭示的就是这个道理。

1. 观势

观势就是审视当事人面临的形势,包括他们在叙事世界里和互动世界里所遇到的机遇和挑战。成功的咨询要求咨询师敏锐地觉察到咨询中的机会和存在的挑战,有时一个机会即足够。如果不能做到这一点,可能进行再长的谈话,咨询师知晓再多的信息,都没有意义。

观势,首先要求咨询师共情。

所谓共情,它是一个持续的过程,在其过程中咨询师悬置判断,换位思考,从当事人的角度出发,用心体会他们的思想情感,以致咨询师真切、强烈地体验到当事人的思想情感,就如同它们发生在咨询师自己身上一样。戴夫·默恩斯和布莱恩·索恩(2007)指出,当共情出现时,咨询师表现出一种能力,他能够准确追寻并感受到当事人的情感和个人意义;他能够准确地感知当事人的感受是怎样的,当事人对世界的看法是怎样的。对许多当事人而言,他们原来出于对被评判的恐惧而言不由衷的话可以不说了,他们可以不隐蔽或假装自己的感受了,他们可以自由地表达自己真实的思想、情感和感受了。有人倾听他们、理解他们、肯定他们,他们不孤单了,不害怕了。思维和情感的闸门已经打开,随着表达和宣泄的推进,他们必然会开启深入探索自己的征程。也就是说,当咨询师表现出自己理解了当事人当前的感受和想法时,当事人自然地向着打开更深层次的觉知迈进。

但是,**咨询师不可囿于共情之中。咨询师的价值也表现在他们与当事人视角的不同。共情可以让当事人感觉到被温暖、被理解,而视角的不同,可以令当事人得到启发。**很多时候,当事人可能是"一叶障目,不见泰山",咨询师利用自己的视角稍加点拨,当事人即有茅塞顿开之感。

例如,一名女研究生在自己的咨询师推荐下前来做心理咨询。女生自述自己研究进展不佳,已经要毕业了还没有论文发表,非常害怕不能按时毕业,很沮丧。她之前找过一名女咨询师咨询,两人谈过多次,对方态度很好,尽力理解支持她,但是每次咨询她都号啕大哭。终于,女咨询师自己崩溃,将她转出。谈到此,她又开始大哭,说自己把心理咨询也搞砸了,自己太没用了,自己即使毕业了也找不到工作。咨询师感觉女生哭时很霸气,很有力量,便直告女生,说她并没有那么糟糕,她仅凭哭里透露出来的力量就是毕不了业也可拿下面试,找到工作。女生不信。咨询师问女生是否带手机了,女生说带了。咨询师便请女生拿出手机,说要用她的手机给她拍照。女生说自己哭的样子很丑。咨询师说,没有关系,她若觉得不好看可以删掉。女生听罢,掏出了手机交给咨询师。接下来,女生一边哭泣,一边说话,咨询师一边笑着回应,一边拍照,咨询师拍了很多照片。后来,女生哭停下来,咨询师便和女生一张张地欣赏拍的照片。女生说,透过照片发现了自己的精神和力量。女生安静下来,表示自己将一步一个脚印地做研究,然后再找实习。后来,果然她研究取得进展,并成功找到了一家著名企业的实习。

在这个个案里,之前的女咨询师沉溺在对女生的共情里,这使得女生沉溺在自己的悲伤和焦虑里,而新的咨询师跳出了共情,看到了女生的力量,并通过拍照让其看到。

其次,观势者要慎重对待当事人在叙事世界和互动世界里透露出的信息的异与同。西方的很多咨询理论认为,当事人在咨询现场的互动表现经常反映了当事人在日常生活中的表现。例如,一个人在咨询师面前紧张羞怯,在日常生活中亦如此。但是有时,人在叙事世界里透露的信息与其在互动世界里的表现并不一致。例如,一个人自述在生活中乐观开朗,但是在咨询中却表现出忧心忡忡。这里的一个可能原因是,他们在咨询现场褪去所有的武装,尽展最真实的自我,尽展自己内心最脆弱的一面,这导致他们在咨询现场的表现与其在生活中的表现大相径庭。这就如人在醉酒时候的表现和正常状态下的表现有所不同一样。因此,咨询师对于当事人在咨询互动中的表现与其在生活中的表现之间的关系需要细细省察,不要妄下结论。

最后,观势要注意阴和阳的平衡。**每个咨询师都有着不同个性,都有着不同的知识背景。这决定了他们的视角会不自觉地偏向于叙事世界的某一方面,或只关注问题解决的积极力量,或只关注问题解决的消极力量。这成就了他们,帮助他们在那个特定的视角理解精深,但也限制了他们,因为这世界广阔无边。因此,咨询师需要提醒自己另一面的存在,有意识地转移自己的视角,努力发现新的天地。**这样,咨询师可以更深刻地理解当事人,进而在更广阔的天地里搜寻问题的答案。

2. 造势

造势就是创造有利于问题解决的形势。观势的时候,咨询师经常会发现问题解决的机会不成熟——咨询师不能理解当事人的困扰究竟在哪里,这些困扰是怎么发生的,困扰解决的方向在哪里。这个时候,心理咨询就要造势。

在自然界中,造势很多时候就是制造落差,因为自然界里水的势能与水位落差紧紧联系在一起:落差越大,势能越大;落差越小,势能越小。

心理咨询亦如是。

心理咨询中也有很多落差,它常常体现于当事人在不同情境下反应的大不相同。造势要求咨询师通过多方面的探索来发现这种大不同。具体地说,咨询师可以邀请当事人对比自己过去生活与当前生活的不同;对比自己过去与现在表现的不同;对比自己和他人面对相似情境时表现的不同;对比自己在独处时和在他人面前表现的不同;对比自己在熟人和陌生人面前表现的不同;对比自己的某种情绪情感何时特别强烈又在何时相对舒缓。对比可以帮助当事人走出个人思维的局限,发现问题解决的线索。在其中,反差越大越好,因为反差越大,震撼力越强,启发也就越大。

心理咨询的落差还体现于咨询互动上,即当事人在和咨询师讨论不同的内容时反应的大不同。造势要求咨询师通过多方面的探索来发现这种大不同。具体地说,有人讨论到父母时很沮丧,但讨论到朋友时很开心;有人讨论到中学生活时很开心,讨论到大学生活时很沮丧;有人讨论到和一个男生相处时很放松,讨论到和另外一个男生相处时很严肃;有人讨论到文学时很兴奋,讨论到功课时很沮丧。所有这些都蕴含着问题解决的信息。

对咨询互动的关注也要求咨询师敏锐觉察自己的情绪,管理自己的情绪。造势的时候是心理咨询受挫的时候。此时,咨询师常产生厌恶、不耐烦、焦虑等消极情绪。在消极情绪的驱使下,咨询师只想着尽快地结束谈话。这样,咨询师的任何分析、建议都不会发生作用,因为此时的咨询师无意识中就不想帮助当事人! 当事人会感受到来自咨询师的这种排斥和抛弃,他们不自觉地回以排斥和抛弃。为了避免这种悲剧的发生,咨询师需要敏锐觉察自己的情绪,管理自己的情绪,振作精神,接纳当事人。人和人是相互影响、相互感应的。**只有咨询师接纳当事人,当事人才会接纳咨询师,才可能听进他们的话语;只有咨询师镇定下来,当事人才有可能会镇定下来。**这样,咨询双方才可同心协力,进而发现解决问题的机会,迸发解决问题的灵感。

造势还要求咨询师注意捕捉当事人的闪光点,并及时表达自己的欣赏。美国心理学家威廉·詹姆斯说:"人类最深的本性是渴望被欣赏。"咨询时,当事人亦渴望被欣赏,但是他们常更多地关注自身的缺点而非优点。他们将自身的优点遗忘。他们对获得欣赏没有信心。这个时候,咨询师如果能注意、发现他们的闪光点,并表达真挚的欣赏,常令他们欣慰。在咨询陷入僵局的时候,真诚表达对当事人的欣赏,甚至可以起到起死回生的效果。

例如，一名理工科女研究生在辅导员推荐下咨询。女生说自己和寝室室友关系不好，和男友亦分手。在学习上，她也很不顺，她不喜欢自己的专业，想出国留学，但专业课程很紧张，这使得她出国准备的时间很少。最近的一段时间，她人很疲惫，睡眠不好，情绪很糟，经常哭泣。咨询中，女生表现得非常偏执，咨询师每提及一个观点，她即反驳，这使得咨询陷入僵局。咨询师想到赞赏女生的优点，便说女生"阳刚干练，思维敏捷，像极美国女政治名人"。女生瞬间变得很兴奋，说自己的偶像就是她，自己正在准备美国法学研究生考试。后面，女生态度全变了，她主动告诉咨询师，她之前的执拗是因为怕咨询师批评自己，为了防患未然，所以她"先发制人"！

造势还要求咨询师多多了解当事人，多多尝试解决方法。机会总在尝试中出现，这就像拳击——你不出拳，永远不知道机会在哪里。你最好别期待能一招制胜，那可遇不可求。拳击中，那些看似无效的招式实际上展示着它们的无用之用，因为它们消耗了对手的体力，引发对手暴露破绽。心理咨询也一样，**心理咨询中那些看似无用的尝试，帮助当事人更加充分地表达自己的思想情感，帮助咨询师更加充分地理解当事人，帮助当事人见证咨询师的真诚，这就为问题的最终解决创造了条件。在这个意义上，咨询师的所有努力，没有失败，只有反馈。**

3. 乘势

乘势就是抓住机会，方便说法，帮助当事人轻松改变。当会谈中的叙事世界和互动世界出现有利于问题解决的形势时，咨询师要乘势而上，快速行动，踢好临门一脚。否则，再好的形势，再多的机会也枉然。

乘势首先要求及时。"势"在本质上，只是一种内在的潜力，它是不确定的，总是存在着变化的可能。我们是在咨询现场互动的背景下干预当事人的叙事世界的，而互动的形势时时在改变，这要求我们善于捕捉机会，快速出手，因为机会稍纵即逝。

例如，一位遭遇性侵的女青年找咨询师进行咨询。通过很多次的谈话,女青年有很多的进步。在之前的每次咨询里,女青年都泪流满面,并且把纸巾揉成一团。但是最近一次,女青年的眼泪少了,她把纸巾撕成纸条,放在手中摆弄。这些纸条在她手中折来折去,变成了白色的小花。咨询师见状说道:"你进步很多,你看你的泪水少了,你手中的纸巾如白色的小花,你挥舞着它,是在向过去告别。"女青年笑了,后面的谈话变得欢快起来,虽然夹杂悲伤。在这个个案里,如果咨询师在那一刻只是注意到女青年的小动作,而不把它们点出来,咨询的进程可能会慢很多。

乘势还要求准确到位。这意味着咨询师要用语言准确概括出当事人问题展现出的规律,并在需要的时候提出与之相应的举措,让当事人信服。也就是说,要把道理和对策说白、讲透,这就像"沙里淘金"——虽然沙子里有金子,但是你必须花心思把金子淘出来。否则,你手中还是只有沙子,没有金子。

例如,一个小伙和女友相处多年,开始谈婚论嫁,但是女方父亲觉得其有白癜风,竭力反对,两人被迫分开。分开后,小伙很沮丧,对感情不再有信心,但内心还是渴望一份真感情。迷茫中,他寻求心理咨询。咨询师在听完小伙的故事后,问小伙在他的学生时代有哪些女生对他表示过好感。小伙说,自己过去有五段青涩感情,且都是女生主动的。这时,咨询师和小伙讨论了为什么当时白癜风没有妨碍这些女生的青睐,是他身上的什么品质吸引了这些女生,为什么白癜风现在成为问题,为什么白癜风可能不是被女友抛弃的关键。这些讨论令小伙振奋,令他对感情的信心再起。在这个个案里,咨询师如果只询问小伙过去的成功经验,而不去分析其中的原因以及对今天问题的启发,这些成功经验就可能只是记忆里的一缕青烟,转瞬消逝在天际,不足以支撑小伙对于感情的信心。

观势、造势和乘势是一个有机的整体。其中,观势是基础,它贯穿着心理咨询的始终,咨询师需要时刻关注当事人的表现,评估当事人的表现。然后,去造势,去乘势。所谓造势和乘势,简单地说就是根据当事人的表现,去调整,去试探,去创造,去改变。**咨询是一个尝试错误的过程,它的推进从来不是线性的。**因此,观势、造势和乘势也是一个交替进行、循环往复的过程。

小 结

心理咨询原则上来说是一个有机的整体,"以退为进,以柔克刚"与"因势利导,阴消阳长"是一枚硬币的两面。没有"以退为进,以柔克刚",咨询的关系难以保证,咨询双方的智慧难以发挥,咨询之胜势难以形成;没有"因势利导,阴消阳长","以退为进,以柔克刚"的价值难以发挥,问题解决方案难以落地。

心理咨询的过程如咨询双方携手在茫茫大海里航行。航行中,他们将遭遇暗礁,遭遇风浪。在其中,咨询师常会感觉恐惧、愤怒、沮丧、疲惫和迷茫,当然他们有时也会感觉自鸣得意、放松乃至欣喜若狂,以上这些都可能给航行安全带来威胁,给咨询师的使命达成蒙上阴影。这个时候,**咨询师需要用心理咨询的原则来时刻提醒自己,校准自己,帮助自己保持清醒,保持警觉,保持镇定,**最后在命运女神的眷顾之下完成对当事人的救赎,也完成咨询师对自己的救赎。

3 第三章
心理咨询的策略：六维结构模型

◆ 心理咨询是咨询策略的舞台。

◆ 心理咨询的策略像天上的星星一样，种类繁多，难以穷尽，但是可以用六维结构这个坐标系来对它们进行编码、整理，这样就可以准确牢靠地记忆它们，方便快捷地提取它们，应用它们。

破除当事人执着性的策略方法是心理咨询中最绚烂的部分。当事人来寻求帮助，很多时候他们就是奔着这些策略方法而来。他们期望咨询师用一种神奇的策略方法帮助自己快速战胜执着。对咨询师来说，当他们在咨询中遇到困难时，他们也自觉不自觉地期望自己能够拥有这样的策略方法让自己得救。

的确，策略方法很重要。当事人的世界是无限丰富的世界。我们需要从特定的策略方法出发，去了解、去把握、去帮助我们的当事人。**没有策略方法的谈话，很多时候就像无头苍蝇一样，四处乱撞，徒耗时光。**其中，我们若在咨询中选择一项不恰当的策略方法，咨询可能费时费力，努力许久，也不见功效。而我们若在咨询中选择一项恰当的策略方法，那些看似复杂、长久的问题，也可能瞬变。从这个角度看，咨询就是策略方法的舞台。

破除执着的策略方法灿若繁星，难以穷尽，充满变化。这，给我们带来很大的麻烦，让我们迷茫。

在自然界，天上星星也看似繁多而没有规律。但是，天文学家用天文坐标系来对它们进行编码和定位。有了天文坐标系，我们会发现星星的分布是有规律的。

破除执着的策略方法亦如是。

下面我们就来谈谈心理咨询中这些策略方法的"天文坐标系"。

一、时间之维

- 时间之维分为过去和将来两个方向。
- 在过去方向，咨询师可以考察人们过去经历制造的消极影响，处理这些消极影响，也可以挖掘他们过去经历里的资源，给他们赋能。

● 在将来方向,咨询师可以帮助人们考察他们内心的各种憧憬,将其与他们的现状建立链接,最后讨论实现憧憬的时间规划,用憧憬把他们带出烦恼的泥沼。

时间是我们生活的背景。我们均生活在时间的长河里,我们当下经历的困扰以及我们为摆脱困扰所做的努力,都不过是这条长河的浪花。在自然界里,要透彻地了解浪花,我们需要了解河流。生活也一样。当我们遇到困惑的时候,跳出当下,从时间的长河里去审视,可以帮助我们发现问题的答案。否则,我们可能给当事人以肤浅、蛮横的感觉。

时间的长河,根据其展开与否,可以分为过去和将来两部分。过去就是那些已经展开的岁月,包含当事人从出生到困扰出现之前经历的各种人和事;而将来就是那些尚未展开的岁月,包含他们关于未来的追求、憧憬、规划以及将要面临的各种考验等。无论是过去和将来都裹挟着大量的故事、情感与梦想,蕴藏着无尽的宝藏,为我们所用。

（一）过去

我们都从过去走来。**人烦恼时,常不自觉地思考人生,思考自己走过的路,思考在其中的得与失。**一些人正是依托过去理解了自己的烦恼何以发生,何以壮大,并透过过去展望未来,发现了摆脱困境的手段与方法,发现了前进的方向。心理咨询也可以这样——从过去寻启示,寻帮助。当事人的过去包含了丰富的内容:他们的童年经历、他们的中考、他们的高考、他们的初恋、他们的第一份工作、他们的第一次校园住读……所有这些都可能对当事人产生深远的影响。透过它们,我们常可以更好地理解当事人,发现问题解决的线索。

1. 考察过去经历制造的消极影响

过去常含伤害。这些伤害包括父母的责骂、恶人的欺凌、考试的失败、恋人的虐待或抛弃等。**对于很多当事人来说，过去的伤害和痛苦从来不曾离开，它们一直扎在心里。他们当下的困扰只不过是过去伤害投下的阴影。**但是，因为痛苦，他们有意无意地压抑在心里，以致有时候在意识的层面上完全将其忘记。然而在某个时刻，它们被激发，令当事人的表现荒诞怪异。

为了帮助他们摆脱困扰，心理咨询首先要做的就是考察他们的过去，让伤害暴露在阳光之下。很多时候，当我们和当事人一起深入地讨论那些伤害，我们和他们的内心均会受到触动。有时，当事人会哭泣。谈话完成，他们常有恍然大悟的感觉，在此之后，他们发生改变。对此，弗洛伊德进行了解读。弗洛伊德指出，心理分析的治疗机制和原理是把病人无意识中的心理活动变为有意识的觉知，使他们知道症状背后的真意，这样就会使症状消失。所谓无意识中的心理活动，主要是幼年期性欲未能解决留下的症结（钟友彬，1988）。实际上，无意识中的心理活动何止这些，所有被压抑的过去伤害不都是吗？

在咨询实践中，我们看见最多的是有缺憾的童年家庭环境带给当事人的消极影响。虽然时隔多年，当事人提起时仍然情绪激昂，难以释怀。这些家庭环境常见的有以下五种类型：

▶ **爱得太少**

有时，当事人获得的来自父母亲的爱太少。父（母）因为自身的性格、工作、夫妻感情等缘故，给他们的关爱很少。他们被教导"依赖可耻、独立光荣"。但是，渴望爱是每一个孩子的天性。于是，他们竭尽努力去争取父母的爱，幻想着有一天父母能够改变，然而奇迹一直没有发生。不知不觉中，他们在内心深处以己为耻，认为自己没有价值，真实的自己不会被人喜欢，所以他们常不敢展现真实的自己，像戴着面具一样生活。长大以后，他们害怕被拒绝，害怕被抛弃，害怕被背叛。他们常为得不到自己想要的而感到挫折，为被冷落而生气、伤心。在亲密关系里，他们一方面热切地期待爱，不由自主地放弃尊严和权利来迎合他人去换取爱，甚至甘心承受他人的情感敲诈和情感欺骗；另一方面，他们由于在心灵深处觉得自己不会得到真爱，也不配得到真爱，所以他们会怀疑已经拥有的爱，有意无意地摧毁已经拥有的爱。

▶ **爱得太多**

有时，当事人获得来自父母亲的爱太多。他们说，父母把心思全部扑在他们身上，遇到问题，父母总能出现在他们的身边。因为父母总在他们身边，他们与父母的心似乎紧紧地连在一起，他们时刻感受着彼此的喜怒哀乐。他们的肩膀上似乎有两个脑袋，一个是他们自己的，一个是父母的。但是，这种"幸福"也是不幸，因为这导致他们的内心深处对自己缺乏信心——缺乏战胜困难的信心、自我保护的信心。长大以后，他们中的一些人在经受常人看来并不大的生活危机时出现令人不可思议的恐惧与慌乱，一些人会突然害怕自己得某种严重疾病。劳里·艾胥纳和米切·梅尔森指出：

"父母无意间给予了太多，这样的经历剥夺了孩子们的效能感。如果童年时期父母在我们身上倾注了太多的关注、金钱和时间，那么我们会失去一些非常基本的东西：一种效能感、自尊心，缺乏开始行动、坚持到底、自力更生的动力。如果你在童年总是听到自己有特权拥有很多东西，然而却没有人信任你，放手让你奋斗，那你就常会感觉需要依赖他人去满足自己。"

爱得太多还可能导致孩子的自我管理意识淡薄。当父母对孩子的关爱过多，孩子的自主决定空间就被压缩了。从孩子的视角看，既然我对什么事都没有决定权，想什么都是白想，那么我就什么都不管了。谁决定，谁负责。我只负责做，结果由你们负责。长大以后，他们很容易放飞自我，依自己的情绪做事，沉溺及时享乐（如疯狂打游戏），想不到自己需要对自己行为的后果负责。他们可能有很好的智商，但内心充满迷茫，不知道自己的激情在哪里，他们对自己的自我管理能力也没有信心，没有信心去应对生活的挑战，没有信心去追逐梦想。

▶ **爱得苛刻**

有时，当事人能感受到父母的爱，但那种爱太苛刻。他们的父母给他们太高的期待，期待他们成绩绝伦，人格精纯。这让他们无论如何努力，无论取得怎样的成就，都无法收获成功的喜悦，无法肯定自己。他们觉得自己永远是个失败者。例如，一些人成绩很好，但父母告诉他们："孩子啊，你不聪明，但勤能补拙——你要想成绩好，唯有勤奋。"他们相信了。于是，他们虽然取得好成绩，但仍然无法相信自己的能力，无法放松下来欣赏自己的成就。相反，他们认为自己的"真实能力"迟早有一天会暴露。为此，他们惊恐万分，寝食难安。有时，他们取得好成绩，但是父母告诉他们："你看张三比你分数高，你比他差远了"，于是他们无暇品味属于自己的成功。他们觉得自己失败了。**有时，父母并未在成绩上要求冠绝他人，而是在品行上要求他们超拔。**每当他们行为举止没有达到父母的期望，如和同学吵架、说了脏话等，父母便严厉地斥责他们，这让他们以为自己犯了天大的错，这让他们处处谨小慎微，唯恐越雷池半步。他们被父母的期待绑架了。

▶ 爱得放纵

有时，当事人能感觉到父母的爱，但那种爱太放纵。他们的父母给予他们过分纵容和溺爱，他们拥有太多的自由，太少的约束。这样的当事人因为缺乏限制，所以他们长大以后，常表现出自私、放纵、无责任心和自恋。他们常无法为了将来的利益，抑制自己的冲动或延迟满足（杰弗里·杨等，2003）。他们常有一种特权意识，认为自己比他人优越，所以不必遵守一般的人际交往规则，坚持认为自己可以不顾他人利益，做任何想做的事情。他们认为规则是为他人准备的，自己不需要。然而，现实残酷。他们的行为游离在规则之外，即会受到规则的惩罚。这方面的一个典型例子是一些中学优秀的学生进入名牌大学之后，自觉聪明，上课不认真听课，下课不认真做作业，认为自己凭着聪明考前突击即可取得高分。但是，等待他们的常常是挂科。

▶ 爱得脆弱

有时，当事人能感受到来自父母亲等人的爱，但是那种爱很不稳定，似乎随时都会消逝。咨询中，让当事人感觉爱得脆弱的原因各异。有时，是因为父母中的一方喜怒无常，有时对当事人很好，疼爱有加，但有时对当事人很差，无故发脾气，甚至虐待他们，这让当事人精神时常处在一种紧张状态。长大以后，他们缺乏安全感，对好事也开心不起来，他们竭尽所能地自我控制，时刻准备迎接悲剧的到来。有时，是因为父母关系不佳，时常争吵或冷战，甚至迁怒于当事人，说是当事人的存在干扰了他们的选择，这让当事人感觉这个家庭随时可能解体，自己生而罪恶。严峻的生存环境使得他们常评估、判断父母亲的情绪，今天家里又发生了什么，问题有多大。为了让家里尽可能地安宁，有的人谨小慎微，小心翼翼地讨好父亲或母亲，如努力取得好成绩让父母亲开心；有的人则逃避学习，学习成绩下降，迫使父母亲将注意集中在自己身上，搁置夫妻争端；有的人则选边站，认同一方，敌视另一方，努力博取前者的好感。不管他们采取何种形式去应对家庭形势，他们都对自己的家庭充满遗憾，都对家庭形势的改善感到无助、无能。长大以后，他们常常缺乏安全感，不信任他人，甚至歧视、敌视异性。一旦与他人相处不愉快，他们或将原因简单地归于自己，从而内疚、自责，或将原因随意地归于他人，从而愤怒、沮丧。

　　对于童年家庭环境对一个人心理的影响，很多学者都进行了阐释，但是不可执着。毫无疑问这些阐释有助于我们理解这种影响。但是，我们切不可迷信这些阐释，切不可把问题简单化。我们需要牢记，每一个家庭都是不同的，不同当事人的父母关系模式是不同的，父母亲对他们的态度是不同的，有时祖父母也参与了进来，这更增加了家庭环境的复杂性。另外，每个人的先天感受性、认知偏好和行为偏好也是不同的：不是每一个备受打击的人都怀疑自己的能力，他们也可能越挫越勇；不是每一个遭受虐待的人，都怨恨他人，他们也可能变得充满悲悯；不是每一个受到溺爱的人都自以为是，他们也可能变得更加宽容大度……所有这些都要求我们认真倾听当事人、依靠当事人、信任当事人，只有这样才能认识、理解当事人的内心世界。否则，我们将犯下按图索骥的错误。

　　对于童年家庭环境对人心理影响的探索要适可而止。当事人的童年故事无限丰富。我们要做的只是透过童年使得当事人的荒诞认知、情感和行为可以解释即可。在其中，有些关键事件尽管可能对当事人的现在具有重大影响，但由于年代久远，他们可能完全记不得了。这个时候，强行要求当事人回忆它们，既不现实也不必要。中国心理治疗的先驱钟友彬先生(1988)也主张，询问病人的生活史和容易记起的有关经历，但不要求勉强回忆"不记事年龄"时期的经历。

　　我们在考察当事人的过去对心理的影响时要思维开阔。虽然人的童年家庭环境会对人的成长造成显著的影响,但学校里同学的欺凌、老师的苛责、恋人的背叛、考试的失败等都可能严重伤害当事人的心灵。这些负面事件的发生常常剥夺当事人的正常需要,侵犯当事人的正当权利,践踏了当事人的尊严,打击了当事人的自信。每一个过去的负面事件,都可能对当事人产生重大的影响,考察它们都具有意义,所不同的是对不同的当事人需要考察不同的过去罢了。

另外还需注意,**当事人对于过去的回忆可能并不真实,可能只是一种杜撰**。记忆的本质是人们对过去经历的重新建构,因为我们的大脑并不像摄像机一样精确记录过去,而是只记录下一些话语、画面和情节片段。当我们要回忆过去的时候,我们会根据自己的潜意识和价值观提取部分片段和碎片,扔掉部分片段和碎片,再用想象将缺失的部分填充起来。这样,客观的事实和主观的想象就结合了起来,形成一个个栩栩如生的故事。在这些故事里,有真也有假。

例如,一名大学一年级女生,情绪抑郁,胆小怯懦,在咨询中说自己不想做人,想做甲壳虫,在地下生活。她说自己也不想谈男朋友,但希望有一个小孩。咨询师问小孩从哪里来,她说想去偷一个。咨询师非常好奇,询问她的童年经历以及梦境,在多次交流后,女生透露自己曾经被叔叔和邻居多次凌辱,自己经常做梦被面孔模糊的人举起。自然地,咨询师将她的状态解读为她的童年创伤所致。解读之后,女生的情绪好转,学业表现也好起来,咨询也就此结束。三年以后,女生再次咨询。这一次,女生说自己谈了男朋友,并有了性的接触。她发现自己是处女,这意味着她过去根本没有被凌辱过,过去的凌辱经历纯粹是个人的想象。在这个个案的开始部分,咨询师讨论女生的“童年创伤”很好地帮助了女生,若非她三年后反映自己的真实情况,咨询师会一直相信她的“童年创伤”故事。

虽然当事人对于过去的回忆可能并不真实,但这无碍其应用。老子说:“圣人常无心,以百姓心为心。善者吾善之,不善者吾亦善之,德善。信者吾信之,不信者吾亦信之,德信。”我们可以相信当事人过去的任何回忆,只要它们可以帮助当事人解除困扰即可。**过去的回忆只是一种咨询工具，一种咨询手段。**这就如我们看电影，电影里面的情侣相爱、飞机爆炸等镜头都是虚拟的，但只要逼真，只要传神，我们即可相信。**心理咨询的目标是帮助当事人走出心理困扰，而不是去发现真实，因此，我们无须执着于他们故事的真实性。**

2. 处理过去经历造成的消极影响

对于有些当事人，帮助当事人明晰过去对自己的影响，明白自己困扰的某种合理性，内心即得安慰。但是，对于很多当事人来说，这是不够的，因为内心的情感还在那里，行为的习惯还在那里。这时，就需要帮助他们消除过去的影响。唯此，他们的困扰方得解除。具体方法如下：

▶ 帮助当事人处理情绪情感

当事人的不幸经常催生出很多的情绪情感。这些情感根据对象的不同，可以分为两类，一类为面向自己，如讨厌自己，不相信自己；一类为面向外界，如害怕外面的世界，害怕外面的变化等。对自我的情绪情感和对外界的情绪情感常常交织在一起。例如，一个家庭欠温暖的女生，一方面怨恨母亲，觉得母亲没有尊重自己、肯定自己，影响了自己的发展，导致自己不快乐；另一方面不喜欢自己，认为自己能力差，没有魅力，没有未来，想以某种方式结束自己的生命。

我们在弄清这些情绪后，这些情绪常会缓解，甚至消失。但是有时候这些情绪并不会自行消失，这就要求咨询师着力处理它们。

处理情绪情感的一项常见技术是空椅子技术。空椅子技术是西方心理学家提出的一项心理咨询技术，常见的做法是咨询师在当事人面前放置一把空椅子，请当事人想象一个和自己问题有关联的人坐在这张椅子上。然后，邀请当事人把自己想向对方说的话说出来，实现情绪的充分宣泄。在空椅子技术里，当事人可以想象自己回到过去，表达自己对曾经的"他"或"她"的情感，去说当时想说但未能说出的话，抒发内心的委屈，宣泄心中的不满。例如，受到情感虐待的人大声地向父母诉说抗议："你们不应该这样待我！""住手！""你考虑过我内心的感受吗？"等等。有时候，也可以大声对他人说："我伤害你了""对不起""请原谅我"等等。

　　咨询师使用空椅子技术的时候,需要注意以下三点:第一,空椅子技术一定要在咨询双方非常熟悉,建立了非常牢靠的信任关系之后使用,否则当事人出于自我保护的需要很可能拒绝;第二,在椅子的设置上,如果有条件使用两把椅子,一把大椅子和一把小椅子。人际相处中常有弱势的一方和强势的一方。当事人扮演强势的一方时可选择坐在大椅子上,扮演弱势一方的时候坐在小椅子上。这样,当事人更容易进入角色。最后,一些当事人因为性格、习惯等原因,不习惯用语言来表达自己内心的感受,这个时候,咨询师可以当事人的口吻大声说出这些感受,然后请当事人跟着咨询师说。

　　例如,一名男研究生在咨询中自述,自己有人际交往障碍,突出表现是在和人说话的时候很紧张,不敢目光交流,声音小,语速快。咨询师通过分析发现,男生的父亲幼年丧父丧母,受尽他人欺凌,性格暴躁,经常打骂男生和男生的哥哥。这导致男生和父亲说话非常紧张,害怕说错,害怕因此受责骂。在发现问题产生的原因后,咨询师决定处理他的童年创伤,咨询师选择了空椅子技术,即让男生想象父亲坐在对面的空椅子上,再和父亲说话。男生反馈,他不敢面对父亲说话。于是,咨询师请男生举起右手,跟着咨询师高呼:"犯错是一种权利!"三次之后,男生很振奋,说话时开始和咨询师有了目光交流,语速也慢了下来,但是声音还是较小。在第二次咨询中,咨询师着重指出男生讲话的音量问题,强调了大声讲话的必要性。接着,咨询师请男生先举起左手,跟着咨询师高呼:"大声是一种义务!"再举起右手高呼:"犯错是一种权利!"三次之后,男生很兴奋。在这次咨询随后的交流中,男生的声音一直较大。半年后,男生反馈自己已经不再害怕和人说话,咨询师注意到他讲话时缓慢而有力。

　　这种情绪处理可以用空椅子技术来进行,也可以通过其他方式进行。例如,给人写信,即按照当时自己的语气写信给他人,表达情感(春口德雄,1987)。与空椅子技术相比,写信因为没有直面的压力,表达会更加自由。如果条件允许,当事人甚至可以通过和故人电话、视频甚至面谈,诉说自己内心的委屈、愤懑、不满和遗憾等。显然，这种技术需要当事人具有更大的勇气。

心理咨询也可以协助当事人以口头或书信的方式表达自我安慰。自我安慰就是当事人向自己表达关心与爱护。如果说自我申辩是说出当时想说而没有说出的话，那么自我安慰就是说出当时自己想听但没有听到的话。通常人在受伤的时候向往安慰，如果缺失安慰，便会心寒、孤单。心理咨询可以帮助当事人通过冥想回到过去的时光。在想象中，理想的慈父慈母等充满爱心的人出现，他们用言语、身体和行动保护我们，安慰我们，温暖我们。在我们受到苛责的时候，他们对我们说："某某，你怎么啦？""孩子，这不是你的错""母亲的要求太过分了""你不需要这样对待自己"等。有时，我们也可以直接安慰自己："一切都已经过去""今天的自己拥有更加强大的力量""过去的悲剧不会再重演""一切都还来得及"等。

▶ **帮助当事人改变自己的认知**

过去的经历也同时深刻地影响当事人的认知。因为过去当事人的心中常有很多明显妨碍个人发展的信念。这些信念多种多样，不同的当事人拥有不同的信念，常见的如"不会有人喜欢你的""你很笨的""你不会有出息的""你不会幸福的"等。这些信念虽然有问题，不过很多当事人仍然可以带着它们很好地生活，但是在人生的某个时候，它们会严重地妨碍当事人，直到令当事人无法成功或者无法实现他们内心的渴望（大卫·韦斯特布鲁克等，2007）。这就像定时炸弹一样，在很长时间里悄无声息，但在某个时候它们突然爆炸、发威，打破宁静。

当事人经过心理咨询弄清这些信念产生的背景之后，这些信念常会松动。但是很多时候，它们并不会自然消失，这就需要我们和当事人摆事实、讲道理、揭示出这些信念的荒谬，进而帮助他们放下这些信念。在帮助当事人改变不合理认知时，咨询师需要先肯定这些认知产生的合理性及其伴随行为里曾经具有的建设性功能，然后再帮助他们明白自己当前处境和过去处境的不同：虽然自己现在的交往对象和过去故事里的人具有某种相似性，但有着本质的不同，即他们通常不会像过去人一样看待自己、对待自己。再者，即使他们像过去人一样对待自己，但是自己的经验、能力和智慧已然变化，自己完全可以做出不同的反应来保护自己，发展自己。

例如,一位女生天资聪颖,读书勤奋,意志顽强,经过努力成功进入某名牌大学。但是进入大学后,看任何书都感觉"脑袋里有什么东西挡着",很累,各门功课多只是及格,绝少优秀。和咨询师讨论,女生说害怕成绩好了以后,别人期望高了,自己达不到,然后让人失望。再深究一下,女生的父亲及其祖父母重男轻女,父亲常在女生面前说她是女儿而不是儿子的遗憾,说她不聪明等;而女生母亲很好强,期望女生能够不断向更高、更快、更强方向发展,证明"谁说女子不如男"。答案至此明了,但是女生的状况并无改善。

在后续的咨询里,咨询师向女生指出三点:① 她对成功具有深深的恐惧。这在过去是合理的,但现在她已长大,当别人的期望自己无法满足时,她可以拒绝。② 她不努力肯定不成功,别人失望的概率为100%。努力了,可能成功,也可能失败,这样别人失望的概率为50%。③ 长期的压抑和母亲的紧逼让她锻炼出非凡的承受力。成功后,即使他人期望加码造成自己无法胜任,造成他们对自己的失望,自己也能扛得住。女生完全接纳了咨询师的意见,情况开始改变,读书也变得轻松起来。

在这个个案里,如果没有咨询师后面的认知纠正,女生纵使意识到自己的现在情况是由童年经历引起,咨询也还是失败的,因为她的生活没有改善。

▶ 帮助当事人整理不幸中的收获

帮助当事人整理不幸中的收获也可以帮助他们走出过去的情感。《道德经》说:"祸兮,福之所倚;福兮,祸之所伏。"很多单亲家庭的孩子,虽然没有得到父爱或母爱,生活艰辛,但是却铸就了他们的独立坚强;很多被父母歧视的孩子,虽然没有得到应有的关爱,但是却非常要强上进;很多孩子身体弱小、受欺凌,但是却细腻敏感。咨询中,帮助当事人整理收获,可让他们得到安慰。

例如,一位男研究生为自己和父亲的关系苦恼。在咨询中,男生介绍自己两岁的时候有了一个弟弟,弟弟出生没多久,父亲就不辞而别。母亲一个人含辛茹苦把他拉扯大,他很懂事,自己认真学习,并用心照顾弟弟。后来他读了大学，大学毕业又考上某名牌大学最热门专业的研究生，前程大好。这时，父亲出现，此时的父亲已经重新组建了家庭，也有了孩子。父亲说自己非常为男生骄傲，同时怪罪男生说话时不尊重自己，当然他说"自己有错在先"。喝酒以后，父亲还带其他朋友来男生家里，当众说："我死以后，灵位一定要你去捧，其他孩子我都不要。"男生很气愤，觉得父亲根本不配，但是自己和弟弟读大学均需要父亲的经济资助，否则就完成不了学业，所以不得不和父亲联络。咨询师听完以后，对男生的遭遇表示同情，但是紧接着询问他在自己的经历中学到什么。男生想了想说，因为父亲不在身边而母亲很忙，所以自己比同龄人独立；因为要照顾弟弟，所以自己比同龄人有责任心；因为生活艰难，所以自己比同龄人更有毅力。如果父亲一直陪着自己，自己可能就不会这样。咨询师很欣赏男生的观点，说他的品质是苦难赠送的礼物。谈至此，男生平静下来，对父亲的怨恨也明显减少。

3. 挖掘过去经历蕴含的丰富资源

当事人摆脱困扰的过程实际上是一场战争。在很多时候，单单理解当事人是不够的，他们还需要咨询师帮助自己赢得战争的胜利。而任何一场战争的胜利，都需要作战方充分了解并运用自己掌握的资源。在当事人战胜自我的战争里，同样如此。所幸的是，**当事人的过去里不仅含有解开当前困惑的答案，还拥有赢得战争的资源。作为一名咨询师，有义务帮助当事人去发现这些资源。**那么，当事人的过去里含有哪些战争胜利所需的资源呢？

▶ **过去的经验教训**

当事人在遇到困扰时，常常找不到解决问题的办法。但是很多时候，当事人当下的困扰经常只是过去困扰的重演。过去的困扰，当事人已走出，当事人只是将自己如何走出的方法遗忘了。这个时候，可以挖出曾经的方法让当事人受益。很多心理咨询家鼓励挖掘出当事人过去的成功经验，他们常问当事人："你过去有过同样的问题吗？（如果答案是肯定的）你当时是怎么解决的？你解决时遇到哪些困难和阻碍，你是如何克服它们的？有哪些因素促成了你那时的成功？在其中，你展现了哪些优秀的品质"等问题。许多人误以为如果他们使用一种方法，让问题解决，如果问题再度发生，那么原先的解决方案即是无效。事实不是这样。相反地，该理论认为一旦方法生效，许多人就会松懈，又回头用过去的无效方法来处理同一种状况；有些人或许因为忙碌而忘记过去成功的方法，一不小心问题又冒出来了。发生这种情况时，他们只需记起过去的方法，再照做就好（奥汉隆和戴维斯，2003）。

  例如，一名男生，大学三年级，学习困难。咨询中，男生说自己在学习中有一门功课非常头疼，上课完全听不懂。咨询师问男生过去有没有遇到类似的情况。男生回答，他在大学一年级的时候遇到过。咨询师问，他后来是如何解决的。男生说，他提前预习。听罢，咨询师说："你可以再次提前预习呀。"男生笑了，说自己忘了这个法子。三周以后，男生反馈，他提前预习了，效果很好，现在他上课听得懂了。

  成功的经验经常隐藏在例外事件里。奥汉隆和戴维斯（2003）指出，不论问题多么严重或存在多久，因为各种原因，问题总有不发生的时候。很多人认为问题发生时和问题没发生时没有关联，因此很少采取行动去深入了解或扩大这些例外时刻。但是，问题的例外状况会提供丰富的信息，让我们知道解决问题时需要的是什么。检视问题发生时和未发生时的不同，就可能找到问题解决办法。有时，当事人只要做本来就有效的事，直到问题消失即可。

  成功的经验固然可贵，失败的教训亦弥足珍贵。**有时候，我们不能摆脱困扰，只是因为我们好了伤疤忘了痛，无视过去失败的教训，不断重复过去所犯的错误。**如果我们能记起失败的教训，停止不断重复的错误，困扰当下即解。否则，当事人的状况就像电脑开机一样，重复输入一个错误的密码，不论你输入多少次，得到的结果永远都一样。无效的应对是一种习惯，而习惯给人安全感。习惯面前，人们常受挫，而受挫常产生愤怒，愤怒导致冲动，冲动导致自暴自弃，自暴自弃导致前功尽弃，导致人们回到虚幻的安全里。虽然一些做法于事无补，但是很多人却常常加倍以无效的方法来解决问题，认为只要他们做得更多、更努力、更好（如更多的惩罚、更多的恳谈等），最后就能解决问题（华兹罗维克等，1974）。

经验和教训之间的界限有时是模糊的，教训里亦常含智慧。教训有时不是全然的失败，它们含有很多合理性，只是局部上的问题导致最后的失败。因此，对于失败的教训，不能因为其失败就完全弃之一边。我们可认真分析教训中合理的地方，善加利用。

例如，一位女生，长期有强迫意念，其症状为突然想"1加1为什么等于2"这样的问题。咨询中，咨询师了解到女生曾看过一本治疗强迫症的专著《脑锁》，并依照书中的方法尝试，但是没有起效。咨询师也曾看过这本书，知道这本书认为强迫症是一种脑部疾病，处理的方案为"四步行为训练法"，具体如下：

步骤1：重新确认，识别出侵入性的强迫观念和冲动是强迫症的结果；

步骤2：重新归因，意识到那种观念或冲动的强烈性和侵入性是由强迫症造成的，它极有可能与大脑生化物质的失衡相关；

步骤3：重新聚焦，通过把注意力聚焦在其他的事情上绕过强迫症，至少保持几分钟，做其他事情；

步骤4：重新评价，不要被强迫症念头所蒙蔽，因为它本身没有意义。

该书两位作者认为通过"四步行为训练法"，可缓解、管控人的强迫症。可是女生试了以后并没有成功。咨询师听后和女生讨论，将步骤3做了调整，即给自己5分钟时间强迫思考，时间到了喊停。停止之后，做建设性的事情。新的方法取得效果，女生的强迫症得到改善。

▶ **过去的兴趣爱好**

在困扰时分，我们常感觉自己一无是处，常感觉生命没有意义。我们不知道自己该做什么。但是,过去我们都有自己的兴趣爱好,我们或喜欢运动,或喜欢逛街,或喜爱音乐,或者只是享受一个人静静地待着。曾经,在兴趣里,我们尽展我们的才华;在兴趣里,我们成为真正的人;在兴趣里,我们"心流"尽放。在困扰时分,可以考虑重拾昔日的兴趣。拾起它们,我们可能会激发个人的活力,扫去情绪的阴霾。

在困扰时分,我们常常看不清面临的形势以及突破的方向。兴趣爱好可以给我们启示。很多咨询心理学家建议当事人从自己过去的兴趣特长中汲取灵感,以自己的兴趣为譬喻讨论自己面临的局势,以此来突破思维禁锢,实现个人超越。在咨询中,我们常发现当事人遇到困扰就着急,就想马上解决问题。他们中的一些人喜欢乒乓球。对于这些当事人,笔者经常和他们讨论乒乓球比赛。乒乓球运动员在比分落后的时候,虽然想尽快扳平比分,但并不是加快速度而是有意识地放慢节奏,用要毛巾擦汗等小伎俩拖延时间,调整节奏。

最后,很多人的烦恼是关于生涯发展的,即不知道将来自己要做什么,能做什么。这个时候,个人的兴趣爱好更是可以大显身手。当事人过去的兴趣爱好常透露了他们的兴趣、能力和特长。透过过去的兴趣爱好,我们可以和他们一起发掘他们的职业兴趣和体现出来的能力。然后,和他们一起分析哪些工作可以最大限度地满足自己的个人兴趣,发挥个人优势,规避个人弱点。

例如,一名女研究生对于自己的未来非常忧虑。她读的是一个冷门的工科专业,她的师兄师姐都在为转行做准备,如去外面的公司做营销类实习等。女生大学本科的时候,参与过学院的科研项目——曾在师姐的指挥下做过些小实验,很开心,所以选择读研。但是读研以后,研究迟迟没有进展,自己也没有思路,感到很挫败。现在,女生对自己的未来感到很迷茫。在了解了这些情况之后,咨询师问女生在过去的生活中做什么事会感觉兴奋。女生回答说,自己过去在做一个关于植物保护的公益项目时非常兴奋,后来她还成为校内植物保护社团的骨干,带人做项目,很有成就感。听到这里,咨询师和女生一起详细讨论了科学研究和公益项目的不同,以及在其中反映出的她的能力特点、职业兴趣等。分析发现，女生崇尚自然，并具有很强的活动策划能力和人际交往能力。这样，园艺、自然类产品（如藤编桌椅、中草药等）的营销领域可能适合女生的发展。分析结束，女生的心乐开了花。

▶ 过去的美好情感

一段美好的感情常给人以安慰。李泽厚说，对于很多中国人，情是生命的终极意义。在我们的生命中，我们都得到过很多人的帮助，没有这些帮助我们不能生活，不能存在。但是在困扰时分，我们常将这些忘记。我们觉得孤单，我们觉得世界抛弃了我们。其实，世界从未将我们抛弃。有时父母抛弃了我们，但是儿时的玩伴接纳了我们；有时医生抛弃了我们，但是父母从未放弃；有时熟人将我们抛弃，但是路人将我们扶起。如果我们在困难时分将曾经给我们安慰的朋友忆起，想象如果他们在我们身旁，他们将对我们说什么，将给我们什么建议。如果可能，设法和他们取得联系，听他们的消息，可能更让我们感动、受益。

　　例如，一位大学男生，成绩优秀，活动能力强，但是要毕业的时候却拒绝找工作，整日待在宿舍，觉得一切都没有意义。辅导员知道后便找他多次谈心，动员他去找工作，说为了让父母安心，为了父母更好地生活，他当去找一份工作。男生说"无感"，因为他的父母很早便离异，且各自重组家庭，自己得到的关爱很少。后面，辅导员又对他说，工作可以创造更好的物质生活，如大房子、好车子，男生觉得那太庸俗……咨询中，男生说自己也看一些关于人生意义的书籍，但是觉得书上说得太缥缈。听着男生讲述各种忧伤，咨询师非常想找到一个抓手来帮助男生走出宿舍，投入社会。这时，咨询师注意到男生在说自己的不幸时说到有一个童年好友，那个好友家庭和睦，经济宽裕，只是读书一般。他经常去好友家玩，好友的父母也很喜欢他，甚至留他在他们家过夜，他们很希望他能帮助自己的孩子学习。说到这些，男生脸上浮现笑意。男生说，现在虽然好友在一所很一般的大学读书，但自己还是把他当成神一样的存在。听到此，咨询师问："那你现在为什么不问问他，自己该何去何从?"男生觉得这是好主意,决定回去后在 QQ 上问问好友。一周后,辅导员反馈,男生主动去找工作了。

(二)　未来

德国哲学家卡西尔指出,我们更多地生活在对未来的困惑、恐惧、悬念和希望之中,而不是生活在回想或我们的当下经验之中。如果我们能帮助当事人克服对于未来的困惑和恐惧,激发出当事人对于未来的希望和激情,当事人当然就可以摆脱很多心理问题。实际上,很多西方心理学家对此进行了讨论,肯定了未来憧憬对于当事人的积极意义。下面,谨整合西方学说,对此展开深入的讨论。

1. 考察当事人对未来所持的憧憬

运用未来为杠杆帮助当事人,首要的是帮助当事人建立对于未来的合理憧憬,这个憧憬如灯塔一样照亮当事人前方的路,给当事人方向与希望。人们对未来的憧憬多种多样,例如有的人希望成名成家,而有的人只想到考上大学,这样就不用下田干活了。每一种憧憬都值得被尊重,因为它们都是客观的存在,都可以给人安慰,都可以给人行动的动力。这些憧憬,根据时间远近的不同,可以分为以下三种:

> **远期憧憬**

远期憧憬,意指可以贯穿人一生的憧憬,例如期望成为一个杰出的科学家、艺术家、政治家等,或者就做一名优秀的教师、医生、消防员。尼采说过,懂得为何而活的人,几乎可以忍受"任何"痛苦。心理学家弗兰克尔曾被德国纳粹关在集中营多年,他根据自己对集中营难友的咨询经验指出,任何人若以心理学方法来抗拒集中营对俘虏身心的不良影响,就必须为他们指出一个可堪期待的未来目标,借以增长他们内心的力量。有些俘虏出于本能,也会自行寻找这样的目标。人就这么奇特,他必须瞻望永恒,才能够活下去。这也正是人陷入极端困厄时的一线生机,即使有时必须勉强自己也一样。而对未来——自己的未来——失去信心的俘虏,必然难逃噩运。

▶ **近期憧憬**

近期憧憬，意指排除问题影响，近期可实现的生活憧憬，例如组建一支乐队、去某一风景名胜旅游或谈一场恋爱等。聚焦于近期憧憬给当事人带来希望，由于不是殚精竭虑地去思索问题形成的原因，当事人能够利用自己期望的积极活力将问题减轻，并抓住机会开始期待一种超越问题的生活。在这里，当事人的希望和梦想为其生活提供了更大的脉络，其心理困扰乃至精神疾病只不过是这一幕戏剧中的小角色而已。例如，一位患抑郁症的女生通过暑期实践成功缓解了自己的抑郁症。虽然问题并没有消失且继续存在，但所采取的旨在将问题最小化的措施确实减轻了问题对生活的影响。

▶ **即刻憧憬**

即刻憧憬，意指当事人对问题解决后个人生活的美好憧憬。如果当事人忧虑的是夫妻感情，那么憧憬的常常是夫妻感情融洽后两人的相处状况；如果当事人忧虑的是学习效率不高，那么憧憬的常常是个人学习效率提高后的学习状况；如果当事人忧虑的是当众说话的紧张，那么憧憬的常是当众讲话时放松的表现。后现代心理咨询理论特别重视即刻憧憬，提出"奇迹问句"技术，其基本形式为："想象一下奇迹发生了，你的问题神奇般地消失，你的问题都解决了，你会做些什么？你会怎么做？你会怎么对待别人？有哪些人感受到了你的不一样？他们是怎么发现的？（等等）"许多当事人困扰，就是因为他们陷于问题情境无法自拔，他们不知道何去何从（伊根，1986）。即刻憧憬可以帮助他们走出焦虑、沮丧的漩涡，发现希望，发现前进的方向，进而基于希望去思考、去行动。

2. 建立未来憧憬与现状间的链接

对于许多当事人来说，仅仅帮助当事人明晰关于未来的憧憬是不够的，还需要帮助他们了解当前问题与未来憧憬的关联，才可让他们释然。否则，那些憧憬只是他们心中的萤火，只在夜深人静时闪烁。在生活大部分的时光，他们的内心依然被烦恼占据。他们迷茫、困惑。**帮助当事人发现当前与未来憧憬的关系，才可以让那些憧憬变成火炬，照亮他们的生活。**当事人的当前问题与未来憧憬之间经常存在着以下关系：

▶ 当前问题对于未来憧憬有消极影响

当事人的困扰，从某种意义上说，是由于当事人内心的某种欲望受到现实挑战的阻碍所致。因此，摆脱之道似乎就是迎接现实的挑战，寻求内心欲望的满足。可是满足当下内心的某种欲望有时候是对个人未来憧憬的一种妨害。在心理咨询中，许多当事人恰恰没有发现这一点，他们只欲逞一时之快，却又不能迅速实现，于是陷入进退维谷之中。这个时候，让他们意识到当前问题对于其未来憧憬的妨碍常令他们幡然醒悟、改弦更张。

例如，一名小伙，谈了一个女朋友，两人同居一年多，他不是很爱她，但是已经习惯了她的陪伴。两人交往时，女友常说小伙不够爱她，有些看不起她，但是他听后一直没往心里去。一个月前，女友突然告诉他，自己回了趟老家，见了老家的一个小伙子，感觉很满意，准备订婚了。他大为震惊，怒不可遏，强烈要求女友回到自己的身边，声称如果女友不回来，他就公开两人的很多私密照片。出乎意料，女友态度很强硬，说要誓死捍卫自己的婚姻。两人僵持起来，小伙很痛苦，想到心理咨询。咨询师听完小伙的介绍后，问小伙，既然不爱对方，为什么还要把对方抓在手上。小伙子的回答是女友的离开让自己感觉被羞辱了，要离开也是自己先离开，哪有她先离开的道理。咨询师听后，知道要帮助他放手，于是琢磨着从哪下手。这时，咨询师想到小伙气势很盛，可能对人生有追求，便问他关于未来的打算。小伙说，这个问题他想了很久，自己要做一名大企业家，作为第一步，他要参加研究生考试，要考上中国一所著名商学院的研究生，考试三个月后就要举行了。咨询师说："那你和女友的纠缠不是很影响你的复习迎考吗，你的未来规划里没有她，可是却为了她去影响自己的前程。"男生愕然，说自己思维有盲点，没有想到这一层。见小伙心动，咨询师便接着说："对于女友，婚姻是她的全部，她一定会投入全部的精力和你斗，而你只能投入一小部分精力和她斗。所以两人真的斗起来，你可能斗不过她，别看你们相处时好像你强她弱。"男生点头称是，决定放手。在这个案例里，小伙有明确的憧憬，但是他没有将自己对未来的憧憬与当前的情感纠葛挂钩，没有意识到自己对于当前情感的态度与举动对于未来的消极影响。咨询师指出了这一点，当事人即停止了对女友的纠缠。

▶ 当前问题对于憧憬实现有积极影响

有时，现实的挑战让当事人疲惫，他们的内心只想放弃，以赢得内心的一种暂时安宁。可是，由于种种原因，他们无法回避现实挑战，于是内心陷入煎熬，或颓废、或愤懑。他们需要一个理由支撑他们对抗现实的挑战。这个时候，让当事人看到当前问题对于未来憧憬的积极意义，无疑是给他们注入一支强心针，令其士气大振，勇敢地面对现实挑战。在弗兰克尔的书中，记录着许多俘虏正是借着要出去揭露纳粹暴行的信念而生活。因为当他们想以后出去揭露纳粹暴行时，当下的受难成了一种最有力的证据与题材。他们经历，他们记载，于是各种肉体的、精神的折磨都具有了一个崭新的意义。这个崭新的意义撑起了他们。在我们的心理咨询中也有大量类似的案例。

例如，一名男研究生咨询"拖延症"问题。他即将毕业，但毕业论文还没有完成。按道理，他应该集中精力写论文，但他就是提不起精神，把大把的时间花在网络闲逛上。他不想这样，但是管不住自己，很着急。谈话中，咨询师发现男生对学术研究确实没有兴趣，觉得"写论文就是浪费时间"。咨询师询问男生的就业状况，男生回答说，他已经找好一份市场营销方面的工作，不过公司要求要有硕士学位。咨询师说男生陷入了两难，虽然厌恶写论文，但不得不写论文，确实够为难的。男生点头同意。见男生点头，咨询师话锋一转，说，其实市场销售工作里也有很多很多极其无聊的事，如和领导一起陪自己不喜欢的客户说话寒暄等，完成这些工作需要顽强的意志力，而意志力需要锤炼。对于他，写毕业论文就像游戏一样，虽然有些无聊，但是可以很好地锤炼他处理无聊事务的意志力。同学两眼放光，觉得咨询师说得有道理，说"自己找到了写论文的理由"，决定投入到论文写作中去。

▶ 当前问题对于憧憬实现几无影响

有时,当前的问题对于个人的未来既无明显的消极影响,也无明显的积极影响,这同样可以给当事人安慰。为什么?因为很多当事人陷于迷局中,以为痛苦暗无天日。这个时候,如果当事人看到了当前问题的威慑力只限于一个小小的时间段里,无碍自己的未来,那么自然可以潇洒应对。

> 例如,一位女研究生因为与导师的关系前来咨询。她的导师很严厉,常批评人,她每次进实验室,压力都特别大,想请咨询师帮帮自己。咨询师听完女生倾诉后,问她还有多长时间毕业,女生回答说还有半年。咨询师接着问女生将来准备怎么发展,女生回答说自己对本专业没有兴趣,想出国换专业读博士,自己在海外的男友正在帮助自己。咨询师感觉机会来了,问道:"你后面半年的学业表现影响你的留学申请吗?"女生说:"没有影响,只要能拿到硕士学位就行。"咨询师高兴地说:"这意味着你导师对你未来的发展影响很小?"女生说:"是的。"咨询师笑着说:"那你不用急了。时光飞逝如电,你只要等半年就行,熬熬就过去了。"女生说:"是的。"说话间,女生明显放松下来,说要"掰手指头过日子,硬着头皮见导师"。

3. 明晰未来憧憬实现的时间规划

有些当事人确定了关于未来的憧憬与当前问题的关联,内心即得安慰,但是对于有些当事人来说还不够。对于这些人,没有时间规划,他们的生活与憧憬的关系还是割裂的。那些憧憬只是镜中花、水中月——它们永远没有实现的希望。自然的,这些憧憬还是不能给他们的生活提供足够的动力。他们需要"扶上马,送一程"——他们需要明晰的时间规划去追求憧憬的实现。伊根(1986)指出,协助当事人制订策略以达目标,可能是表达与当事人同在的最富人情味、最温暖且最有助益的方式。咨询师在帮助当事人采取措施实现个人憧憬时，需要注意以下几点：

▶ 明晰努力的期限

西方人说："世间万事万物，生有时，死有时。"任何事情都在一定的时间开始，又在另一个时间结束。人们关于憧憬的努力也一样。开始时间和结束时间的结合构成了努力的期限。憧憬需要在这个期限里去实现。在这个期限里，我们思考、酝酿、努力、煎熬。我们既不可以期望一蹴而就，梦想憧憬一夜实现，也不可无限地等待，肆意挥洒时光。

不幸的是，一些当事人就是以为憧憬可以一夜实现，例如自己的家庭关系马上和谐，薪资满意的工作立马到手，一个人生重大议题（如自己是否嫁给某人）立马解决……为此，他们焦急万分；而另一些人以为自己可以无限等待，如自己还可以打游戏，自己还可以去忍受伴侣的虐待，自己还可以去加班工作……浑然不知自己已走到悬崖的边缘。这个时候，和他们一起明晰努力的期限，确定自己何时开始努力，何时结束努力，就显得非常重要。对于前者，明晰期限，可以让他们明白自己还有时间去等待、去尝试，从而大大缓解焦虑；对于后者，明晰期限，可以让他们产生紧迫感，切实地行动起来，从而促进憧憬的实现。

▶ 明晰努力的节奏

明晰努力的节奏就是确定自己的时间分配，以保证憧憬的实现。憧憬的实现需要时间的付出，但是生活的其他方面（如吃饭、睡觉、娱乐等）也需要时间的付出。在一段时间里，如果我们投入了太多的时间于憧憬的实现，我们的生活可能发生紊乱，如身体健康出现问题或者家庭关系出现问题，这将导致我们的努力不能持续，憧憬化为泡影或者变得毫无意义。可是在一段时间里，如果我们投入了太少的时间于憧憬的实现，虽然我们的生活可能很舒适，但是随着时光的流逝，我们后面可能非常被动，甚至憧憬变成永远的梦。

生活需要平衡，需要中庸。这就像马拉松比赛，一个人必须克制自我，管理好步伐，分配好体力，才能保证用充沛的体力去取得好的成绩。如果他一开始太放松，就会被大部队甩开太多，后面纵使拼命追赶，也很难成功。同样地，如果他前面仗着自己体力好，像跑一百米一样跑，遥遥领先大部队，后面他一定会被超越，最后纵使他拼死努力，也不会有好的成绩。咨询中，我们经常看到一些当事人有憧憬、有努力，但是没有把握节奏。

　　例如，有一个女研究生觉得自己"意志力薄弱"，很苦恼。咨询师请女生描述详情，女生说自己兴致高的时候通宵看文献，写论文，但是紧接着就荒废三四天，想做事但是什么事也做不了，虚度了光阴。女生觉得自己得了"拖延症"。听完女生的讲述后，咨询师指出，她的问题根本不是"意志力薄弱"，不是"拖延症"，而是做事的节奏出了问题。文武之道，一张一弛。她要做的是在兴致高涨的时候节制自己，给自己的休息时间设定一个值，以保证自己的身体得到及时的恢复；在兴致低落的时候，给自己的学习时间设定一个值，以保证自己的学习不落后太多。作为一名研究生，学习和研究是做不完的，不要想着一件事做完了幸福就来了。女生听完后笑了，说自己"犯了常识性错误"。

▶ 明晰当务之急

将憧憬变为现实是一段漫长的旅程。旅程里充满了巨大的不确定性，要一一觉察它们有点强人所难。有些人为此而踟蹰不前。可是如果踟蹰不前，憧憬的实现自然不可能。怎么办？知道当务之急即可。孟子曰："知者无不知也，当务之为急，仁者无不爱也，急亲贤之为务。"知道当务之急，我们即可迈开脚步，因循变化，在变化中求安慰，在变化中将憧憬化为现实。关于当务之急的选择，有两种思路：

其一，从要害着手。所谓擒贼先擒王，遇到问题，先抓主要矛盾。很多时候，主要矛盾解决了，问题即迎刃而解。

　　例如，一个女生为寝室关系烦恼，她的寝室原先分为两派，自己和一个室友一派，另两个室友一派。两派内部交往密切，但两派之间交流很少。突然有一天，女生发现自己的同伴远离了自己。瞬间，女生觉得自己被整个寝室孤立，非常痛苦。咨询师听后想到"知己知彼，百战不殆"，决定详细了解原先另外一派的两个同学的情况。详细了解之后发现，另外一派的一名室友态度原本中立，是女生疏忽了她，导致其倒向了严重歧视自己的室友，成为另外一派。原因找到后，解决方案也就出现了。女生决定主动和被自己忽视的室友走近。很快地，该室友接纳了她，而其他室友也慢慢接纳了她。在这个个案里，态度中立的室友是问题解决的关键。

其二，从必须做的、最容易做的事情着手。老子说："图难于其易；为大于其细。"这句话可以理解为：对于难办的事情可以从容易办的地方着手，对于很大的事情，可以从很小的地方下手。

例如，一名大学毕业小伙，因为工作不顺，辞去城里的工作，回到乡下老家备考硕士研究生。经过很多波折之后，小伙终于出现在研究生入学考试考场。然而，在考"概率论与数理统计"时，小伙惊讶地发现自己的计算器坏了。小伙感觉五雷轰顶，因为这门科目涉及很多的数据计算，没有计算器的帮助，考试必然失败。但是，小伙并不甘心，他问了自己一个问题："我能做什么？"小伙想到可以先做一些不需要计算的题目，然后将计算题的计算公式写好，将数据也填好，将答案空好，也许改卷老师会给一些步骤分。小伙这样做了。在考试结束前 30 分钟的时候，小伙发现考场上有考生用好了计算器，放在一旁，于是便抱着试试看的心态委托监考老师向那名考生借用计算器。幸运的是，监考老师和那名考生都很善良，把计算器借给了小伙。接下来的时间里，小伙疯狂按计算器的按钮，飞快完成数据计算。后面，分数下来，小伙的这门科目考了 90 分（满分 100 分），小伙成功考上研究生。

以上两种策略，没有优劣，各有千秋。在咨询实际中，可以和当事人一起讨论，选择合适的策略。如果咨询师和当事人在讨论中敏锐地发现了问题解决的关键，而当事人也愿意采纳，那么双方自然可以采用第一种策略。如果咨询师和当事人讨论中发现不了问题解决的关键，那么就可以走第二种策略，边做当下能做到的事，边发现问题解决的方法。

生活中，很多人看不起"从最容易做的事做起"的路径，认为只有发现并抓住解决问题的关键才是正解。可是，他们找不到，于是他们转向对人生的思考与感伤，自怨自艾，徒耗时光。例如，一些抑郁症患者幻想找到走出病患的快速的、根本的神奇方法,不屑于去做一些仅仅是有助于缓解症状的事,如运动、聚会等,结果他们宅在屋里,越发不开心。对此,我们可以问他们:"去运动、聚会没意义,难道宅在屋里就有意义吗？宅在屋里会帮助你走出疾病吗？"对于他们,也许需要建立一个新的行为准则,即只要没危害的事就可以去做一做！只要对自己的问题有一丁点帮助的事就可以做一做！坚持下来,也许水滴石穿,量变引起质变,自己的抑郁症就此被征服。

小　结

心理咨询既可以从当事人的过去着手,也可以从他们的将来入手。在过去里,咨询师可以和当事人一起讨论烦恼何以发生的线索以及如何摆脱的资源。在将来里,咨询师可以和当事人一起讨论关于未来的憧憬以及它们与其当前生活的关联,并明晰时间规划,来帮助当事人摆脱烦恼。

在实际咨询中,咨询师可以在两者之间自由跳跃。当在讨论过去中发现不了解决问题的线索而陷入沉闷压抑时,咨询师完全可以跳过过去,谈论将来,尝试为当事人注入希望。在讨论将来让当事人感觉没有触碰问题的根本而流于肤浅时,咨询师可以转而讨论当事人的过去,让当事人感觉增加了讨论的深度,从而给咨询带来新的希望。

在咨询的世界里,当事人的过去和将来实际上是有机的统一,相互补充。探索过去有助于我们更好地面向未来。德国哲学家卡西尔指出,我们关于过去的意识当然不应该削弱我们的行动能力。如果以正确的方法加以使用的话,它会使我们更从容地审视现在,并加强我们对未来的责任心。人如果未能意识到他现在的状况和他过去的局限,他就不可能塑造未来的形式。正如哲学家莱布尼茨常说的:后退才能跳得高。同样地,面向未来也有助于我们更好地利用过去。当我们明确了对未来的憧憬,并行动起来向未来进发的时候,我们也常常重新思考我们的过去,发现从前所没有发觉的东西。**过去是海洋,里面有无尽的宝藏,它随着我们思想的变化而常新。**

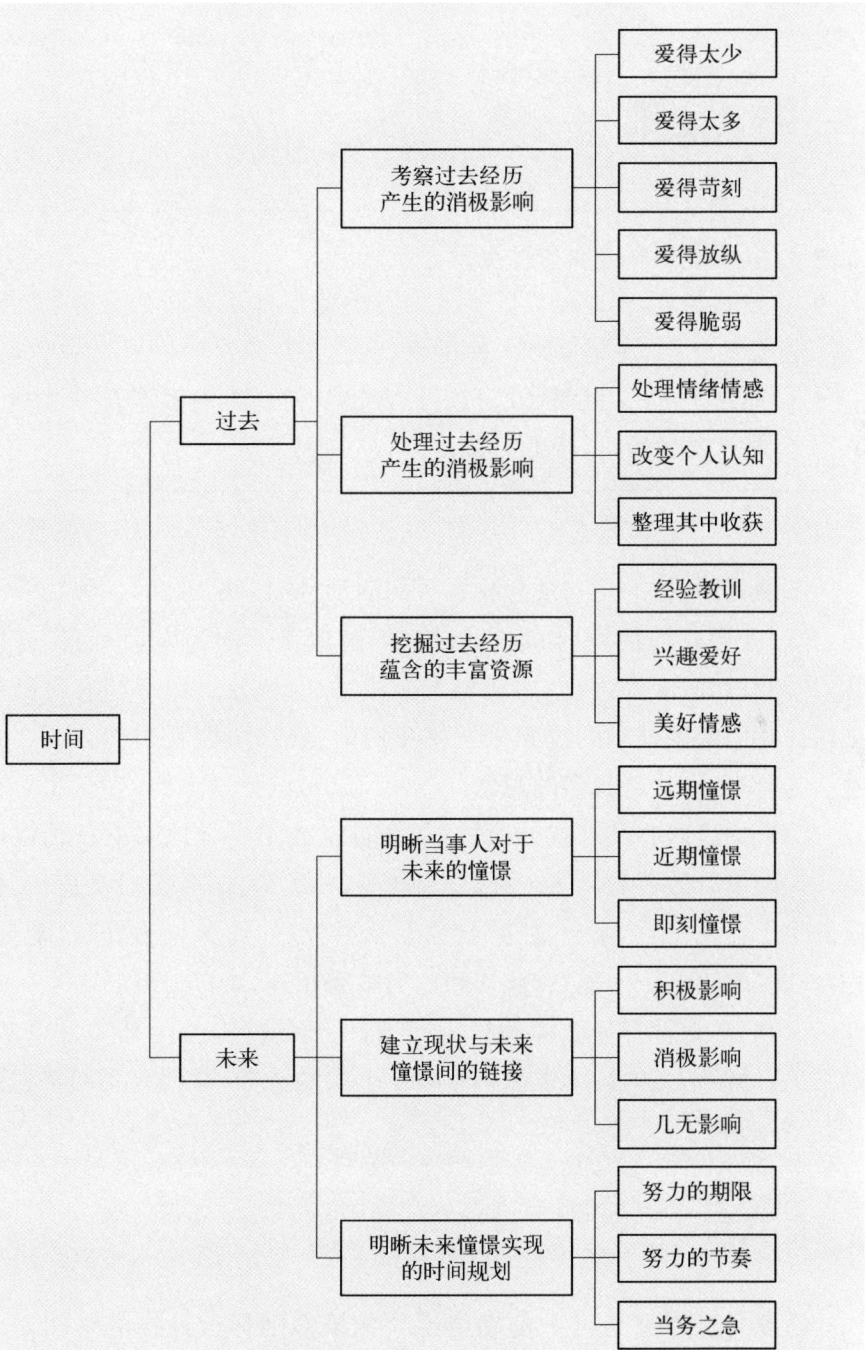

图 3.1　时间维度技术要素图

二、行动之维

- 行动之维分为认知和行为两个方向。
- 在认知方向,咨询师可以和人们讨论他们对于自己的欲望、能力和身份的认识,评估其对人的影响,改进它们。
- 在行为方向,咨询师可以和人们讨论他们行为的类型及其本质,评估其对人的影响,改进它们。

所谓行动,指的是与观念相联系的活动(陈嘉映,2020)。作为一个生物体,我们进行各种活动,如吃喝拉撒、生殖繁衍。作为人,我们拥有很多观念,我们对如何安排饮食、如何与人交往、如何就业工作等都有自己的原则立场。我们依据很多的观念来安排我们的生活,协调我们的行为。我们的生活与行为,渗透着我们的观念。

当人们遭遇心理困扰的时候,都会自觉或不自觉地采取行动以摆脱困扰。人们采取的行动,大致可以分为两类,一类为认知,即启动思维,思考到底发生了什么,为什么会这样,自己怎么办等;一类为行为,即启动身体,或跑,或跳,或战斗……显然,认知和行为紧密相连,难以分开。一个人有什么样的认知,常常就有什么样的行为,我们见到的外在行为其实是思考、选择的结果。另外,人的行为也深刻影响一个人的认知。因此,我们将它们放在一起来讨论。

(一) 认知

古罗马思想家马可·奥勒留说:"如果你因什么外在的事物而感到痛苦,打扰你的不是这一事物,而是你自己对它的判断。而现在消除这一判断在你的力量范围之内。"这里对事物的判断即认知。消除一个人的判断,即改变一个人的认知，凭此当事人可以不再因外在事物痛苦。

认知的关键是认识自我，因为我们所看到、所理解的世界常不是它们本来的样子，而是掺杂了我们很多个人因素后扭曲了的样子。井底之蛙看到的天空之所以那么小，只是因为青蛙的视野狭小。认识自我，可以帮助我们去掉我们自己的一些傲慢、偏见和一些不合理的、一厢情愿的期待，这样就去掉了我们不自觉使用的有色眼镜，从而帮助我们更准确地认识、理解这个世界。此外，人们在生活中常为自己该何去何从烦恼。很多时候，这是因为他们对自我认识不清。一旦他们正确认识了自我，问题就可能变得非常简单。在这个意义上，**认识自我，是认识他人、认识世界的基础，是帮助人们解决个人烦恼的金钥匙**。那么在心理咨询中我们如何利用自我认识，来帮助当事人摆脱心理困扰呢？

1. 帮助当事人明晰自我认识

当事人关于自我的认识经常处于一种混沌的状态，并起伏不定。他们对于自我有万千回答，经常今天认为自己很优秀，明天觉得自己很愚蠢；今天觉得自己要赚钱，明天觉得自己当追求理想；今天觉得自己要多照顾孩子，明天觉得自己要专注于工作。他们的思维就像旋转的陀螺停不下来，因此答案在不停变化。他们困住了自己。

从认知着手，心理咨询要做的第一步就是帮助当事人明晰自我认识。在前面章节中，我们提到认识自我具有无限丰富的内涵，但是在咨询中，它的关键要素为欲望、能力和身份。抓住它们，就抓住了牛鼻子。

▶ 欲望

人心是欲望的舞台，每个人的内心都有很多欲望。例如，有人热衷于权力，有人热衷于运动，有人热衷于求知……美国学者史蒂文·赖斯（1999）认为，人有十六种基本欲望，分别为权力、独立、好奇心、被包容与接纳、有序、储备、荣誉、理想主义、社交、家庭、身份与地位、复仇（对平等的追求）、浪漫（对性和美的追求）、吃、健身运动、安宁。这些追求几乎人人都有，但不同的人对不同欲望的强烈程度有所不同。例如，有人权力欲强，有人好奇心强……此外，现实疗法创始人格拉瑟提出人有五种基本需求，分别为生存或自我保护、爱或归属、权力或内在控制、自由或独立、乐趣或欢乐（罗伯特·

伍伯丁,2011)。

　　人心中所有的欲望共同建构了一个如同社会机构的组织——人心。人心如戏,不同的欲望,尽管活跃程度不同,但都在人心中发挥着作用,共同建构了人心的精彩。在一个社会机构里,不同的人有不同的分工:通常一人处于主导地位,被称为领导,其他人处于从属地位,被称为群众。人心亦如此。人心中常有一种欲望居于主导地位,我们称其为核心欲望,而其他的多种欲望虽然相互间地位有所不同,但均处于从属地位,我们称其为普通欲望。核心欲望和普通欲望一起建构了人心系统,推动着人心的发展。

　　心理咨询实践中,和当事人确定自己对核心欲望的认知常常是心理咨询的首要工作。前面提到关于人的欲望有很多分类,咨询师可以对此采取灵活、开放的态度。咨询中咨询师可根据当事人的故事,考虑他们的生活背景和认知水平等,对他们的核心欲望进行自由命名和阐释,例如说当事人"胜负心重""看重自由和独立""珍视感情"等,然后倾听当事人的意见。当事人可以对它们进行修正,或者干脆完全抛弃它们,做出自己的命名和阐释。在相互的讨论中,当事人关于自己的核心欲望的看法得到澄清和确定。

　　例如,一名女博士因为害怕独处,在独处时经常玩手机,看他人的朋友圈,有时要直接给母亲打电话。女博士不希望自己这样,她希望自己独处的时候镇定一些,放松一些。咨询中,咨询师推荐了正念等即时情绪管理技术(本章的第四部分对正念技术有专门的介绍),不过女博士在后面的咨询中反馈正念技术无效。于是,咨询师重新出发。咨询师想到女博士此前透露过自己在和两个前男友的相处中有很多的忍让、很多的委屈。咨询师将这些信息串在一起,提出她的核心欲望是"爱与归属",女博士认同。紧接着,咨询师指出人心是欲望的舞台,各种欲望"你方唱罢我登场,各领风骚五百年",即使是核心欲望也不可时时呆在台中央。咨询师给出建议,请女博士在独处慌张的时候,轻轻告诉自己:请爱与归属的欲望"乖"一些,现在"我要好好学习"。这个建议奏效——女博士在后面的生活中运用此计实现从容独处,两年后顺利毕业。

▶ **能力**

能力是我们在这个世界的生存之本。在这个世界，我们需要会呼吸；在这个世界，我们需要会饮食；在这个世界，我们需要会记忆……当我们尽展自己的能力时，我们将感受到欢乐，甚至会忘却自我，与世界浑然为一。

加德纳（2006）认为人的能力是多元的，具体有语言能力、音乐能力、逻辑-数学能力、身体-动觉能力、空间能力、人际能力、自我认知能力七种。与欲望相似，人的各种能力在一个人身上亦建构了一个如同社会机构的结构。在其中，不同的能力，尽管强弱不同，但是都在人的生活中发挥着作用，它们共同创造了人的多彩生活。与欲望相似，我们将人拥有的突出能力称为核心能力，将表现一般的能力称为普通能力。鸟飞、虫爬、鱼游，生活要求我们每个人发挥个人的核心能力去生存、去奋斗、去发展。

我们每个人都会自觉不自觉地对自己的能力做出判断，这种判断影响着自己的心情。当我们自觉能力超人时，常生欢喜；而当我们自觉某种能力不足时，我们常心生遗憾，甚至感觉前途渺茫，怀疑人生。

在咨询实践中，咨询师需要明了当事人对自己能力的认识。与对欲望的认知相似，理论家对人的能力也有很多不同的分类。在咨询实践中，咨询师对此可以采取灵活、开放的态度。咨询师根据当事人的故事，结合他们的认知水平，对他们的核心能力进行自由命名和阐释，例如说当事人"动手能力强""交际能力强""写作能力强""心细""大局观好"等。同样地，当事人可以对它们进行自由修正，甚至干脆完全抛弃它们，做出自己的命名和阐释。在相互的讨论中，当事人关于自己核心能力的看法得到澄清和确定。

例如，一名本科男生在社交媒体发帖宣称抑郁了，辅导员发现后将其带至校心理咨询中心进行心理咨询。咨询中，男生说自己学的是工科，但自己不喜欢这个专业，也学不好这个专业，不知道自己将来能干什么，只能天天打游戏。自己厌恶这样的生活。男生还说，其实他不怕苦，但是就不知道自己能干什么，路该怎么走。诉说中，男生情绪非常沮丧，但是咨询师发现他用词非常精致、优雅，言语中透着某种纯净。于是，咨询师问男生："你是不是文笔很好？"男生眼睛亮了，说："是的。"接着，男生告诉咨询师，他在中学时写博客，有三百多粉丝，但上大学后,功课忙,没时间写了,时间一长也就忘了自己这方面的能力。咨询师说:"也许将来你可以拾起这方面的能力。你只要顺利毕业,以我们学校的声誉可以轻松找到一份工作。工作之余,从事写作。没准儿可以成为当年明月那样的作家。他们都是从业余写作起步的。"男生听了很振奋。咨询后,他投入到学习中去,几年之后顺利毕业。在这个个案里,咨询成功的关键就是发现了当事人的文学才华,给当事人的人生注入了希望。

▶ **身份**

身份,即个人在这个世界的定位。身份包含两个要素,其一为责任,即我们要为这个世界付出什么;其二为权利,即我们可向这个世界索取什么。我们生活在这个世界,就会和花鸟虫鱼、有情众生发生交流、交往。交流交往就要涉及关系定位,即自己当承担哪些责任,可主张哪些权利。当一个人明确自己身份的时候,就意味着知道自己可以做什么,不可以做什么。否则,就是"有失身份"。"有失身份"常让自己难堪、困扰。以入住酒店为例,我们的身份是酒店顾客,这意味着我们期望从酒店员工那里得到好的服务,这是我们的权利;同时我们需要遵守酒店的规定,这是我们的责任。

人们拥有多重身份。在人群中,可能是父亲,是老师,是下属,是心理疾病患者;在自然界里,人既是卑微的存在,如蝼蚁,同时人也是高贵的存在,是宇宙的精华、万物的灵长……每一种身份都对我们的责任和权利做出了规定。人拥有的各种身份亦建构了一个如同社会机构的有机结构。在不同的情境里,凸显不同的身份。例如,你可能是政府官员、公司老板、企业白领,但是当你去开孩子家长会的时候,你凸显的身份可能只是学生家长。在咨询实践中,我们不妨把在某种情境下凸显的身份称为核心身份,而把其他沉默的身份称为普通身份。不同的身份对人的责任和权利做出了不同的期望,并构成了某种冲突。在其中,核心身份决定了个体期望承担的责任和主张的权利。

每个人都对自己的身份有着自己的认识。情境虽然对人的身份确定有着重要影响,但人在其中具有非常大的主观能动性。以上面家长会上的家长为例,一个家长可能认为自己首先是一名政府官员,其次才是学生家长,因为他可以给学校老师带来某种帮助，他希望自己得到特别的对待；而班主任也认可他是政府官员，并给予他某种特别的待遇，因为他希望学校、班级或他本人得到家长的某种帮助。在这里，政府官员即为他的核心身份，而学生家长却是他的普通身份！但另外一个客观情况完全相同的家长却认为自己只是一名普通家长，是来了解孩子情况的，是来探索如何帮助自己的孩子健康成长的。他无意凸显自己的政府官员身份，尽管他也会给学校、班级或班主任个人带来某种帮助。对于这名家长，政府官员只是他的普通身份，而学生家长才是他的核心身份。

在咨询实践中，咨询师帮助当事人明了对自己身份的认识，也即明了他们在人际相处中的责任和权利。这常令当事人解脱。在咨询中，我们常发现当事人的烦恼，只是因为他们忘记了自己是个普通人。有的当事人与人相处的时候常对他人充满怨恨，觉得他人"这也不好那也不对"。这时，如果他们能领悟到自己与他人相处中，两人是平等关系，自己只是一个合作伙伴，根本无权去要求对方尽善尽美，也许他们的烦恼就会少许多。聚焦于他人的不足，无非是将注意力集中于自己权利的主张。但是身份的意义还包括了责任的履行。当事人应该将注意转向自己的责任，问自己哪些责任没有履行好，哪些事没有做好，给别人制造了哪些妨碍甚至伤害。如此，他们的心态常变化，怨恨也随之减少。在咨询中，我们还会发现一些当事人在人际相处中缩手缩脚，委曲求全，很怕惹别人生气，觉得"别人不高兴了都是自己造成的""自己罪不可赦"。对于这些当事人，他们的问题是忘记了自己是普通人，忘记了自己的责任是有限的，自己根本不应该对他人可能的不高兴承担全部责任。再者，别人也不是玻璃心，不是那么容易被击溃。对于他们来说，身份的意义还包括了权利的主张。此时，如果当事人能将注意转向自己的权利，问自己有哪些权利可以主张，他们的猜疑和焦虑常减少，勇气会增加。很多时候，**让当事人明晰他们的身份，鼓励他们承担当承担的责任，主张当主张的权利，许多令当事人长期感到复杂、头痛的问题也可轻松化解。**

例如，一名男大学生，非常聪明，成绩很好，但是常为家庭困扰。他的父母亲长期关系不好，父亲为某地的中学校长，有文化，平时温文尔雅,应酬较多,母亲为普通上班族,文化程度不高,脾气火爆。母亲常向男生打电话哭诉他父亲待她不好,经常搞外遇,希望儿子教育父亲,好好专注家庭,好好对待自己。于是,男生勇挑重担,努力倾听母亲,积极和父亲沟通,期望知道他们近期究竟发生了什么,问题在哪里,如何让父亲悬崖勒马……但是经过努力,父母关系并没有改善,自己觉得很无能、很无助。咨询师听后,指出他的身份是一个儿子,他有责任爱妈妈,但是没有责任去调节父母关系,更没有权利去教育自己的父亲。他"越位"了。再者,他无须为母亲过分担心,因为父母关系不好已多年,母亲已经适应,母亲痛苦的时候,除了向他倾诉还会向她的老同事、老邻居和老姐妹等倾诉,她们会给她安慰。所以,母亲实际上有一个庞大的后援团。男生接受了咨询师的观点。后面,当他母亲再向他倾诉时,他更多的只是倾听,然后问母亲的其他生活日常,他不再想去弄清家里发生了什么,不再想去和父亲沟通协调。他的心情也变得平静了。

2. 帮助当事人评估自我认识

对于有些当事人,帮助他们明晰自我认知已经足够。但是对于很多人来说这远远不够。这些人明晰自我认知后依然滞留在这些认知可能的偏差里,他们不能意识到自己的认知对于自己生活的影响,不知自己坚守这些认知的危险,更不知是不是要更新自己的认知。这时,咨询师就需要帮助他们评估自我认知的影响。当事人的认知必然会对其生活产生影响。例如,一个人认为自己喜欢运动,可能就会有意无意地关注各种运动资讯;一个人认为自己动手能力不强,可能就会主动回避一些需要展示自己动手能力的场合;一个人认为自己是一个行业资深专家,可能就会希望得到他人很多的尊重和照顾……很多时候,当事人的困扰由此而生,但个人浑然不知。评估就是提供这样一个机会,帮助当事人审视自己的认知对生活的影响。

评估首先是评估当事人的自我认知对于其个人生活的影响。当事人的自我认知经常对其生活既有积极影响又有消极影响:没有积极影响,它们不会存在;没有消极影响,当事人的内心不会有困扰。评估让人警醒,警醒让人改变。例如,一个人认为自己口头表达能力差,所以他谦虚随和,别人对他很放心，这是其自我认知对自己生活的积极影响。同时，他因为自己觉得口头表达能力差所以放弃了很多展示自己的机会，所以很自卑忧伤。这就是其自我认知对自己生活的消极影响。

评估还需要考察当事人的自我认知对他人生活的影响。**没有人生活在孤岛上，我们的思想观念不知不觉地对他人的生活产生了影响。**有时这种影响是积极的，有时这种影响是消极的，有时两者交织在一起。例如，一个女生，高中的时候虽然物理成绩很好，但是内心很自卑，常和同学们说自己物理水平不高。同学们很气愤，觉得她的成绩明明比大家都好还说自己不好，是在变着法子羞辱大家，评价她"太装""太假""太做作"，纷纷远离她。

3. 帮助当事人改进自我认识

经过评估以后，人们不难发现自己的某些认知需要改变。因为很多时候，正是它们妨碍了生活，制造了困扰。如果不改变，它们就持续作用于自身，困扰也如影随形。为了摆脱困扰，我们需要改变它们。自我认识包含欲望、能力和身份三个方面，改进自然围绕这三者进行。

> ▶ **改进关于个人欲望的认识**

改进关于个人欲望的认识，就是要挖掘当事人潜藏的核心欲望，改变当事人对自己欲望的认知。人的行为是多种欲望联合作用的结果，当事人识别出的核心欲望常不足以解释自己的行为。这个时候，咨询师可顺势挖掘出对当事人贡献巨大但不被关注的欲望，将此置于聚光灯下。一旦它们被置于聚光灯下，也即被置于理性的统协之下，它们的威力即变化，当事人的心理行为也由此改变。

　　例如，一名男大学生沉溺于网络游戏，但是他在咨询中说他并没有从中收获多少欢乐。这意味着用贪玩来解释他的行为是不充分的。于是咨询师询问他的家庭。男生说自己的父母关系不好，在闹离婚，他的游戏沉溺迫使他的父母将注意力集中在他的身上，从而干扰了父母的离婚进程。显然，沉溺游戏可以让自己获得父母更多的爱。在这里，爱就是他的潜藏欲望！

在咨询当下就发现当事人的核心欲望需要一份幸运。有时,咨询没那么幸运,咨询双方在咨询当下找不到当事人生命里的核心欲望。这时也无须惊慌,咨询师可以建议当事人保持耐心,先让生活不乱,让时间去发现答案。

> 例如,一个男生喜欢思考人生意义,最后觉得人生根本没有意义,感觉颓丧。他反思自己高中的时候用心读书,只是为了面子,现在自己已经考入中国名校,所以面子的需要已经满足。可是他面子需要没有了,也就没了前进的动力,所以成绩也就不好了。他去找当地咨询师咨询,当地咨询师说他理性太发达,缺乏感性。他觉得说得有道理,但自己的生活并没有由此改变。现在的他有很多现实问题,例如多门功课不及格,到退学边缘了。父母希望他尽快走出,他自己也很着急,但他认为还是要先解决终极问题。咨询师听后,对男生说,他是"破旧,但是没有立新,才导致烦恼"。男生同意。接着,咨询师说:"人生的意义说简单也简单,就是实现欲望。人的欲望有很多分类。所有的欲望形成一个组织,在这个组织里有一个领导,过去这个领导是'荣誉'。现在没有找到,不妨暂时让'荣誉'这个领导来代管。毕竟如果退学了,也不是大学生了,'光宗耀祖'也没了。人生意义很多时候不是思考的结果,而是人生体悟的产物。你可以先搞好学习,认真生活,兴许某一天,苹果砸中脑袋,你就发现了生活的意义。'做大事'不分先后,你尚年轻,根本不用着急!"男生觉得这个解读很好,决定着力让生活继续,等待未来。

▶ 改进关于个人能力的认识

帮助当事人改进关于能力的认识,有时就是帮助他们发现自己的长处。美国管理学家彼得·德鲁克说:"很多人都以为自己知道自己的长处,其实不然,在大多数的情况下,人们比较清楚的是自己的弱点。"这一点在人感到困扰时表现尤甚——很多咨询中的当事人眼里看到的只有自己的短处(即普通能力),他们看不到自己的长处(即核心能力),他们为此沮丧忧伤,看不到自己的希望。这时,如果能帮助他们发现自己的长处,他们的精神常为之一振。

当事人的长处经常可以从他们过去的成功经验中去发现。在笔者的来访者中，有的同学中学时曾经在全市航模竞赛中得过奖，这很好地说明了他动手的能力强大；有的同学曾经组织朋友做过项目，这很好地说明了他组织协调的能力强大；有的同学曾经交友甚广，这很好地说明了他人际交往的能力强大……

有时，当事人在咨询当下的表现也可体现他们的长处，例如有的人讲话用词优雅，展示着他们的文学才华；有的人勇敢地打断咨询师说话，大胆地反驳咨询师，展示着他们的辩论才华；有的人表达严密，展示着他们的逻辑思维能力；有的人细腻敏感，展示着他们的共情能力……

帮助当事人改进关于能力的认识，有时是纠正他们对自身能力的判断。很多时候，当事人对自己某种能力的判断是不客观、不公正的。例如，有的人认为自己的口才差，但是他们在心理咨询中的表达清晰、流畅；有的人认为自己的研究能力差，但是老师和同学对他们的评价很好。这个时候，心理咨询需要明确指出当事人对自己评价的不客观和不公正，并分析其中的原因。

例如，一名女博士非常忧郁，对自己的能力充满怀疑。经咨询了解，她五个月前生好了孩子，觉得自己的记忆力和思考力都下降了，乘地铁曾乘过站好几次。为此，她曾在地铁站抱头痛哭，质问自己"为什么变成这样？"她听人说"一孕傻三年"，她非常担心自己的能力不足以胜任博士学业。这时，咨询师很想知道她的真实科研水平，便问女生，她的导师和同门对她的评价。女生回答，导师对她的研究很满意，她已经发表了好几篇高质量论文，同门都很欣赏她。咨询师说："你不差呀。俗话说，人民的眼睛是雪亮的。你的导师和同门不可能都是大笨蛋呀！你为什么如此怀疑自己？"女生觉得咨询师的话有道理，开始反思自己"何以如此缺乏自信"。原来她过去一直追求优秀，争强好胜，现在结婚生子，需要照顾家庭，照顾孩子，无法像其他同学那样全身心投入学习，无法完全掌控自己的学习，她害怕自己落后了。听完女生的反思，咨询师给予了理解，说她优秀依旧，但她的人生已经步入新阶段了，需要平衡事业与家庭的智慧了。女生认同。谈话结束,女生的心安定下来,决定按照自己的节奏学习、生活,不再和同门攀比。

▶ 改进关于个人身份的认识

改进关于个人身份的认识就是削弱原先的核心身份,选择启用普通身份作为新的核心身份。前面提到,每个人都有多重身份,不同的身份对人的责任和权利作出了不同的要求。原有的核心身份之所以不适应生活,因为它们对人或提出了过高的责任要求让人难以承受,或提出了太少的责任要求让人放纵;或剥夺了太多的权利让人委屈,或主张了太多的权利让人碰壁。这个时候,如果启用一种新的身份,调整自己的责任要求和权利主张,和情境相适应,他们的困扰自然减少。换言之,就是帮助当事人把自己的位置摆正,放松心态,承担可以承担的责任,主张可以主张的权利。

例如,一名女研究生前来咨询。她说自己在内地一个落后的山村长大,但父母对自己很好,关爱有加。在她读高中的某一天,她的大姨请她去家中做客。她去了以后,发现屋里还有一对中年夫妻。大姨说,这对夫妻是她的亲生父母,抚养她的人实际上是她的养父母。紧接着,中年夫妻说,他们是当地的公务员,她是他们的第二个孩子,他们生育她违反了当时的政策。为了逃避处罚,他们找到女生现在的大姨,委托她找个好心人家收养。大姨便把她介绍给现在的养父母。随后,中年夫妻向女生表达了深深的歉意,并送了很多礼物。女生听过大姨和中年夫妻的介绍后,只感觉天旋地转,但是她很善良,她选择了原谅。回家以后,女生产生很强的负罪感,觉得自己背叛了现在的家庭。为了减轻自己的负罪感,女生拼命地做家务。奇怪的是,自从那次从大姨家回来后,养母对自己更好了,这令她更加愧疚。这些年,她的内心一直很痛苦。她的亲生父母还是经常给她礼物,这令她更加慌乱。她不知道如何和养父母相处,不知道如何和亲生父母相处。她经常觉得自己卑鄙,觉得自己背叛了现在的家庭。咨询师听过以后,告诉女生:"俗话说,有奶便是娘。养父母把你抚养长大,在经济条件不好的情况下尽其所能地付出,他们就是你'亲生父母',而你就是他们的'亲生女儿'。"咨询师还说，养母一定已经知道她和亲生父母相认了，女生完全可以和养母直接说，表明自己的态度，而不是躲躲藏藏，像做贼一样。至于亲生父母，虽然爱她但没有抚养她，所以她可以把他们定位为"远房亲戚"，自己则是他们感觉亏欠的一个"亲人"。这样的定位和对待，不受任何道德谴责。女生听后，如释重负。

(二) 行为

人内心的执着寄居在人的行为里。例如，一个人贪婪，一个表现就是某种行为的不可遏制；一个人怨恨，一个表现就是背后对人的诋毁和攻击；一个人无知，一个表现就是行为幼稚、鲁莽；一个人傲慢，一个表现就是举止狂妄；一个人猜疑，一个表现就是行为拘谨、退缩。

因为执着寄居在行为里，所以一旦行为改变，执着即无家可归、无枝可依。这样，执着的力量自然削弱。这就如一家房屋的主人突然发现家里苍蝇很多，这个时候他打开窗，想把苍蝇轰走，但是苍蝇走了又回。他开始想，屋子里一定有什么东西招了苍蝇。于是，他认真地检查起房屋来，发现屋里腐肉上苍蝇最多。发现后，他把腐肉扔进了垃圾桶，送到屋外。很快，屋子里的苍蝇少了很多。在咨询中，内心的执着就这样寄居在、附着在某种行为里，行为改变，执着逃离。

例如，一名女生两年前为某社会名流欺辱，之后，女生一直以泪洗面，虽先后向多人包括咨询师倾诉、求助，但收效甚微。咨询中，咨询师注意到女生说自己和同性相处也出现问题，当其他女生不经意碰到她的身体（如手臂），她也会尖叫。于是，咨询师建议女生遇到其他女生碰触到她的身体后，先稳定情绪，然后再碰回去，并尝试主动轻拍她们的肩膀。女生听从了咨询师的建议，在接下的一周她不但轻触其他女生的身体，而且更进一步——用手去揽她们的肩膀。咨询师建议后的第二周，学院举办舞会，一位男老师请她跳舞，她接受了邀请。舞会后，她回到宿舍，一个人在被窝里号啕大哭。自此之后，女生情绪明显好转。

在这个个案里,女生的痛苦经历导致其内心深刻的猜疑——下意识地认为周围充满危险,因为危险所以退缩,也因为退缩所以感觉危险从未离去。咨询师的行为建议帮助她轻触外面的世界,使其感受到外界的安全,感受到危险的远去。在这个个案里,咨询师如果只是单纯地倾听和安慰,女生可能仍然沉浸在猜疑里,沉浸在痛苦中。

1. 帮助当事人明晰行为方式

从行为方面着力的第一步,就是要当事人明晰自己的行为方式,即当事人已经做了什么,这些行为有什么共同特点。换言之,就是为当事人的行为"定性"。这个过程可以帮助当事人将注意力集中在问题的解决上,而不是漫无边际的宣泄与抱怨。实际上,很多当事人是在不自觉的状态下行动的,他们并不清楚自己做了什么。对于他们,明晰的过程就是审视的过程、反思的过程。这本身就可以让当事人获益良多。

人的行为,都是对现实挑战的回应。我们每天的生活都面临着各种各样的挑战,其中,有的很小,例如天气闷热,饭菜不合口,和恋人拌嘴,自己辛辛苦苦写的文档不见了;有的很大,例如自己经济困难,恋人要离开自己,公司重组,自己调到了新的岗位等。这些挑战有时让我们不快,让我们紧张,有时又让我们欣喜,让我们兴奋。不管我们愿意还是不愿意,不管我们自知还是不自知,我们都在用行为来回应它们。在其中,我们成长、变化。这些回应,可以分为以下三类。

▶ 抗争型

抗争型行为指人面对现实,奋起反击,试图改变现实或者重创现实。此时,一些当事人积极抗争,他们调动自身资源,投入时间与精力,努力实现对现实的超越。对于他们来说,如果没钱,就去努力挣钱;如果成绩不好,就去努力学习;如果寝室关系不好,就去积极沟通。面对现实,还有些当事人采取消极抗争的方式,他们通过颓废、自伤、自残甚至自杀来控诉给他们带来伤害的人或组织,他们想让这些人或组织后悔、痛苦,接受良心谴责。不过,现实经常是那些被控诉的人或组织完全不知道、不介意控诉者的痛苦,所有的痛苦只是控诉者一人承担。他们在破坏自己的生活,他们在毁灭自己的人生。无论是积极抗争还是消极抗争，当事人都在改变自我，都在展示生命的力量，同时他们也在感受现实的阻力，这使得他们可能身体疲惫、心力交瘁。

　　例如，一位女研究生前来咨询，声称要咨询"压力管理"问题。咨询中，咨询师强烈地感受到她的聪明、活力和热情。她的生活非常精彩：① 她在积极准备出国英语考试，考试将在 1 个月内举行；② 她在和美国教授合作科研，美国教授拟在一个月内和她讨论研究设计方案；③ 她是某乐队的主唱，乐队一个月内要开演唱会；④ 她负责学院微信公众号的推送；⑤ 她在实习单位实习。女生想努力做好每一件事情，现在她压力很大，非常疲惫。咨询师指出，她是斗士。她的疲惫、她的压力是身体的抗议，是身体的自发保护（很多当事人的身体、心理症状都可以看作是他们对于现实挑战的一种无意识应对）。现在，她要向身体的抗议宣战。实际上，她要的不是"压力管理"技巧，她需要的是"减负"，是休息。

▶ 臣服型

臣服型行为指人面对现实，知难而退，接受现实，放弃现实改变的幻想。此时，当事人选择接受命运的安排，拒绝一切实际的幻想，努力照顾好自己，让生活继续。对于他们，如果遭受言语攻击，他们就当那些声音是噪声，自觉回忆、想象开心的事；如果遭遇身体虐待，他们就让自己的身体麻木；如果被迫参加一些自己不喜欢的会议、会面，他们就告诉自己就当去看电影、看风景、看戏、演戏……他们无意、无力改变现实。他们努力调整自己的感知方式、思维方式和行为方式，来减少自己的内心痛苦，然后再在此基础上寻找生活的乐趣。

　　例如，一对年轻的夫妇，先生是高校老师，耽于思考，弱于行动，不会做家务，尤其不会烧菜，妻子是公司白领，手脚麻利，家务样样在行。婚后，妻子非常希望先生学会做家务、学会做菜，这样自己下班后可以轻松一些，但是先生始终没有长进，双方为此发生过多次争吵。后来，妻子"臣服"——她接受了先生不会做家务、不会烧菜的现实，不再要求先生做高难度的家务，如烧菜。这个时候，先生改变，他开始主动做些没有技术含量的"工作"作为补偿,如在餐后洗碗、倒垃圾等。双方的关系由此改善,争吵不再。

> **躲避型**

躲避型行为指人远离现实,甚至是和现实隔绝,来减少现实对他们的伤害。此时,面对现实的考验,他们不想去抗争,也不想去接受,他们退居一隅,通过拉开和现实的距离来保护自己。对于他们,如果没有钱,他们既不去努力挣钱,也不精打细算,而是去喝酒,然后畅想或骂娘;如果成绩不好,他们就去打游戏;如果寝室关系不好,他们就在外面多待,或者干脆"三十六计,走为上",向学校申请调换宿舍……很显然,他们的选择在很多人的眼里是软弱,是无尊严,但是他们行为的初衷恰恰是维护自己的尊严,进而减少乃至消灭内心的痛苦。所谓"眼不见,心不烦",说的就是这个道理。

例如,一名女博士生自小成绩优秀,硕士阶段即在国际知名期刊发表过数篇论文,为了学术梦想她来到现在的学校读博。可是,来了以后发现博士导师学术水平非常一般,给予自己"错误的学术指导",甚至就论文发表说一些非常奇怪的话。

三年过去,现在的她没有一篇论文发表,博士毕业希望渺茫。现在,她已经结婚,且有了一个孩子,家里就先生一个人挣钱,经济压力很大。面对方方面面的压力,她很痛苦,性格亦改变——不再自信,不再活泼,怕见人。为了解脱,一年前她开始研究心理学。她阅读了大量的心理学书籍,发现自己的境况与原生家庭关系很大,父亲的问题尤其多——父亲偏爱弟弟,忽视自己。

咨询师听完女生的倾诉后说,每一个家庭都有遗憾,人世间没有完美的家庭。她的家庭是非常正常的中国家庭,她的父亲虽有不是,但是作为一个识字不多的农民,他勤恳劳作,供养女生上了大学,读了研究生。天下哪有完美的父亲?该同学投入大量的精力研究心理学是对生活的逃避,她问题的关键不是别的,而是是否继续目前的学业(女生之前透露有机会去国外读博,但需要从现在的学校退学)。随后,咨询师还询问了女生,她先生对她的目前问题的态度。女生说,先生多次暗示自己退学去工作。咨询师建议女生不必马上做出决定，但是也不可无限期地拖下去。于是，咨询过渡到做决定日期的确定。后面，女生把日期定在三个月后的元旦。女生醒悟，咨询结束。

2. 帮助当事人评估行为方式

在理清当事人的行为方式之后，接下来的工作就是对行为的适应性进行评估。一切行为都为解决困扰而生，但是能否心如所愿，则另当别论。一些人为情绪驱使，一些人为习惯驱使，他们根本没有注意自己行为的影响，亦没有认真考虑自己行为的适应性。有时，他们缘木求鱼、南辕北辙，却得意扬扬，自以为走在迈向成功的康庄大道上；有时，胜利就在眼前，他们却犹疑彷徨，想改弦更张！有时他们虽获成功，但付出代价太大，损人损己！评估给他们一个机会来检视自己行为带来的影响，检视自己行为取得的成绩和产生的遗憾。

评估需要综合考虑当事人行为的积极意义和消极意义。行为的积极意义既可以是有形的，如获得了好成绩、进入了好学校、赚到了钱、得到了很多的关爱、身体得到休息等，也可以是无形的，如内心获得某种掌控感、安全感、价值感和存在感等。同样地，行为的消极意义既可以是有形的，如成绩落后、人际冲突、失去了友谊、身体疲惫等，也可以是无形的，如失去了尊严、失去对他人的信任感、不安全感增加、自信心受挫、自我价值感下降、自我鄙视等。

评估还需要考察当事人的行为对身边其他人生活的影响。我们的行为不但影响着自己也影响着他人。**我们的命运和他人的命运常紧密地联系在一起，我们对他人的影响经常反过来再次影响我们自己。因此，我们需要以与社会合作的姿态来满足自己的欲望与追求，只有这样，我们的存在和发展才具有可持续性。**考察我们自身行为对他人生活的影响，有助于我们在更广阔的视野下审视问题，发现问题的解决之道。

例如，一名女生与寝室同学相处不佳，去校心理咨询中心咨询。咨询中，女生透露她的父亲一直教育她在人际相处中要把握主动权，"要控制他人，否则就要被人控制"。于是，女生在和室友相处中，想要掌控室友，屡遭挫折，"百折不回"，痛苦不堪。咨询师了解了女生的这些情况后，和女生认真讨论了她的思想观念对她和室友相处模式的影响，女生听后震惊。在后来的生活中，女生减少了对控制他人的追求，人际冲突明显减少。

3. 帮助当事人改进行为方式

对于有些当事人来说，评估即可令他们改变。但是，对于很多当事人来说，单单评估是不够的，他们的行为并没有经过评估而改变，为什么？因为他们觉得他们的行为都是被迫的，他们没有选择。实际上，他们错了——人在任何时候都有一个选择的空间。在那个空间里，他们可以做出各种选择。咨询师需要帮助当事人认识到他们的选择空间，认识到**他们有能力，也有责任在这个空间里做出新的、更加合理的选择**。否则，他们可能依然我行我素，结果是他们的困扰依旧。当事人的选择空间，概括起来有以下三部分：

▶ 聚焦于症状现实的应对

当事人的现实挑战常常引发他们身体、心理的不适。他们常感到疲惫、紧张、焦虑、愤怒、抑郁、悲伤、无助等。为了摆脱不适，一些人出现行为异常，如反复地洗手，不敢上课，终日游戏，暴饮暴食等。当事人的身体心理状态及其诱发的异常行为，形成了一种新的现实——症状现实。症状现实影响了他们的生活质量，令他们更加不快，对他们的生活形成新的挑战。

当事人的注意力经常集中在症状现实的改变上。很多当事人来咨询，是为了直接寻求症状现实的改变。他们希望有某种立竿见影的方法让自己的紧张水平、焦虑水平、愤怒水平、悲伤水平等能够降下来。他们亦希望有某种方法让自己的异常行为得到控制，如不再去反复洗手、暴饮暴食等。咨询师可以尊重当事人的意见，从这个方向努力。咨询中旨在改变症状现实的方法，有两种基本类型：

其一，顺向策略。这种策略顺应当事人的即时期待，直接减轻、打断他们的不适感觉，减少、降低他们的不良行为。生活中，很多人在心情不好或者异常行为将现之际，去运动，去购物，去和朋友聚会、说话，就是这种策略。咨询中，我们也可和当事人一起研究、开发这样的策略。

例如，一对年轻的夫妻前来咨询婚姻关系。经了解，男方在一家著名外企做高管，女方在一家事业单位做行政，两人关系和睦，有两个孩子，他们的问题是夫妻生活，男方的持续时间较短。谈话中，咨询师感觉男方性格温和，眼睛里透露着羞愧和怯懦，而女方活泼、大方，眼睛里透露着热情和自信。男方表示自己虽然在夫妻生活中有遗憾，但是深爱自己的妻子。咨询师猜测他们的问题可能是由于男方工作辛苦，在夫妻生活中承受了来自女方眼神传递出的巨大压力。于是，咨询师提议双方在夫妻生活时由男方用东西盖住女方的眼睛，具体用什么盖，由两人私下讨论。两人应许。一个月后，女方向咨询师反馈，两人的夫妻生活改善。

其二，逆向策略。这种策略背离当事人的即时期待，主动增强、加重他们的不适感觉，增加、夸大他们的不良行为。如果当事人害怕焦虑，就问问自己，"今天我怎样做，才能让自己更焦虑？"然后进行逼真的想象，以获取焦虑感。如果害怕自己在他人面前脸红，就告诉自己："我要脸更红一些！"如果想克服自己反复洗手的习惯，就命令自己比平时洗手更多一些。

逆向策略在心理咨询中最早由意义疗法创建者弗兰克尔提出，并被称为"矛盾意向法"。弗兰克尔指出，人们经常出现的一种情况是"预期焦虑"。即如果一个人害怕什么东西，到时候就真的害怕了。例如一个人面对许多人时，害怕自己会脸红，结果真的脸红了。但是，如果一个人强烈地意图得到什么东西，反而会使愿望落空。如果一个男人愈是想要表现其性能力，则他们愈是不能成功。因为人所预期的害怕会变成真的，而人过分想要得到的却反而得不到，意义疗法就发展出一种称作"矛盾意向法"的技术。此法是使患有恐惧症的病人故意去接触他所害怕的东西，甚至只一刹那也好。这样以后，人们常常发现，事情没有那么可怕，他们之前的担心是荒诞的。

▶ **聚焦于日常生活的充实**

世间万物，皆在不断改变。我们的各种躯体感觉、思维观念、欲望情感亦如是，它们都会按照自己的节拍，生成、发展、变化、消逝。烦恼中的人们经常忘了这一点，以为自己的某种不适状态不应发生，不应长存。他们排斥它们，期望它们即刻消逝。在不自觉中，他们对症状投注了太多的关注，干扰了感觉、思维、欲望、情感等的自然流动,从而维系甚至加重了症状。关于此,心理学家森田正马(1927)指出:神经质的症状,是人们出自某一动机,指向某种事实,而由于注意力的集中与倾注,经由自我暗示,病态固定下来的产物。例如,有的人经常沉溺于痛苦的回忆之中,悔恨不已,但心里又想消除这种痛苦的惋惜和悔恨,这样其实是想把不可能的事变为可能,并因此陷入欲罢不能的内部精神冲突之中。再如,有的学生在学习时不自觉地注意到邻座同学的存在,感到很不舒服。于是,他们奋力抗拒,坚决不让杂念出现,这实际上是把注意力集中到杂念上,会更加意识到杂念的存在,最终给学习带来更多障碍。

这个时候,人们可忍受痛苦,减少关注,为所当为,用心生活。也就是说,他们无论感到怎样痛苦,都应努力投入到实际生活中去,投入外面的世界。这要求他们带着症状逐渐去做自己认为很难做的事情,有时甚至是逼迫自己去做。当他们一边忍受着痛苦,一边做应该做的事,常在不知不觉中改变,将不适遗忘。大卫·雷诺兹指出,许多人固执地认为自己有神经症状,什么工作也不能干,但实际上他们是能适应工作的。各种心理症状,一旦入侵注意范围,即会干扰我们的日常行动,就会表现出来。如果我们包容它们,不介意它们,再把注意力重新集中到积极的、建设性活动之上,这些症状就会减弱、消失。要达到这一点,人们需要有意识地关注周围环境。我们对日常生活、身外世界关注越多,就会发现我们有越多的事要做,我们也就越能采取行动。具体来说,对于那些对往事不能释怀的人,森田正马的高足高良武久建议不要强行忘怀,而是包容自己,带着这种思绪,积极地去做日常生活中需要做的工作,这样就会在不知不觉中使这种思绪逐渐淡薄以致彻底消失。即使不能完全消失,也不会再严重地牵动我们的感情了。这样,感情的波动就会随着时间的流逝而逐渐平息。

有的人在一些特定情境下特别恐惧、惊慌。例如,有的当事人去考试或开会时,尽管已经走到教室、会议室等场所的门口,但还是紧张得双腿颤抖、呼吸困难,感觉自己的心脏要跳出胸膛。他们的反应令他们想起自己过去经历的种种失败、挫折与不公,于是他们沉溺在巨大的沮丧、委屈、愤怒里。一些人甚至因此号啕大哭。这个时候,咨询师可以鼓励他们放松,邀请他们先想象自己去球场和好友打球等让他们感到放松的场景,然后带着放松的心情走进教室、会议室等让他们恐惧焦虑的地方。或者，鼓励他们藐视恐惧，告诉他们："惊慌不过是一阵电流，一阵微不足道的电流而已，无须做太多的解读。别躲避恐慌，让它来吧，怀着完全接受的态度，让一切该发生的事情发生好了。让身体去做它想做的事，别拦着它，别拼命不让自己恐慌，也别试图去想其他事情分散注意力。它们会来，也会去。不要退缩。请想象着自己像个小朋友或喜剧演员一样或者想象自己就是一片云，飘然前行，去见人，去考试，去开会。"

▶ **聚焦于生活难题的应对**

有些当事人出现症状，就是因为他们的生活遭遇难题，这些难题制造了症状。一旦生活难题解决，症状自然缓解，乃至消失。如果抛开生活难题去处理症状，这是舍本求末，是扬汤止沸。这样，树欲静而风不止，当事人的症状不会发生改变。**在咨询实践中，我们经常发现一些人之所以出现一些怪异行为和念头，如经常担心自己得了某种疾病或者自己亲人死亡，只是因为生活节奏紊乱带来的身心疲惫和紧张。如果他们能视这些症状为朋友，把它们当成自己身心疲惫和紧张的信号。当它们到来的时候，放慢脚步，整理生活。其结果很可能是生活质量改善，而症状也大大缓解乃至消失。** 对于生活难题的应对，当事人有两种基本的处理方向：

其一，继续坚持原来的处理方向，只在具体的方法上做调整。

从某种意义上说，任何行为都是某种欲望的驱使。坚持原来的处理方向意味着当事人尊重自己自发选择的、要实现的欲望，帮助这个欲望实现。为了这个欲望的实现，当事人需要智慧发力，减少阻力，增大实现的可能。这时，如果当事人之前是与现实抗争，那么现在继续与现实抗争；如果当事人之前向现实臣服，那么现在继续向现实臣服；如果当事人之前努力躲避现实，那么现在继续努力躲避现实。他们要的只是一些小的策略变化。这种改变，很多时候就是改变过去的行为习惯。

生活中，改变一个习惯绝非易事。改掉过去的行为习惯，最好是用一个新的习惯去替代旧的习惯，从而形成一个新的动作定式（吉·霍奇，2003）。这样做比单纯地改掉坏习惯要容易得多。例如，对于想戒烟的人来说，可以建议他们在烟瘾发作时吃自己喜欢的零食，这样比让他们生硬地对抗烟瘾少很多痛苦。自然地，他们成功戒除的概率也会大很多。

咨询师在和当事人讨论建立新习惯时,需要注意以下三点:① 新的习惯可以满足当事人在原有习惯里蕴含的部分心理需求,可以替代原有习惯的某些功能;② 新的习惯操作简便,符合当事人的个性特点,很容易嵌入到当事人原有的行为链中;③ 新的习惯对当事人的生活具有建设性,可以增进当事人的幸福感,而不是给当事人的生活制造新的烦恼。只有做到这些,当事人才乐于尝试新的动作,进而形成新的习惯。

例如,一名大学男生咨询时自述自己撒谎成性,想改但改不掉。咨询师请男生细说,男生说自己习惯性撒谎,经常为完全没必要的事情撒谎,如一名同学邀请自己一起去食堂吃饭,自己张口就是"你先去吧,我还有一个快递要拿"。最近,一名室友发现了他这个问题,非常气愤,骂他:"你有病呀,什么事情都撒谎!"男生震惊,觉得自己的问题太严重了,想改变。

咨询师也觉得男生很奇怪,于是想探索事情的原因。男生想到自己的母亲,说母亲控制欲强,自己小时候什么事情都要听母亲的,稍有不从就会遭到母亲的"修理"。为了逃避"修理",他练出了张口就撒谎的本领。咨询师于是说,他的撒谎是训练习得的。在生理学发展史上,巴甫洛夫曾经训练一只狗,在给狗喂食的时候会响铃,后面哪怕没有食物,狗听到铃声也会分泌唾液。他撒谎的道理和这差不多,都是条件反射。男生认同。咨询师接着说,他的撒谎系训练而来,自可训练而去,巴甫洛夫的狗后面还有训练,那就是坚持一段时间只响铃不喂食,最后狗听到铃声也不分泌唾液了。

男生点头,问到自己要如何训练自己。咨询师建议他在回答别人邀请前先深呼吸,然后再说话。男生现场尝试后反馈,这样做不习惯,不舒服。咨询师放弃。这时,咨询师注意到男生的手腕上戴了一个卡通机械手表,便对他说:"你以后回答别人问题时,先看着自己手表的秒针转两圈,然后再回答。如果两圈之后想撒谎,那么就撒谎;如果两圈之后想说实话,那么就说实话。就两圈两分钟,别人等得起。而且,这样做显得自己也很稳重。"男生听后现场尝试,尝试后感觉很开心,乐意在生活中试试。后来,男生就用看秒针转圈法成功戒除了自己随意撒谎的习惯。

其二,调整问题处理的方向,对解决问题的思路做颠覆式的改变。

因为任何行为都是欲望的驱使,调整问题处理方向意味着当事人约束原先自发选择的、要实现的欲望,选择新的欲望去满足。在新的欲望驱使下,当事人可以免受外界环境的伤害,享受生的乐趣。在具体的策略上,当事人可以根据自己的情况灵活选择:如果当事人之前是努力与现实抗争,现在他可以转为向现实臣服或对现实躲避;如果当事人之前是向现实臣服,那么现在可能变为与现实抗争或对现实躲避。

例如,一名大龄女青年恋爱非常不顺,很苦恼,她苦恼时和母亲视频交流,本想求安慰,但却遭到母亲的不断催婚!女青年非常期望母亲能够改变态度,理解接受自己,但屡试屡败,非常颓丧。最近,母亲更是满心欢喜地告诉她,她请了一个算命先生算女儿的婚事。算命先生说,女儿今年可以找到男友,只要把家里的米缸挪个位置。她已经按要求把米缸挪好了位置。女青年听后,感觉肺都气炸了!

咨询中,咨询师指出她母亲行为的合理性,因为她母亲已退休,和她父亲关系又不好,无事可做,心里只有女儿婚事这一桩事。而且她母亲没有文化,很难理解她对婚姻的要求。从这个角度看,女青年要母亲改变态度是不合理的。另外,她母亲不停催婚,女青年自己也要承担责任,因为是她每次毫无隐瞒地告知自己的情感状况,这相当于自己把"情报"送给了母亲,让母亲可以去催!

缘此,咨询师建议女青年放弃改变母亲的企图,开始与母亲玩"周旋",在与母亲交流婚恋议题时搞无厘头,如告诉母亲"自己已经谈了一个金发碧眼、高大帅气的外国小伙,年底就带回家结婚,请妈妈在市里最好的饭店订好酒席。"女青年听从了咨询师的建议。在后面的交流中,女青年不再向母亲如实告知自己的情感状况,而是"胡说八道"。慢慢地,女青年的母亲不再和她讨论情感问题,女青年非常开心。

在策略改变时,咨询师要细心观察当事人是否有潜在盟友。如果发现当事人有潜在盟友,那么就要鼓励当事人与潜在盟友积极沟通协作,建立统一战线,共同作战。多一个人,多一分力量,智者应力避孤军奋战。

　　例如,一名毕业班女研究生,父母都是小学文化,但小舅是大学生,所以自小父母就将女生托付给小舅教育。多年来,小舅一直尽心尽力地教育女生,女生也很尊重小舅。但是近两年,女生和小舅相处很不愉快,因为小舅对女生的干预太多了,他会检查女生的毕业论文,查看她的论文写作进展,会督促她面试找工作……女生多次反抗,在电话里争吵,写长信沟通,但是情况依然如故。女生有时也怀疑自己是不是错了,是不是小舅的想法是对的。听完女生的倾诉后,咨询师问小舅的生活情况,女生说小舅已经结婚,舅妈也是大学生,两人有一个两岁的小宝宝。得知这个情况后,咨询师指出双方的争执,主要责任在小舅,他展现了太强的控制欲,这种控制欲令人窒息。女生已经长大,小舅该放手了。但是,多年来小舅已经习惯,现在要变化,他心里肯定痛苦,但是没有转变是不痛苦的,小舅需要承受这个痛苦。在策略上,咨询师建议女生:首先,对小舅要继续尊重,但是立场坚定,少和小舅说道理,不要想去说服小舅;其次,多询问小舅的生活,多询问小宝宝的情况;最后,善用第三方力量——舅妈,多和舅妈交流,争取她的理解和支持,让她去影响小舅、安慰小舅。女生说,自己和舅妈不熟。咨询师说,没关系,舅妈一定希望小舅专注小家庭,一定会支持你的选择。女生听完,放松下来。

　　问题处理方向的改变是一种处事风格的改变,是一种颠覆式的改变。它对当事人的勇气要求很高。世间没有哪种方法能确保成功,但是颠覆式改变的失败却可能重伤一个人的自信心。因此,这种改变需要小的步子,从细节入手,具体明确,一点点地试错、调整。这样做,即使受挫,当事人付出的努力不多,失败的代价也小,当事人也更容易承受。其外,因为是小的步子,如果受挫,咨询师也可以再次和当事人一起调整,为成功保留机会。

　　例如,一个女生,很抑郁,因为她在和男朋友的相处中,很少有发言权,绝大部分的事情都是男朋友说了算。她很能忍耐,但是忍了一段时间后就郁闷、伤心,最后爆发冲突。咨询师听后建议女生改变行为战略,从接受现实转为与现实抗争,具体为:① 当和男友一起去饭店的时候,男友可以决定去哪个饭店,但是对男友说希望下次自己说了算;

② 两人亲密的时候，自己提个性化的要求。一周后，女生反馈，男友完全拒绝了自己的要求：男友拒绝在饭店选择上商量、妥协；至于请男友在亲密时增加前面时间的提议更遭到男友的断然拒绝。改变还当继续吗？咨询师和女生商量了新的方案：① 女生在点菜的时候，一定点一道自己喜欢而无须考虑男友意见的菜，并和男友说清楚，他不喜欢可以不吃；② 亲密的时候，请男友亲吻自己身体某一部位。几周后，女生反馈，新的做法生效了，而且男友在许多事情上开始主动征求自己的意见。后来的日子里，女生更是大胆拒绝男友的一些提议（如去哪家餐馆吃饭），男友平静接受。女生收获了成功的喜悦，勇气增加，自信增强。

需要指出的是，当事人的行为改变常反复。咨询中，我们经常可以看到当事人在取得一些进展时，放松警惕，旧态复萌。一些当事人不能原谅自己的反复，自责、自暴、自弃。此时，咨询师要让当事人看到自己取得的进步，明白自己的反复是人之常情，鼓励他们不忘初心，继续前行。同时，为了防止再次犯错，我们也可鼓励当事人将自己的计划告诉信任的人，争取他们的支持，提请他们监督。

例如，一个男生被父母带到校心理咨询中心咨询。男生沉溺网络游戏，父母屡次教育甚至在教师办公室脚踢男生，男生屡次承诺改正，但屡次失信。咨询以团体的方式进行，男生、男生的父母和辅导员一起参与了谈话。咨询中，男生的父亲痛斥男生的不诚信，声泪俱下。咨询师对男生父亲说："我们是来开'诸葛亮'会的，不是来开批斗会的。如果开批斗会，我们就没有必要谈，因为家丑不外扬，而我是外人。你必须对他的改变有信心，不然就没必要咨询了。"男生父亲哭了，说："我信老师的，我听老师的。"然后，咨询师询问男生的戒除方法，男生说自己的做法是忍住几天完全不碰，只是后来禁不住诱惑又去碰，结果再次坠入。男生还表示，打游戏不是问题，只要管理好自己的学习，成绩可以及格。于是，咨询的目标变为游戏时间的管理。通过讨论，全家一致同意男生这样打游戏：周一、周三和周五，男生打游戏一个小时，并在每次游戏前短信告知父母。游戏结束的时间一到,立即起身,离开座位,再短信告知父母自己玩好了。如果某天玩得超过一小时,那么他也无需责怪自己,只需在下一次本来预留玩游戏的时间不玩即可。结果,男生成功管理了自己的游戏时间,摆脱游戏成瘾,顺利完成了自己的学业。

小　结

心理咨询既可以从当事人的认知方向入手,也可以从他们的行为方向入手。在认知方向,咨询师可以和当事人一起讨论当事人对于自己欲望、能力和身份的认识,并评估这些认识,修正这些认识。在行为方向,咨询师可以和当事人一起讨论他们的行为类型,评估它们的影响,修正行为的策略。

人的自我认识和行为方式是一个有机统一的整体,两者紧密相连。实际上,行为是人们对外界挑战的回应,也是他们自我评估的结果:当人们自觉或不自觉地认为自己可以去满足某种欲望的时候,行为就登场了。例如,一个人在聚会中觉得自己需要刷存在感的时候,他很可能会积极发言,讲述个人的故事或者附和他人的讲话。但是,如果他认为自己的语言表达能力很差,讲话没有魅力,他可能还是沉默不语。他只有在觉得自己的口才还行的时候才去讲话。最后,他是讲述自己的故事还是附和他人,会受到他的身份意识的影响。例如,如果他的领导在讲话,他大概率会遏制自己的表达欲望,不去高谈阔论;而如果他觉得自己就是领导或贵宾,他很可能去满足自己的个人表达欲望,放松地发表高见。

因为人的认知与行为是一个有机整体,所以两者中任何一方的改变都可以促进另一方的改变。例如,当一个人竭力想追求某种安全感,但同时对自己的能力评价较低时,他常选择接受现实。在咨询后,他一旦不再追求安全感,并感觉自己能力较强,他可能就不再去接受现实,而是试图与现实抗争。从行为角度看,当人们积极与现实抗争的时候,他可能会看到"帝国主义都是纸老虎",发现"原来自己可以追求更多"。这样,他对自己的欲望和能力的感觉都会发生变化。

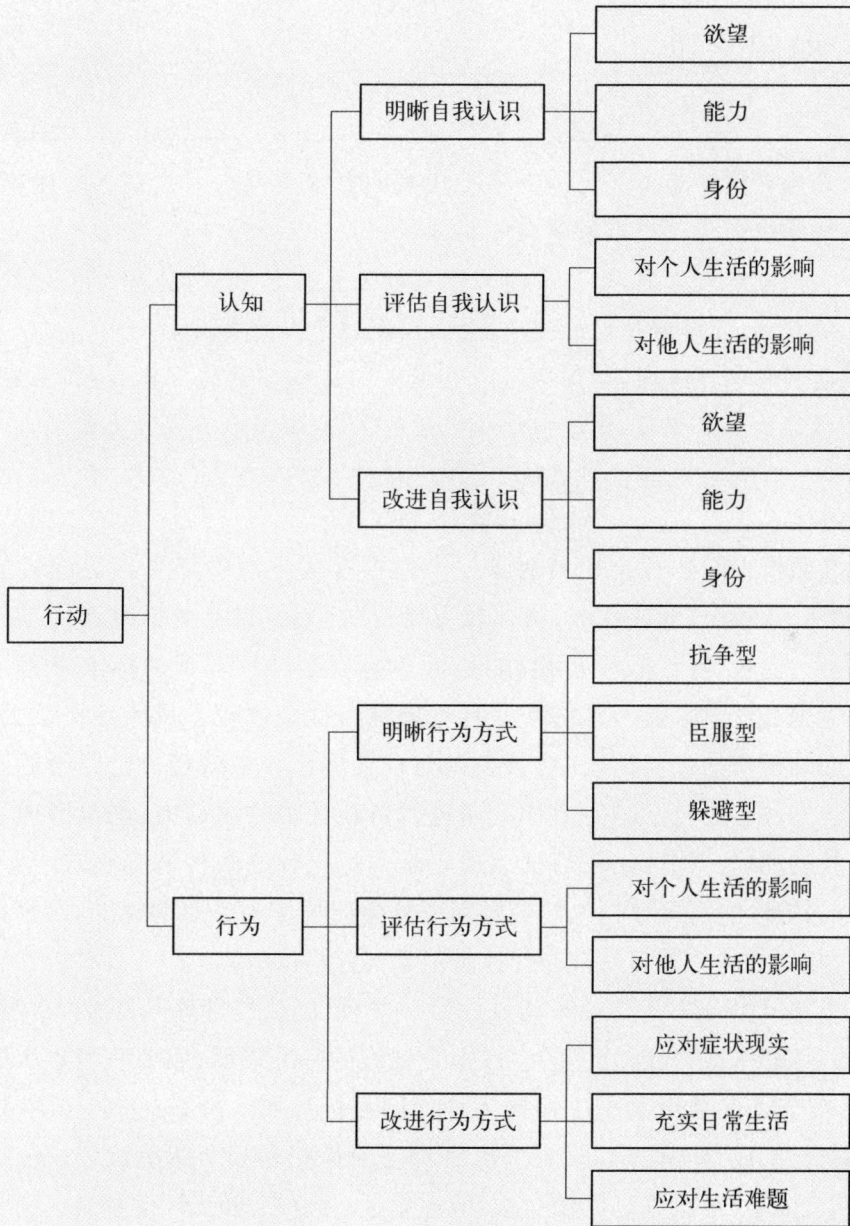

图 3.2　行动维度技术要素图

三、参照之维

- 参照之维分为以人们的同伴为代表的基准参照和以人们内心的榜样为代表的目标参照两个方向。
- 在基准参照方向,咨询师可以考察参照的发展状况,处理利用他们的观点,管理与他们的交流方式,以促进个人的成长。
- 在目标参照方向,咨询师可以帮助人们选择合适的目标参照,考察他们的发展历程,借鉴他们的生活观念,从中汲取智慧和力量。

参照指人们的社会比较对象。人们在现实生活中定义自己的社会特征,如能力、观点、发展状况、身体状况等,往往是将自己的情况和周围人的情况进行比较,在比较中得出结论,而不是根据纯粹客观的标准来得出结论。美国心理学家费斯廷格把这种现象称为社会比较。费斯廷格认为,当个人面临模糊的社会情境时,会尝试与别人作比较来减轻自己经历的不确定感。人都有对自己的能力和观点进行自我评估的驱动力,这也形成了社会比较的动机。物理比较与社会比较是人们比较的两种基本模式,当欠缺客观的物理比较基础时,人们会倾向以社会比较作为参照的标准,而且在比较时,相似的他人最容易被当作比较对象(黎琳,2005)。

参照可以分为基准参照和目标参照两种。其中,那些与当事人背景相似、接触频繁(或曾经如此)的生命即为他们的基准参照;而那些当事人钦佩的,在某方面品质卓著的生命即为他们的目标参照。例如,一个男生,他可能将自己的成绩和同班同学比较,将自己的长相和某个球星比较……在这里,同班同学、球星都是比较对象,但意义是不同的:同班同学和自己背景相似、交流频繁,是他们的基准参照;而球星与自己的生活交集很小、交流亦少,但为当事人所欣赏,是他们的目标参照。基准参照和目标参照的联合作用,影响着当事人的思考、判断和决策。

很多人都同时拥有很多基准参照和目标参照。我们每一个人都生活在一个大系统里，和许多生命交流接触，这样就形成了很多不同的参照。例如，对于一名大学生而言，他的同班同学就是他的基准参照，他的高中同学也是他的基准参照，他的兄弟姐妹也是他的基准参照……目标参照也一样，对于一名大学生而言，他喜欢的歌星、影星、富豪和科学家都是他的目标参照。每一种基准参照和目标参照在人们的思维、判断和决策中都发挥着大小不一的作用。对于例子中的大学生：在基准参照里，他可能更多地受到同班同学的影响；而在目标参照里，他可能更多地受到某位科学家的影响。

（一）基准参照

前面提到，我们在思考、判断和决策中常受到基准参照的影响。在心理咨询中，我们可以充分利用这一点来帮助当事人走出困扰。基准参照的典型例子是心理咨询中经常运用的正常化技术，该技术通过在他人身上找到当事人遇到的遗憾，让当事人意识到自己的遗憾具有某种普遍性而释怀。但是，基准参照的作用绝不止于此，总的来看，它可以从以下三个方面来运用。

1. 考察基准参照的发展状况

人们产生困扰的一个重要原因就是常常不能正确认识自我。生命如歌，白驹过隙。不管人愿不愿意，生命都只是过程。在生命的过程中，我们不停地评估，评估自己行为的对与错，评估自己欲望的多与少，评估形势的乐观与悲观……这种评估通常并不准确，不准确的评估让我们困扰。这个时候，他山之石，可以攻玉。我们可以通过探讨基准参照的发展状况来更好地评估自己的发展状况，调整自己的思想和行为，从而战胜自我，自在生活。

▶ **发现基准参照与自己相似的地方**

有时，当事人觉得自己的境况非常严峻，看不到走出的希望，感到孤单寂寞、失落忧伤。但是，一个人不管是在怎样的处境，这个世界，永远有人和你处境相似，心境相似。在心理咨询的时候，心理咨询师若挖掘出一个基准参照，和当事人的境况相似，常让当事人觉得不再孤单，觉得"生活就是这样"，进而鼓起勇气，接纳现实，让生活继续。

例如，一个女博士已经三年级了，还没有发表一篇论文，毕业渺茫。她感觉死神在楼上向自己招手，鼓动自己上楼，鼓动自己从楼上跳下去。想到这，同学特别恐惧。听完同学的诉说，咨询师对女生说："学校里很多博士和你的情况一样，论文没有着落，对前途充满迷茫。"女生听后，瞪大了眼睛，问咨询师："这是真的吗？"咨询师说："是的，不信你可以到网上论坛上看看其他博士生的状况。"女生第二次来咨询，状态明显好转，她化了妆，脸上也有了笑意。女生说，自己上了论坛，发现咨询师说的是真的。女生还说，她通过自我反思，觉得自己的问题是过于沉溺于自己的精神世界，对周围了解太少，"以为就自己一个人过得不好"，现在她知道大家都一样，"心宽了"。

▶ 挖掘基准参照比自己落后的地方

有时候，我们困扰是因为我们觉得自己的境况很悲惨，觉得生活亏待了自己，觉得自己没有希望。但是，无论一个人的境况如何，永远有人境况更糟。阿拉伯谚语说，当你抱怨没有鞋子的时候，还有人没有脚。在极端时刻，人活着就是幸运。俗语说，好死总不如赖活着。在这个意义上，活着的人永远比死者幸运。咨询中，如果能挖掘出一个基准参照比当事人的状况更加糟糕，当事人将感受到自己的幸运，感受到生活对自己的眷顾。这样，他们可能由此生出感恩之情，知足之情，他们的心也自然平静下来。

例如，一对下岗工人夫妇生活拮据，而他们的亲戚也就是男方的弟弟，因为经商而生活殷实。每年，两家人在老人家里聚会时，弟弟都会嫌弃哥哥，当着很多人的面说哥哥"没用"，哥哥很气愤，甚至要动手打弟弟。一次，下岗工人家庭中的女方向自己的哥哥倾诉委屈。女方哥哥说："其实他没啥，不就有一丁点臭钱吗？他们的孩子比你孩子可差远了。你儿子通过个人奋斗，一路名校，一路优秀，现在'扛'着国外名校的博士学位归来，在全国名牌大学任教，而他儿子托关系、走后门，才找到一家单位上班。"下岗女工听后哈哈大笑。

▶ **发现基准参照比自己领先的地方**

有时，我们困扰，是因为我们心存傲慢，觉得自己比别人优越，比别人伟大，有意识无意识地觉得别人应该无条件服从自己。他人觉察到这一点，拒绝配合，甚至故意为难自己。于是，矛盾产生，我们陷入烦恼。实际上，尺有所短，寸有所长。每个人都有自己的优点和不足。这个时候，如果我们挖掘发现出他人比自己领先的地方，常令我们收起我们的傲慢与偏见，进而带来人际关系的积极改变。

例如，一名大学男生，人生态度很积极，爱学习，也爱参加社会活动，但是他的室友却较消极，不爱学习，喜欢宅在寝室打游戏。他咨询中说自己遇到的问题是他很爱干净，每次宿舍检查卫生，他都去动员室友打扫卫生，争取优秀，但室友无动于衷，最后只好自己包下所有的活，很委屈，也很愤怒。咨询师从他说话的语气里听出男生对室友的"小鄙视"，便直告他，问题的根源是他看不起室友，男生笑了，说："自己想竭力掩饰这一点，但是还是被老师看出来了。"咨询师也笑了，说："其实，你的三个室友一定感觉到你对他们的看不起，所以有意无意地抵制你。"男生认同。原因找到了，如何帮助他破局？咨询师的选择是和男生一起研究三位室友的优点。男生说，张三为人潇洒随和；李四数学好，逻辑思维发达；王五文学修养好，唐诗宋词信手拈来。男生也谈了自己，说自己积极上进，锐意进取，以后想做企业家。咨询师肯定了他的追求，但指出，他的室友们也不错，人各有志，他们对寝室卫生优秀兴趣不大，并不是他们在德性上有多差劲。男生在意评奖，自己多做一些，很合理，"谁要你在意呢？"男生笑了，说"老师一句话点醒梦中人"。

2. 处理利用基准参照的观点

人的思想常常受到他人思想的影响。有时候，我们认为自己聪明，只是因为某个人说我们聪明；有时候，我们觉得自己长得丑，只是因为某个人说我们长得丑；有时候我们觉得自己无趣，只是因为某个人觉得我们无趣……我们对问题的看法无时无刻不受到他人思想的影响。有时，我们浑然不知这种影响,以为自己的思想都是自己思考的结果。在心理咨询中,可以充分利用基准参照的观点,帮助当事人战胜自我、自在生活,具体如下:

▶ 邀请基准参照的观点

有时,当事人之所以痛苦,是因为其完全沉浸在自己的思维逻辑中。这个时候,如果当事人能跳出来,邀请别人参与到自己的问题中来,常能给当事人带来启发,甚至震撼。观察一件事情,总有不同的角度。一个人的智慧亦有局限,邀请他人一起来分析研究自己的问题,纵使不能解决问题,至少也拓宽了思路,为问题的解决带来机会。

> 例如,一名女生因为常常忧郁而来校心理咨询中心咨询。咨询中,女生透露她觉得自己和高中某男老师有不正当关系,并觉得班上的同学都知道。咨询师根据种种细节判断这可能只是女生的臆想。但是,咨询师知道如果向女生直接指出这一点,女生不会接受,于是提议女生给高中闺蜜写信询问此事。女生采纳了咨询师的建议,给闺蜜写信询问。很快,闺蜜回信,说没有这回事,且全班同学都不认为有这样的事情。女生释然。

▶ 扬弃基准参照的观点

有时候,当事人很困惑,很需要倾听他人的意见。实际上,他们并不缺乏别人的意见,但是他们并没有认真思考这些意见。现在,他们要做的只是认真思考、处理这些意见。对于他人的意见,有两种基本的对待方式:

其一,采纳他人的意见。

有时,他人站在客观公正的立场上看待当事人的问题,准确发现当事人思维的偏差。此时,采纳他们的意见,可以帮助当事人看清问题的真相,减少内心的执着,进而摆脱烦恼。

> 例如,一名女士心怀愧疚,因为母亲为了带自己的孩子,得了糖尿病,母亲也经常抱怨这件事。一次,女士和朋友诉说此事。朋友指出,父母的恩情是小辈永远无法还清的。大自然的规律就是上一代全力协助下一代的生存、发展,外公外婆对母亲的恩情也是母亲永远无法还清

的。所以，"一代欠一代，你赖我也赖"。女士笑了。

其二，拒绝他人的意见。

有时，他人居高临下，以善的名义，去显示自己的智慧才能、权力地位等，去贬低当事人的智慧能力、道德品行等。此时，拒绝他们的意见，可以帮助当事人拒绝自我贬低，减少自我伤害。

例如，一名普通上班族先生去参加大学同学聚会。聚会上，一位做企业高管的同学似乎很关心普通上班族的职业发展，就人的职业发展问题侃侃而谈，对普通上班族同学的职业晋升给予"一系列的金玉良言"。不过，普通上班族听后很不开心。回去以后，他自我分析，觉得每个人的性格不同，人生际遇也不同，谁也没有资格对别人的发展说三道四，未经邀请的建议都是垃圾邮件，"酒桌人生导师"本质上只是在进行一种炫耀——炫耀知识、炫耀才华、炫耀财富。经过这样的思考，普通上班族先生内心归于平静。

▶ 屏蔽基准参照的观点

有时，我们已经有了自己的决定，我们有清晰的努力方向。但是，一些人出于自己的私欲，强行兜售某种观点，甚至反复地兜售，令我们陷入自我怀疑。虽然我们知道他们的动机，我们知道他们的错误，但是我们还是受到了他们话语的影响，因为没有人是完全理性的。这个时候，眼不见为净——我们要做的就是拒绝倾听，完全屏蔽，坚持自己心中的理想，坚持自己的追求。

例如，一个小伙来自传统教育的家庭，观念保守，两年前遇见一个女生，相处后非常喜欢，开始谈婚论嫁。这个时候，另一名男士出现，他打电话给小伙，说自己曾经与女生同居且女生曾因此堕胎，并且双方的一些共同朋友都知道。小伙听后向女生求证，女生承认了。小伙感觉天旋地转，不知如何是好，求助心理咨询。咨询中，小伙表示自己心里仍然希望和女生在一起。咨询师听完小伙的故事后坚定地支持小伙的

选择,至于他朋友的态度,咨询师说:"'君子和而不同',你可以和那些
朋友相处,但不能苛求他们和你的观点一致。如果他们不尊重你的选
择,那么放弃他们也不足惜。"小伙感动,释然,坚强起来。

3. 管理与基准参照间的交流

一个人常常有很多人际交往对象。从某种意义上说,他们都是一个个
基准参照。不管愿不愿意,他们都会在不知不觉中对我们产生影响。有时
这些影响是积极的,与一些人在一起,我们感到放松、振奋、进步;有时这些
影响是消极的,与一些人在一起,我们感到紧张、压抑、堕落。梁漱溟(1985)
说,生命的本义是追求无目的的向上。我们本然地希望人际交往能促进我
们的进步,让我们放松、振奋,这就要求我们管理与人的交往,服务我们的成
长。具体如下:

► **激励当事人增加与促进个人幸福者的交往**

有时,当事人非常清楚和哪些人交往,能够让自己开心、振奋、进步,但
仍然裹足不前。他们害怕他人不理睬自己,害怕给他人添麻烦,期望他人来
主动找自己等。这样,自己就不用承担失败的风险,不用承担被拒绝的难
堪。可是,经常发生的情况是——自己不主动,他人也不知道,结果双方没
有走近。这个时候,心理咨询师可以和他们认真讨论他们主动靠近的正当
性和必要性,帮助他们放下包袱。咨询师还可以协助他们制订时间表,激励
他们主动出击,走近他人。很多时候,一旦当事人主动出击,对方即非常友
好,双方一拍即合。如此,当事人的烦恼自解除。纵使对方拒绝,至少自己
在这个地方努力过,自己还可以总结经验,在别人那里继续努力。人生本是
屡败屡战、不断尝试的旅程。

► **激励当事人减少与妨碍个人幸福者的交往**

有时,当事人非常清楚和哪些人交往,会令他们紧张、压抑、颓废。但
是,由于种种原因,他们仍然与其纠缠在一起。这些原因包括碍于情面不好
意思、希望获得陪伴、幻想对方改变等。但是,事实常常揭示这个决定得不
偿失——自己付出很多,收获很少,对方无改变,自己烦恼无止境。这个时
候,心理咨询师可以和他们认真讨论与这些人交往(或过密交往)的危害与

不必要性,消除他们的顾虑,激发他们的决心。然后,和当事人一起讨论详细的行动方案,坚定、稳妥地远离他们。在改变启动的开始阶段,当事人内心常有不适,甚至怀疑、后悔。但是,当事人一旦完成,一旦适应,他们常感觉到轻松,感觉到成长。

▶ **激励当事人调整与妨碍个人幸福者的沟通**

有时,当事人清楚知道自己非常不喜欢一些人,但是由于客观的原因,他们不得不与其交往。很多人由此而抱怨,抱怨对方的不是,抱怨自己的不幸。但是,抱怨从来不会带来积极的改变,它只是让自己的心情变糟。这个时候,心理咨询师可以和当事人讨论通过改变与他人相处的方式,降低乃至消除对方对自己的影响。俗话说,一个巴掌拍不响。**他人之所以能以一种方式不断地影响自己,让自己不开心,那是因为当事人一直用同一种方式回应,有力地配合了对方,支撑了对方,强化了对方。很多时候,如果当事人能准确勾勒出双方的互动模式,那么就可以改变这种模式。**

　　例如,一名大学女生原本活泼开朗,后来与一位很忧郁的女生同宿舍。室友经常向她吐槽内心的不快,女生努力开导她。很不幸,室友的情绪没有任何改变,女生自己倒慢慢变得忧郁起来。因为换宿舍不方便,女生只能留在现在的宿舍,所以非常痛苦。为了摆脱痛苦,女生选择心理咨询。咨询师在认真听完后,建议女生改变和室友的交流方式。具体为:在室友心情平静的时候,建议室友去校咨询中心咨询;在室友抑郁,向自己吐槽的时候,停止拯救的企图,只是听听。听完一段时间后,主动转移话题,或者去做自己的事情。凭此,女生摆脱了困扰。在这个案例里,当事人的"拯救"努力刺激了室友的诉说愿望,而"拯救"的失败制造了当事人的挫败感,挫败感诱发了当事人的失落。

（二）目标参照

目标参照对当事人的思考、判断和决策拥有巨大的影响力。俗话说,榜样的作用是无穷的。这里的榜样就是目标参照。我们人生的很多重大决定,都有目标参照的踪影。例如,我们选择进入某所大学,可能只是因为某位名人是该校的毕业生;我们选择某个专业,可能只是因为我们认识的某位优秀学长就读了那个专业并发展良好;我们选择去某地就业,可能只是因为某位白手起家的商业巨子从那里起步……这方面的例子比比皆是,不胜枚举。心理咨询也可有效地利用目标参照帮助当事人摆脱困扰,具体方法如下:

1. 选择确立合适的目标参照

利用目标参照,首先要选择确立一个合适的目标参照。否则,就无所谓利用目标参照。这些目标参照,可以是当事人生活中的人物,如某个成绩优秀的同学,某个善于人际交往的同学、同事,某个事业辉煌的亲戚,也可以是公众人物,如某个文化体育明星,某个成功的企业家,还可以是历史文化人物,如苏格拉底、佛陀、曾国藩等。在这里,**目标参照的类型并不重要,重要的是他们能否让当事人信服,能否让当事人得安慰。**在选择确立合适的目标参照方式上,有以下三种类型:

▶ **挖掘合适的目标参照**

有时候,当事人心中有非常好的目标参照,但是他们没有善加利用,致使它们未能发挥应有的作用。此时,咨询师的职责就是协助当事人将目标参照挖掘、利用。很多时候,当事人找到一个理想的目标参照,想起他们,心中即充满力量。有时候,他们会不自觉地在心中问:"某某,请告诉我,我该怎么做?"或者"如果他遇到这样的情境,会怎么想呢,会怎么做呢?"然后去学习,去追随。

例如,一个男生在辅导员推荐下和父母一起来心理咨询。他自述游戏成瘾,很多门功课不及格,已经到了退学的边缘。在咨询中,他提到自己有些功课确实不太懂,很痛苦,所以去网上寻找安慰。他还透露其实学院给班级配备了很强的助教,只要问助教,助教都会给予非常认真的解答。可是,自己的助教是自己过去高中的同班同学(男生因为成绩不好曾休学一年),之前两人成绩差不多,现在相距甚远,向他请教,很不好意思。老师询问男生平时佩服的人是谁,男生回答是周恩来。

咨询师指出，周恩来一个非常重要的品质就是忍辱负重，敢于承担，现在是男生向周恩来学习忍辱负重的时候了。男生认同。后面，男生课业上遇到困难，勇敢地请教助教。不出意外，男生的成绩提高了，游戏沉迷问题也得到了很好的解决。

▶ 推荐合适的目标参照

有时候，当事人并没有找到合适的目标参照来帮助自己。这就需要咨询师针对当事人的问题，根据咨询师本人的知识储备，为他们推荐合适的目标参照。推荐的目标参照，要与当事人的文化教育水平匹配，让当事人可以轻松理解、接受。其次，推荐的目标参照要与当事人的兴趣爱好相关，让当事人有亲近感。最后，推荐的目标参照要反映当事人的价值观，可以为他们的生活选择提供一个理想的范本，让他们乐意去学习、效法。

例如，一名男博士前来咨询生命的意义。他自述自己曾苦苦思考生命的意义，为此看了很多的佛经，但无法舍弃世俗的生活，所以拒绝了佛教。他也曾去皈依西方某教，并且参加了专门的洗礼仪式，但后面还是退出了，因为不愿意严格地约束自己，也不能接受西方某教的某些教义。他过去接受的教育是"吃得苦中苦，方为人上人"。但是经历了很多事以后，他不再相信这个理念。他希望为将来奋斗，但也希望有花前月下的生活。他的心中充满矛盾、困惑不已。咨询师想了想，向他讲述了管仲的故事，介绍了管仲一边享受，一边奋斗的生活风格。男博士很开心，觉得管仲是平衡自己思想与情感的典范，决心向管仲学习。

▶ 摒弃过时的目标参照

有时候，当事人之所以被困扰，是因为他们追随了过时的目标参照。这些目标参照曾经给当事人前进的动力，帮助他们应对生活的挑战，取得某种成绩与进步。但是，生活在改变。在新的生活面前，这些目标参照不再给当事人带来帮助，而是给当事人的发展带来阻碍，令当事人犹豫、彷徨和烦恼。此时，咨询师需要帮助当事人摆脱过时目标参照的束缚。唯有如此，当事人方获自由。

　　例如，一个女生咨询人生发展困惑。她自述自小父母亲对她的学习就抓得很紧。她有一个表哥读书非常好，现于美国某名校攻读博士学位。父母经常向她介绍表哥在美国的学习生活状况，激励她好好学习，以后赴美国留学。可是她进入大学后，明显感到自己不喜欢科研工作，在人际交往、组织活动等方面倒是体会到巨大的乐趣。她由此感到困惑、压抑。咨询师听后，鼓励女生走自己的路，无须再向表哥学习。咨询师同时指出，她也要感谢表哥这个榜样帮助自己在过去的日子努力学习，让自己考入现在的大学，得到一个较好的发展平台。咨询过后，女生长舒一口气。

2. 考察目标参照的发展历程

　　每一个目标参照都是一个鲜活的生命，都具有无限丰富的内涵。很多当事人对他们的喜欢只是停留在情感层面上，在理性的层面上他们可能并不知道目标参照在哪些方面可以给自己提供借鉴。这个时候，咨询师可以和当事人详细考察目标参照的发展历程，在其中发现可以给当事人带来帮助的地方。否则，当事人可能虽有很好的目标参照，但却不能给自己摆脱当前的烦恼带来任何帮助。目标参照的发展历程具有非常丰富的内容，心理咨询可以从以下三个方面入手：

▶ 回顾目标参照经历的考验

　　当事人在困扰时，经常会觉得自己经历的考验是世界上最严峻的考验，自己是世界上最不幸的人。此时，咨询师和当事人回顾目标参照经历过的考验，常常让当事人获得安慰。因为目标参照经常取得比当事人大得多的成就，而那些大得多的成就经常从比当事人大得多的考验中来。所谓"梅花香自苦寒来"，说的就是这个道理。对比目标参照，当事人会更加合理化自己的考验，接纳当下的考验，从而直面生活的挑战。

▶ 借鉴目标参照的应对策略

　　目标参照面对考验，经常采取某种应对策略，如跑步、读书、求助等。这种应对策略很好地帮助了目标参照，当然也可能会很好地帮助当事人。当事人常与目标参照具有相同或相似的价值观，并钦佩他们。因此，当事人很愿意站在巨人的肩膀上，解决自身的问题。虽然当事人可能没办法完全拷贝目标参照的具体方法，但是他们可以朝着目标参照处理问题的大体方向，进行创造性转化。在咨询实践中，当事人经常询问咨询师有无遇到和自己情况相同或相似的个案。如果有，他们是如何成功的？在这个时候，咨询师就可以介绍自己的成功个案供当事人参考。

▶ **学习目标参照展现的品质**

沧海横流，方见英雄本色。当事人常常欣赏目标参照的成就与品质。从某种意义上说，是目标参照的某种优秀的品质帮助目标参照克服重重困难，经受种种考验。困难时分，也是学习时分。孙悟空不也是经历炼丹炉的洗礼才练就了火眼金睛的吗？有的目标参照幽默，有的目标参照勇敢，有的目标参照冷静，这些无疑都有助于他们成就各自的辉煌。当事人学习这些品质也将有助于当事人的辉煌。

成就自己的德性，本身就具有终极意义。古人说，人生在世，追求不朽。不朽有三法，立功、立德、立言，立德居其一。我们每个人都不自觉地期望自己德性的完善，如期望自己节制、慈悲、智慧、谦卑和勇敢。这些德性不会从天而降，它需要磨炼，需要在事功上磨炼，在苦难上磨炼。这样，生活的挑战就具有了崭新的意义——它们变成了修行的机会。前面提到，人的心理困扰是因为贪婪、怨恨、无知、傲慢和猜疑的相对强大，而它们正是节制、慈悲、智慧、谦卑、豁达的对立面。也就是说，人一旦节制了，慈悲了，智慧了，谦卑了，豁达了，他们的贪婪、怨恨、无知、傲慢和猜疑自会减少。

3. 借鉴目标参照的生活观念

我们还可以借鉴目标参照的生活观念。**目标参照能取得成功，他们的生活观念功不可没。换个角度看，他们就是他们生活观念的代言人。**例如，一个乡村少年相信"知识改变命运"，刻苦读书，后来考上大学，出国留学，成为世界知名大学的教授，创造了一个辉煌的人生。这个乡村少年的成功，生动地展现了"知识改变命运"这一生活观念的价值。

目标参照的生活观念可以给当事人以帮助。生活中，我们常基于某种观念对我们的经验进行组织、加工，而我们受困扰只是因为我们不能对我们的经验进行有效加工，以致看不到问题解决的方向。这时，如果我们能够秉持一个有效的理念,我们可能觉得问题根本不是问题,或者问题的解决之道就在身边。目标参照的生活观念是目标参照经受考验,取得成就的重要原因。学习它们,很可能可以帮助当事人再获成功。对于目标参照的生活观念,我们可以采取以下三种方式运用:

▶ **直接使用**

对于目标参照的生活观念,有些可以直接拿来使用。人生重大的考验很多时候是相似的。当事人的困惑也是目标参照曾经的困惑,目标参照的领悟亦可帮助当事人领悟。生活中,有很多名人名言温暖人心,如"天若有情天亦老,人间正道是沧桑""那不能致死的,将使我更加坚强""完成比完美重要""船到桥头自然直"等。心理咨询可以直接用它们来帮助当事人。

　　例如,一名男高中生在父母推荐下来咨询死亡恐惧问题。他自述有一天他突然想到大家都要死去,父母要死,自己也要死。因为所有人都要死去,他顿感生命没有意义,为此整日郁郁寡欢,无心学习。他陷入痛苦的思考,想出"灵魂不死",这给他以安慰。但是,他到网上论坛上和人讨论,很多人不同意灵魂不死,他又陷入茫然。咨询师指出他的问题是典型的死亡恐惧问题,并说这是一个古老的问题,许多智者都曾对此作答。咨询师想到了古希腊哲学家伊壁鸠鲁的观点,推荐给他:① 灵魂不死。② 人们不知道自己刚出生时发生的事情,但是一定有事情发生。同样地,人们尽管不知道死后发生的事情,但死后也有一个自动的程序启动。因此,人们无须猜测死后的事情。③ 生命的意义就是履行好自己的使命,拿好接力棒,把生命传递下去。实际上,他的身上有爷爷奶奶的印迹,他的子孙身上也会有自己的印迹,"永生"就此实现。交谈之后,男生说"自己明白了"。后面,男生果然平静下来,全身心地投入到了学习中去。

▶ **重新诠释**

对于目标参照的生活观念,有些我们需要进行重新诠释。这些观念非常有名,但是人们对它们的理解则大相径庭。在中国,这种情况非常普遍,例如,"道可道,非常道""为学日益,为道日损"等,这些句子在中国近乎家喻户晓,但是什么意思,可谓仁者见仁,智者见智。这些含义朦胧的句子给我们提供了巨大的诠释空间,我们可以根据当事人的情况对其展开自由诠释。以"摸石头过河"为例,这句话在中国是一句名言,然而它的含义并不确定,这使得它可以在不同的情境里表达完全不同的意义,但显得都很妥帖。

例如,一名大学四年级女生咨询时自述自己充满问题,非常迷茫。女生首先谈到她自己整个大学四年都和寝室同学关系冷淡,没有朋友,很孤单。后来,她去新加坡游学,在那里认识一个"富二代"男生。男生不读书,很会玩,两人相处很好,成为"准恋爱关系"。后来,她回国,两人分手。现在她很孤单,很想有个陪伴,生活中也有一个比自己小的男生在追求自己,但她希望交往能有一个结果,而她马上就要出国,和那个男生不可能有什么结果。咨询师听后说:"**人生就是摸石头过河,需要结果和过程的平衡。**有时,我们需要从过程中找安慰,有时我们需要从结果中找安慰。"女生听了很兴奋,说自己大学一年级的时候同学关系不好,便拼命学习,结果成绩很好,很开心;自己和"富二代"的交往结果不好,但是过程很好,很开心,现在还想念"富二代"……女生决定和男生交往,享受"过程的乐趣"。

在另一个案例里,咨询师又引用了"摸石头过河"这个句子,但表达的意思和上例迥然不同。

这是一位大学男生,爱思考,喜欢思考人生的道理。同时,男生对自己要求很高,爱学习,计划订得极其细致。也因为极其细致,所以经常无法完成,为此很自责。来咨询的时候,男生带了一个笔记本,密密麻麻地写了很多自己的问题,期待老师解答。当咨询师说的时候,男生便认真记。**咨询师说,人生要"摸石头过河",建议男生多注意体会现实的生活,不要停留在思考之中。**咨询师建议男生烧掉笔记本,男生震惊,觉得是一个办法,但是并不想采纳。男生想到了理论联系实际的问题。咨询师说理论都是朦胧的,实践是无限丰富的,实践是第一的。男生听后很兴奋,说自己过去一直试图通过丰富理论、深入思考解决生活问题,以为这样人生即无问题。咨询师指出,深入思考的价值是有限的。比如,小区的老大爷下棋,想了 30 分钟可能还是臭棋;职业选手想 1 分钟就是妙棋。所以不要投入太多的时间思考,而是多看看外面的世界,多长见识。见识上去了,决策水平就高了。见识不够,想得再多,也不会想出什么有价值的东西,有的只是耗费精力,制造紧张和焦虑。男生反馈,咨询师的教导"醍醐灌顶",不虚此行。

▶ 放弃使用

我们亦可通过帮助当事人放弃某些生活观念实现解脱,因为有时候当事人的问题就是由于这些不合理的信念造成的。例如,一些人认为"性是肮脏的",这使得他们在建立亲密关系上遭遇困难;一些人认为"学习就要高度集中精力,不能片刻分神",这使得他们在学习时对周边环境里的噪声干扰等过分敏感。这些信念由他们的父母、老师灌输,或者由书籍报刊等大众传媒灌输。这些观念虽然经由外部灌输,但是已经深入当事人的内心,成了他们自己的想法。应该说,这些想法曾经在当事人的成长中给其很大的帮助,但是岁月流逝,它们不再切合时宜,让当事人痛苦,剔除它们可让当事人解脱。

例如,一个男大学生为自己不够优秀而痛苦。咨询中,他自称信奉尼采的理念,即只有成为"超人"才能实现自由,实现解脱。所以他在生活中严格要求自己,努力让自己各方面都优秀。因为努力,所以他取得了很多成就。但是现在,他非常疲惫,觉得自己不可能各方面都优秀了。为此,他很痛苦。咨询师指出尼采哲学的不足,因为人不可能成为"超人",尼采自己也没有。生命的意义是做自己,实现自己内心的梦想,眼睛总盯着别人必然导致个人方向的迷失。男生认同了咨询师的观点,决定放弃尼采的超人哲学,追求个人梦想。不出所料,他从痛苦中解脱了出来。

有时,某些观念非常强大,简单的逻辑分析并不能奏效。这时,我们可以和当事人讨论以下三个问题:

▶ 谁在灌输?

理念灌输者的可信度常可质疑。如果我们怀疑观念的灌输者,那么观念本身我们常常就跟着怀疑起来。举例来说，今日中国心理咨询很热，很多人都喜欢对如何做心理咨询指点江山。但是如果他没有任何从业经验，也没有学习思考，那么纵使他地位显赫、事业辉煌、聪明睿智，讲起话来大气磅礴、口若悬河，我们也可将他关于心理咨询的观点屏蔽。因为心理咨询是实践之学，关于它的任何洞见均需要艰辛的努力。

▶ **谁在获益？**

很多观点之争的实质是利益之争。任何一种观点都会让一部分人获益，而可以获益的那一方自会全力宣传该观点。洞悉这一点常让人彻悟。例如，很多单位的领导都喜欢宣传一种观点——成绩是集体的，不要强调个人。这种观点，谁可以获益呢？是领导，因为领导代表着集体。对于个人的强调会使得那些优秀员工的风采盖住平庸领导的光辉。而下属说"成绩是集体的"，从某种意义上说，也是在对领导表达一种臣服。

▶ **谁在受伤？**

几家欢喜几家愁。**一种观点让一部分人获益，必使另一部分人受损。很多人的权利就在某种观点的掩护下被无声剥夺，而自己毫不知晓。**例如，很多孩子的祖父母都教育孩子要"乖"，似乎乖孩子就是好孩子。但是，一个孩子做了祖父母的乖孩子，他们常丢失了玩耍的机会、恶作剧的机会、探索的机会、被关爱的机会、哭闹的机会……而所有这些都是孩子天赋的权利。"孩子要乖"忽视了孩子的权利，让祖父母获益。当我们和当事人讨论以上三个问题的时候，很多人就此摆脱不适宜观念的束缚。

例如，一位数学系女生咨询生涯发展问题。她咨询中自述自己不喜欢数学，喜欢人文社科并展现了良好的天赋，很多人文社科的老师欣赏她。而对数学，她学起来非常吃力，要比其他同学付出多得多的努力才能勉强及格。但是，系里的很多老师都告诉她，数学是一切学科的基础，是一切事业成功的前提。她犹豫彷徨，不知道自己是否错了。咨询师听罢，和女生讨论了上述三个问题。女生发现都是数学系的专业老师和辅导员在说数学的重要性，是数学系的老师从中获益，因为这有助于他们自身的专业认同以及福利待遇，但是自己的个人兴趣被忽视了。女生由此抛弃了"数学是事业成功的前提"这一观念，心情亦放松下来。在后面的岁月里,女生攻读了社会科学方面专业的硕士和博士学位。

小　结

心理咨询既可以从基准参照着手,也可以从目标参照着手。需要注意的是,基准参照和目标参照经常同时对人产生影响,两者有时相互促进,有时相互抑制。例如,在一个歌迷会中,所有的歌迷都喜欢同一个明星。于是,大家更加狂热。这就是基准参照对目标参照的强化作用。但有时候,在一个大学宿舍里,某位同学喜欢某位大科学家,而室友们都喜欢歌星。于是,该生常陷入迷茫,常怀疑自我。这就是基准参照对目标参照的削弱作用。在心理咨询中,这些情况屡见不鲜,这就要求咨询师综合考虑当事人的基准参照和目标参照的状况,整合运用双方的力量,以帮助当事人。

参照通常是一个人物原型,但天人合一、万物有灵,人们也可以用某一自然原型作为参照。例如,中国人向来喜欢梅兰竹菊,认为它们代表了傲、幽、坚、淡的优秀品质。这里,梅、兰、竹、菊就构成了很多人的目标参照。自然的参照也可以做基准参照。例如,很多人将自己比作一棵无人知道的小草。这里,小草就成了他的基准参照。万物有灵,心理咨询自可像对待人物参照那样对待自然参照。

例如,一名女士生产后患上抑郁症,去医院求助,医生建议其服用抗抑郁药。但是女士正处在哺乳期,她害怕药物会影响自己孩子的健康,所以拒绝了医生的建议。生活中,她和她的丈夫以及公公婆婆都有很多的矛盾,这些矛盾让她很痛苦。后来,她领悟到,对于当前的自己,哺乳孩子是压倒一切的问题,其他问题都不重要。她开始将自己定位为一只奶牛,当孩子哭泣的时候,她就对自己说:"别哭了,奶牛来了。"她反复对自己这样暗示,聚焦自己的思维,不去想先生和公公婆婆的不是。慢慢地,她走出了产后抑郁症。在这里,"奶牛"就是她的目标参照,这个目标参照成功地帮助了她。

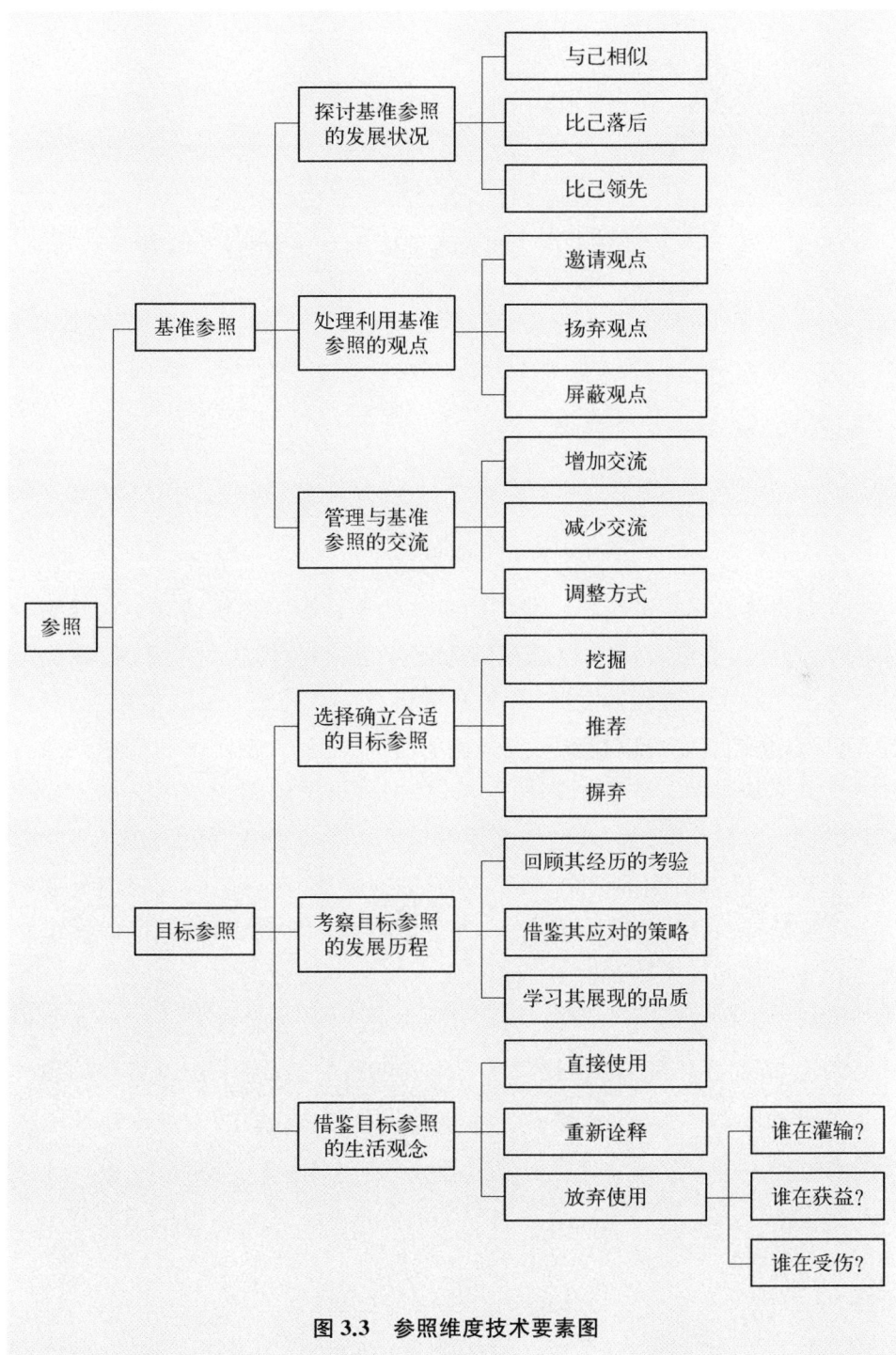

图 3.3　参照维度技术要素图

四、身体之维

- 身体之维主要是帮助人们走出过度思虑的漩涡,它分为安静和运动两个方向。
- 在安静策略方向,咨询师可以推荐腹式呼吸、正念训练和写心冥想等方法来帮助人们平静内心。
- 在运动策略方向,咨询师可以推荐体育健身、体力劳动和推拿按摩等方法帮助人们放松身心,激发活力。

人是身体和思想的统一。我们的身体状态常影响思想情感。在我们身体状况良好时,我们常感觉自己充满希望;在我们身体状况欠佳时,我们常怀疑生活的意义。在烦恼之时,我们常常将这一点忘记——我们以为,只要深入思考,我们一定可以找到摆脱烦恼的法门。但是,事实上我们的注意力却越来越多地集中于问题烦心的方面,越来越远离问题解决的方向。我们不停地进行自我交谈,如"我该怎么做""他们会怎么看我""他们在整我""我要报复"等。随着时间的流逝,我们开始感到疲惫,而我们的大脑因为疲惫失去了灵活性。这时,那些烦恼会自动开始在脑中飞转,对问题的看法也会自动在几个死胡同里兜兜转转,任何其他的思考角度均遭自动排斥。只要我们试着以不同的方式想问题,过去那些令人痛苦的景象就会立即在眼里鲜活闪现,同时还伴随着强烈的、令人不安的感受,以至于任何其他的想法都会被驱赶得无影无踪(克莱尔·威克斯,1983)。我们的大脑就像在不停地播放一张老唱片。

很多人因为思虑过度甚至在不知不觉中身心俱疲。无论是突如其来的压力还是长时间累积而形成的压力,都会使人们分泌肾上腺素的神经变得敏感,从而让人产生各种夸张和令人担忧的症状,如各种匪夷所思的念头、行为和情绪等,进而陷入"恐惧—肾上腺素分泌—更加恐惧"的恶性循环之中。由于恐惧,更多的肾上腺素被释放出来,进而刺激本已敏感的身体更加紧张,人们由此变得越发恐惧。他们试图抗争或者逃避。但最终他们还是陷入了恶性循环。这个时候,人们对自身各种反应的困惑与恐惧和最初的问题、冲突、悲伤、内疚或羞耻一样成为令他们痛苦的根源。甚至,这种困惑与恐惧最后将变成他们最大的问题(克莱尔·威克斯,1983)。

思虑过度甚至危及我们的生命。关于此,管子说:"思之而不舍,内困外薄,不早为图,生将巽舍。食莫若无饱,思莫若勿致,节适之齐,彼将自至。"大意为:思虑过度而不休止,就会内心受困,外事迫压,不早设法摆脱,生命就会结束。人们都知道饮食不能过饱的道理,其实思虑也同样不能过度。节制思虑达到最恰当的程度,人自然就会长寿(陈鼓应,2006)。

这时,我们当暂时放下思虑,关照自己的身体,对自己的身体做工。这样,我们的头脑才可以得到休息,我们的神经才可以松弛下来。**很多时候,我们的神经松弛下来,智慧和灵感自然到来,我们的困扰也就自然地消除了。**人们对身体做工有两个基本方向:一为安静,主要指固定自己的四肢,聚焦于自己的身体感受,常见的方式有静坐、深呼吸等;二为运动,主要指活动自己的四肢,聚焦于自己身体与外界的互动,如跑步、打球等。具体详述如下。

(一)　安静

让身体安静可以带动头脑的休息、内心的宁静。生活常识告诉我们,一个人的身体状态和心理状态是交互影响的,身体的安静和内心的宁静常常绑定在一起:寻常人很难做到身体躁动不安而内心宁静,他们只有在身体安顿下来以后,心才可以慢慢安定下来。所以,我们可以直接采取措施,令身体安静下来,进而带动内心的宁静,具体方法如下:

1. 腹式呼吸

腹式呼吸是一种最常见的安静策略。

我们每个人天生就具备呼吸功能,但存在舒适的和不舒适的呼吸方式。不舒适的方式表现为浅而快的呼吸,这种方式仅仅使用了肺的上半部分,结果吸入过多氧气。我们在跑步赶公交车时，就会发现自己的呼吸属于此种。这种快速呼吸被称为换气过度，是在身体需要用力和遇到应激时的一种正常反应。短暂的快速呼吸并无害处，可持续的快速呼吸会导致身体产生不适感，引起恐惧反应（戴维斯，2010）。

习惯性的过度呼吸会引起各种障碍，具体如：肌肉颤抖和痉挛（抽筋）、呼吸困难、无力和疲劳感、胸部和胃部疼痛不适等。这些反应常常会激起人们强烈的焦虑和恐惧反应，造成更严重的换气过度。这会形成另一种应激的恶性循环，并常常导致惊恐发作。

这个时候，我们可以尝试腹式呼吸：呼吸时，横膈膜下降，腹部像气球一样膨胀，向四面八方扩张。吐气时横膈膜上升，吐出肺底部的气体，像汽车排放尾气一样（杜炜、何霄，2020）。腹式呼吸可以让我们的身体更敏感。长期练习、使用腹式呼吸可以锻炼、增强横膈膜和肺组织的功能，改善人的精力和情绪。

呼吸练习前需要注意：如果能稍微拉伸来放松紧张的肌肉，效果会更好。呼吸练习时，可以坐，可以躺，可以站，但都需要保持气流通畅。初学者可以坐着或者躺着，这样可以有更稳定的支撑，也更容易专注于自己的呼吸。坐着时，注意让大腿与地面平行，脚底完全接触地面，双手自然放在腿上或膝上。站着或坐着时，注意让身体与地面垂直，不要前倾也不要后仰。躺着时，腰部要贴着地板，双膝可以微微曲起。吸气时，人要闭紧嘴巴，用鼻子吸入。呼气时，张开嘴巴，嘴唇像吹蜡烛一样噘起（杜炜、何霄，2020）。

美国医生安德鲁·威尔提出了腹式呼吸的 478 呼吸法（杜炜、何霄，2020）。请注意，这里的数字不代表秒，而是代表吸气、屏气和呼气的时长比例，每个人的速率不一样，只要数数的时候速率保持一致就行。

（1）舌尖顶住上颚，嘴巴用力呼出肺部的全部气体。

（2）用鼻子安静地吸气，数到 4。

（3）屏住呼吸，数到 7。

（4）用嘴巴尽力吐气（发出"Whoosh"的声音），数到 8。

（5）在训练的第一个月中，一次练习包括 4 次呼吸循环，之后可以增加到一次练习 8 次呼吸循环。

（6）一天至少练习 2 次。

在实际咨询中，腹式呼吸常具有非常及时的镇定效果。

例如，一名男生自述自己有双相情感障碍，有时情绪失控，会忍不住"搞事情"。最近一次，自己在大街上躁狂发作，打 110 骚扰警察。警察很人性化，在了解到他的病情后，没有直接对他采取措施，而是叫来家长，嘱咐家长看护好他。男生说，自己也想控制情绪，但是情绪上来，自己根本就管不住自己。咨询师听罢，推荐腹式呼吸的方法，并和男生一起现场练习。练习完毕，男生反馈说"觉得很爽"。在随后的生活中，当男生感觉情绪失控的时候就进行腹式呼吸。凭借此招，男生成功地管住了自己的情绪。

2. 正念训练

正念（Mindfulness）是当今临床心理学里流行的一种技术，所谓正念，就是持续保持对自己置身的世界以及各种现象的关注但不评价的意识。正念意味着有意识地关掉那些习以为常的自动思维模式（如对过去的反思或对未来的担忧），用全身心的觉察来统摄事物当前的状态。正念提醒我们，我们关于事情的看法只是大脑短暂的精神活动，并不是现实本身。这时，如果我们能够通过身体和感官去体验事物，而不是一味让思维飞驰的话，我们可能反而接触到生活的本来面目。

正念是一种需要练习的技巧。大多数人都因为外界干扰而走神，或者在魂不守舍、云里雾里中度过很多时光。一旦事与愿违，他们就会感到失落、忧伤、焦虑和挫败。因此，为了实现正念，心理学家设计了很多的正念冥想练习。

▶ 呼吸禅修

对于很多当事人来说，坐在椅子上进行呼吸禅修是一种最为方便的正念练习方式。呼吸禅修练习，要求当事人先端正地坐在一把椅子上，然后闭上眼睛。如果一切正常，他们即可觉察自己的呼吸。罗纳尔德·西格尔（2000）建议，在禅修的头 20 分钟，需要让他们专注于呼吸的感受。人可以从不同的身体角度来觉察呼吸，但对刚开始练习的人来说，他们只需让自己尽量专注于伴随着每一次呼吸而生的腹部起伏感：吸气的时候，腹部鼓起；呼气的时候，腹部落下。当然，他们也可尝试一下自己能否觉察肺部的感觉——一开始先吸入一口气，然后肺部有一种相对饱满的感觉；接下来感觉肺部好像又被掏空了……就这样一次次轮回。对于身体敏感的人，还可以关注鼻孔中空气的进出，体会吸进气体的清凉和呼出气体的温暖。注意，在体会身体感觉的过程中，人们无须以任何方式来控制自己的呼吸——人们可以短促地进行浅呼吸，也可以用相对长一点的时间进行深呼吸；可以前一分钟浅呼吸，后一分钟深呼吸，无须对此做任何调整。

人的注意力是一个调皮的"动物"。人们在禅修的时候注意力经常会开小差，或者想到某件事、某个观念，或感觉自己身体某个地方痒或酸痛。这非常自然。在发现这样的情况出现时，人们无须怪罪自己，只需自然地将自己的注意力重新引向呼吸即可。

在专注于自己的呼吸 20 分钟以后，当事人可以再花一点时间来感受自己周围的世界。例如，闭上眼，用心倾听外面的声音，就像在听一首歌，不要将声音贴上好恶的标签。然后，睁开眼睛，打量周围，像初次见到一样，注意周围的一切，留心它们的颜色、形状和质感等。

▶ 身体扫描

身体扫描是另一种非常方便的正念训练技术。身体扫描，顾名思义，就是将注意力在身体各部位间依序移动。有些当事人很难将注意力长期固定在一个确定的专注对象上，这个时候即可尝试身体扫描技术，因为身体扫描的专注点是变换的，可以满足人们对新鲜感的追求。

身体扫描前可首先进行呼吸禅修——专注于每一次呼吸在腹部起伏的感受。然后，当事人可以从头到脚，一个部位接着一个部位地扫描，用心体会扫描到部位的感觉，体会它们的寒热、松紧、轻重等。如果发现自己的心开始偏离，请将它轻轻带回刚刚扫描的那个部位，让专注力驻留，直到感觉自己已经达到了一种完全专注的状态，然后再移向下一个位置。就这样依次将这个禅修过程继续下去。在实践中，有的人不喜欢从头部开始扫描，而喜欢从脚部开始，这并不重要，重要的是要依次扫描身体各个部位，极尽详细、认真和专注。

在整个练习过程中，鼓励当事人努力以初见之心，深入体会所察觉的各种感受，同时也要锻炼自己接纳所体验到的一切感受，不管这些感受愉快与否。与其他形式的禅修类似，若发现自己从特定专注对象上分心时，只需很自然地将专注力重新引回来便可。

需要指出的是，有的当事人不习惯闭上眼睛去体会自己的呼吸或身体感觉，一些人这样做的时候甚至变得更加焦虑。这个时候，咨询师可以建议他们直接关注外面的世界。例如，请他们用心观察咨询室墙壁上的贴纸，请他们数贴纸上的树有多少片树叶，树上有多少只小鸟，描绘小鸟的形象。我们也可以请他们听周围声音，尽可能多地发现不同的声音，如灯管的低鸣、汽车的噪声、窗外学生的吵闹、小鸟的鸣叫等。在其中，他们常可收获宁静。

3. 写心冥想

写心冥想是我国心理咨询工作者提出的咨询技术（杨文圣，2017）。冥想是心理咨询的一种常见技术。冥想是指在某个时间，有意练习将自己的注意力不做批评地集中在某件事情或事物上。在这里，事情或事物本身并不重要，重要的是它是注意的焦点。通常，冥想者可以大声重复或反复默诵一个单词或者一句话，也可集中关注某一固定目标物，如室内的植物、桌上的插花或墙上的装饰画等。理论上，人们可以采用任何事物作为冥想目标。在心理咨询实践中，咨询师常推荐当事人想象蓝天、白云、阳光、沙滩、溪流、草地等令人身心愉悦的事物。

咨询师在运用冥想技术的时候常遭遇挑战。很多当事人在困扰时常常排斥关于积极意象的冥想或是中性意象的冥想。有诗云："感时花溅泪，恨别鸟惊心。"当事人在困扰时自然闪现的是消极意象！他们对这些积极意象有着本能的抵触和怀疑，倘若强制性地想象它们，当事人需要付出一定的意志努力。即便如此，他们仍然禁不住转移注意，禁不住杂念丛生。正因为如此，尽管冥想对人们心理健康的积极作用得到了很多研究的支持，但是一些当事人并不采纳，甚至中途放弃。咨询师不可以要求每一个当事人都具有坚强的意志，都具有合作精神——这是喜爱冥想技术的咨询师不得不正视的问题。为了解决这个问题，我们提出了写心冥想。

1) 关于"心"的情绪意象

生活中,人们的头脑里经常自然闪现很多关于"心"的情绪意象。例如喜悦的时候,人们感觉"心花怒放";平静的时候,人们感觉"心如止水";激动的时候,人们感觉"心潮起伏";失望的时候,人们感觉"心如死灰";害怕的时候,人们感觉"心惊胆战";愤怒的时候,人们感觉"怒火中烧";焦躁的时候,人们感觉"心急如焚"……也正因为如此,许多人常用这些成语来表达自己的心情,而把这些情绪的名称(如"喜悦""平静""愤怒"等)放在了一边。

关于"心"的情绪意象,人们展现了高度的一致性。这种一致性体现在不同性别、年龄、受教育程度、经济水平的人们在相同的情绪下经常呈现出相同的意象。

在开心的时候,很多人自然闪现出"心花怒放"而绝少闪现"心如止水";在激动的时候,很多人自然闪现出"心潮起伏"而绝少闪现"心如死灰";在悲伤的时候,很多人自然闪现出"心如死灰"而绝少闪现"心急火燎"……这种一致性体现了一种远古的智慧,即荣格所说的集体无意识。

尽管关于"心"的意象人们呈现出高度的一致性,但是不同的个体还是呈现出了一定的差异。例如,同样是悲伤,有人感觉"心如刀绞",有人感觉"心如死灰",有人感觉"心碎了",有人感觉"心似冰封"……这种差异体现了人们生活经验和个人气质的差异。例如一个没有见过冰的人很少闪出"心似冰封"的意象,一个温厚善良的人脑中很少闪现"心如刀绞"的意象。

2) 关于"心"意象的运用

前面提到任何事物均可作为冥想的对象,所以关于"心"的情绪意象也可用来冥想。我们把这种将关于"心"的意象作为聚焦对象的冥想称为写心冥想。"写心"一词最早由晋朝文人张华提出,其在《答何劭诗》之二云"是用感嘉贶,写出心中诚",意指抒发内心感情。其后,唐朝诗人吴筠亦用该词,他的《登庐山东峰观九江合彭蠡湖》云"写心陟云峰,纵目还缥缈",意指开心。写心冥想的命名同时覆盖上述两种含义。运用写心冥想,需要遵守以下步骤:

▶ **讨论意象**

请当事人用"心"的意象来表述自己的情绪状态,如"心急如焚""心在颤抖""心里压着一块大石头"……大部分当事人都可以很快想出意象,但有些当事人由于各种各样的原因,找不到合适的意象表达自己的情绪。这时,咨询师可以抛砖引玉，即利用自己对于其情绪的理解推荐一些意象给当事人。例如，咨询师觉得当事人内心害怕，于是提出"心在发抖"的意象。当事人对此进行了否定，说感觉"自己的心压着一块大石头"！

▶ **确定姿势**

当事人调整自己的身体姿态，凝神定气：

- 端坐在椅子上，双膝舒适地分开，双腿不要交叉放置，双手放于大腿上；
- 后背挺直，但勿僵硬，让头部彻底由脊柱支撑；
- 身体先左右、再前后轻轻摇晃几下，让上半身的中心在臀部找到平衡点；
- 闭上嘴巴，用鼻孔呼吸，舌抵上颚；
- 闭上眼睛。

在指导当事人调整身体时，咨询师同步调整自己的身体状态，直至闭上眼睛。

▶ **细致想象**

当事人极尽细致地想象选定的意象。例如，对于那位想出压在心上的石头的当事人，咨询师鼓励其详细想象石头的大小、形状、色泽、干湿、软硬等，尽量栩栩如生。并让当事人注意安住在这些意象里一段时间，让这些意象清晰稳定、丰富细致。

咨询师跟随当事人的口头叙述，同步想象当事人闪现的意象。

▶ **加工处理**

咨询师与当事人一起像雕塑家一样加工处理这些意象，使它们变得令当事人舒服一些。在这里，缓慢与温和非常重要，不可以激进，不可以试图让意象立刻发生颠覆性改变。

例如，当事人感觉"心在燃烧"，不可以想象大量的水立刻将火浇灭。之所以如此，因为生活中大部分的变化都是渐进发生的，剧变常令人"难以置信"，令人"无所适从"。在冥想中，人们很难对令人"难以置信"和"无所适从"的想象深度投入，注意集中。

至于处理的方法，主要有配置物件（如塑料导管、平板）、施加外力（如挤压、抚摸）、添加物质（如水）、增加背景元素（如音乐）等来改变"心"的状态。这些方法可以是当事人自己想出的，也可以是咨询师想出的。如果是咨询师想出的，需要告诉当事人：应许并鼓励他们进行调整、修改。需要强调的是，当事人永远是意象处理的主刀手，他们对于所有的方案都具有绝对的否决权。因此，严格地说是当事人和咨询师共同加工这些意象。例如，对于那位想出压在心上的石头的当事人，咨询师建议其想象用另一块石头支起这块石头，让石头下腾出一个空间。然后，咨询师鼓励其在这个石头上画画。于是当事人在石头上画上了花朵，很大的花朵。显然，在写心冥想中是当事人和咨询师协作完成意象的加工。

如果当事人在想象的时候闪出新的意象主题，咨询师鼓励当事人细致想象新的主题，并加工新的主题。例如，有的当事人本在想象马路交通拥堵的画面，但突然闪出自己曾经玩的电子游戏的画面，咨询师鼓励他们追随游戏画面，细致想象它们，加工它们。

以下是作者在咨询实践中，运用写心冥想的部分个案。

写心冥想应用集锦

一位男生，在几周前被一位女生抛弃，非常痛苦。咨询师在倾听了他的恋爱故事后对其进行了开导，之后他的情绪有所好转，但还是很痛苦。这时，咨询师让其用意象来表达自己的心情。男生说"心在流血"。于是，咨询师建议这位同学想象一根导管一端插在自己的腹部，另一端连接池塘，液体沿导管流出。同学开始觉得鲜血流出得很多。咨询师告诉男生让血慢慢地流。流过一段时间以后，血的流量不知不觉中变小。后来，流出的不再是血液，而是肉色冻状物（如营养液），后面冻状物也变少。在完成冥想后，男生说心理轻松很多。

一位女博士写了一篇论文，在没有经过教授审核的情况下直接发给某国际刊物并成功发表。导师知道后对她进行了严厉的批评，她很紧张，很害怕，怕导师从此不指导自己了。咨询师在详细了解了事情的来龙去脉后，对女生进行了开导和安抚。当事人的情绪有所改善，但是仍然很紧张。这个时候，咨询师建议其用意象表达自己的情绪，女生说"自己的心在发抖"。咨询师建议女生将心想成一个圆球，圆球在摆动。

当女生成功地想出摆动的圆球后，咨询师想到了可以用音乐辅助，于是建议女生在圆球边播放音乐。女生采纳了咨询师的建议，选择在圆球边播放自己喜欢的轻音乐。这样，圆球便和着音乐摆动。最后，咨询师想到了圆球的摆动线路，建议女生想象圆球沿着"8"的轨迹摆动，女生成功地想象出圆球的"8"字形摆动。后来，女生又在咨询师的建议下想象出圆球的椭圆形摆动。在完成这些冥想后，女生心情大为放松。

一位女生因为考试焦虑来心理咨询。在咨询师的启发下，女生想象一点点的清凉水珠从口中滴入，然后缓缓流进喉咙、食道、肺部，直达焦灼的心。反复多次以后，女生的心安静了下来。

一位男生因为考试焦虑来心理咨询。在咨询师的启发下，男生想到自己的心下面吊了一块石头。于是咨询师请男生想象这块石头，男生回答说石头和心的大小相当，青色，凹凸不平，湿润光滑，上有苔藓。咨询师询问男生如果给他一支彩笔，他可以在石头上画些画，是否愿意。男生回答说可以，但是自己想在上面刻个字，不知是否可以。咨询师说："可以。"于是，男生在石头上刻了一个字。随后，咨询师询问他所刻字的大小和内容。男生回答说是一个大大的"稳"字。冥想过后，男生放松下来。

一位男生在网上向咨询师咨询。男生在美国读书，几个月前，和他相处多年的女友去了另外一个州学习，并很快提出分手。他想拼命挽回这段感情，但是女友心意已定。为此，男生数月失眠，心力交瘁。咨询中，咨询师使用了写心冥想。咨询师根据小伙的情况提到"心在流血""心里压了一块大石头""心如死灰""心如止水"等可以描述他情绪状态的短语来描述他的情绪。小伙说心很疲惫，他想象着自己在拉一块很大的石头，石头比人还大，拉得很累，很希望有人能帮帮自己，或者有树可以靠一靠。于是，咨询师请小伙想象有另外一块石头撑起这块石头，小伙说想象不出。于是，咨询师请小伙歇一歇，好好看看这块石头。小伙说看到这块石头是灰色的，有些粗糙，靠近地面的部分有些湿。咨询师请小伙摸摸这块石头，小伙说感觉石头很凉，很滑，像黑曜石。这时，小伙说自己的脸在发热，咨询师提出将脸贴这块石头上。小伙觉得这是一个好主意。贴过以后，小伙说觉得凉快一些了，想躺在石头上。咨询师说："可以。"于是小伙想象自己躺在石头上。这时，小伙想到了，过去自己常和女友在夜晚躺在草坪上看星星说话的温馨场面。不过小伙说，现在，他不想邀请自己的女友躺在石头上，他想邀请自己的朋友躺在身旁。咨询师说可以，于是小伙沉浸在这个想象里。过了数分钟，小伙感觉好了很多。第二天，小伙汇报，晚上睡眠改善了，一觉睡到早上 9:30。

一名女研究生自称患暴食症，在生活中常饿常吃，现在"已经不知道该吃多少了"。女生还反映她经常焦虑不安，并说"现在就很焦虑"。咨询师请其冥想，女生说自己"心乱如麻"。咨询师请其想象一团麻线，女生想出一个红色丝线卷成的网球大小的线团。随后，咨询师请其双手捧着它，女生感觉绒线硬硬的。咨询师想到如果让阳光照在线团上画面可能会温暖一些，于是提议女生作此想象，她尝试后反馈说感觉心暖暖的。这时，咨询师请女生挤压线团，弄个造型，如心形或者花朵，她说自己把线团挤压成了花。咨询师询问是什么花，女生回答是向日葵，而且正向着太阳开放。做完练习，女生很放松。

一位男生，超级聪明，保送进入学校里最热门的专业读书，但是他不爱学习，爱玩，成绩得过且过，不过希望能直升本专业研究生。到了保送研究生的季节，他一看自己成绩非常一般，感觉危险，很慌张。他不能想象如果没读研，日子怎么过。以防万一，男生开始复习考研，可是看不进去书。后来因为专业保研比例很高，他保研成功了。不过在以后的数月里，他仍然沉浸在焦虑紧张里，常做噩梦，半夜常心脏狂跳。他想过去医院看病，但是怕吃药，所以一直没有去。咨询中，咨询师尝试写心冥想：请男生用一个关于心的短语描述自己的心情。男生说："心不在焉。"咨询师感觉困惑，不知道用什么来具象，随口说道："心不在焉，就是心跑到别的地方去了。"男生说："是的。"此时，咨询师脑中冒出小白兔的意象，对男生说可以把心想象为一只小白兔，小白兔逃到树丛里。男生说，小白兔是对的，但小白兔不是逃到树丛里，而是逃到森林里。森林里有高高的树，阳光从树叶的缝隙间照了下来，小白兔在树下到处兜兜转转。咨询师说："那就一直玩好了，反正没事。"男生说："不行，小白兔饿了渴了，要吃东西。"于是，咨询师请男生想象小白兔回家。男生说："小白兔回家吃过以后，又出来玩了。"咨询师困惑，请男生描述小白兔的家。男生说，小白兔家里有书桌，有沙发，有台灯……这个时候,咨询师闪出一个念头,决定邀请男生想象小白兔主人出去把小白兔抱起来,慢慢地抱回来,轻轻地和它说话。男生说:"可以。"男生尝试后说:"主人抱的时候,小白兔蹬了蹬腿,但是主人温柔地抱住他,抚摸他,并告诉它,要回家了,家里人担心了。小白兔停止挣扎,乖乖地躺在主人的怀里。回到家,主人喂了小白兔东西,小白兔吃完后爬到主人的身上。后来主人打开电脑开始工作,小白兔静静地躺在沙发上。"冥想做完,男生很放松。

一位先生常感觉莫名恐惧,感觉"提心吊胆",寻求咨询。在咨询师启发下,这位先生想象一双温暖的手托住自己的心。他想象自己的心变成一团软软的肉,而托着心的手则变成平板。于是,他在想象里来回拨弄、翻动了这团肉。很快,这团肉像受过挤压一样,变成肉带向两边飘出,充满力量和动感。接着,肉带化为苍鹰腾空飞起……一周以后,这位先生反馈,自己上次咨询后腹部发热,恐惧感已经大大缓解。

▶ **写心冥想的特点**

写心冥想是一种聚焦于情绪意象的想象,它直指人"心"——它邀请当事人用关于"心"的想象去表达自己的心情,表达内心的期盼。在真实的世界里,没有一个当事人的内心真的在流血,没有一个当事人的心真的变成死灰,没有一个当事人的心被石头压着……但是,在冥想的世界,所有这些都可以呈现。因此,与寻常的冥想(如观想阳光、湖面和沙滩等)相比,它更加飘幻、自由、有趣,也就更易让当事人集中注意力、投入其中。在其中,当事人全然地接纳自己的情绪,抒发自己的情绪,最后再转化自己的情绪,赢得内心的宁静。

(二) 运动

当事人也可以以运动的方式来解除困扰。这里的运动,是指当事人活动自己的四肢,聚焦于自己身体与外界的互动,包括但不限于体育健身。前文提到,人有心理困扰的时候不自觉地将注意力投掷在烦心的事情上,冥思苦想,这常常导致他们的身体与心理都处在一种应激的状态,引起神经紧张、肌肉紧张、肾上腺素分泌等。运动可以强制性地令自己的注意力从烦心的事情上转移出来,从而让自己的神经放松,让自己的肌肉放松,进而减少肾上腺素和皮质醇等促进焦虑和紧张的激素的释放。另外,积极运动(如体育健身)时,人的身体还会促进内啡肽的产生和释放,而内啡肽是一种天然的情绪助推器,能增强人快乐的感觉。

1. 体育健身

体育健身是运动的首要形式。体育健身活动多种多样,如跑步、乒乓球、足球、篮球、羽毛球、拳击等。早在1988年,伯格等人就研究发现,许多体育健身活动如慢跑、游泳、有氧体操、健身训练、瑜伽、帆船、放松训练等均有改善情绪的作用(季浏等,2006)。虽然大量的科学研究揭示了体育健身对于抑郁、焦虑等消极情绪的缓解作用以及对快乐、自豪等积极情绪的激发作用,但是处在情绪困扰中的当事人常常不知道如何利用健身来促进自己的情绪改善。这个时候,咨询师可以和当事人讨论以下四点来帮助他们。

> **趣味**

人们可以选择一种自己觉得有趣的运动项目。它愈接近游戏或爱好,人们就愈容易持之以恒(大卫·塞尔旺施莱伯,2010)。很多学校、单位或小区都有非正式的太极拳组织、舞蹈组织、羽毛球组织或者乒乓球组织等,每周固定时间和地点聚会。运动的类型并不重要,定期练习就行。可是如果一个人喜欢乒乓而憎恶太极,那就不要去打太极了,因为他不会坚持太久的。

> **团队**

许多研究显示,加入一个运动团队比一个人单独运动更有效。一群人投身于一个项目,相互支持、相互鼓励、相互取乐、相互监督、相互效仿。团队的力量可以在各种环境下推动一个人,无论是雨雪天气,还是自己已经迟到,还是自己正在追剧……一群人一起运动更能帮助人们定期训练,这对于成功至关重要。

在一个团队里运动也是一种社交。很多当事人渴望和人交流,但是对于自己的社交能力没有信心,觉得不知道该和人说什么,觉得自己说话没有魅力。可是在运动中,由于运动本身的需要,人们常可以突破这种害羞腼腆,和人愉快地讨论运动方面的事,然后他们会自然地过渡到各种议题。事实上,很多人就是在健身的时候找到友谊与爱情,从而消除了心理上的孤独感。

> ▶ **运动量**

正如许多药物的作用一样，运动的好处很多时候和运动量成正比。抑郁和焦虑的症状愈严重，我们就需要更多和更强烈的定期运动。一个人如果身体允许，那么他每天骑 1 小时的自行车，肯定比每天散步 1 小时效果要好。当然他还需要定期运动，如果他一曝十寒，如他一周只是在某一天让自己跑步跑到精疲力竭，而在其他的日子里完全不动，那还不如每天散步 1 小时来得更有效。

> ▶ **运动频率**

运动频率很重要。人们需要定期运动。国际上很多研究都揭示，要达到影响情感脑的效果，最少的运动量是一星期运动 3 次，每次 20 分钟（大卫·塞尔旺施莱伯，2010）。相较于运动强度，运动频率更加重要。一个人如果每周能运动 5 次肯定比每周只运动 3 次效果好。至于运动强度，人们只要在运动中能说话，而不是唱歌，就已足够。

2. 体力劳动

体力劳动也可以帮助当事人获得内心的宁静。体力劳动包括整理办公室和房间、洗衣、养花、购物等。与体育锻炼类似，体力劳动也可以帮助人们转移注意，抑制消极思维，同时产生内啡肽等化学物质，使人产生某种兴奋感。除此之外，体力劳动还可以给人带来成就感。以洗碗为例，当你看着许多脏碗在你的清洗下变得干干净净，一种成就感常油然而生。通过体力劳动来赢得内心的宁静具有悠久的历史。佛经中有这么一个故事：

一日，释迦牟尼在狮多林，看到地上不干净，就执起扫帚。扫完后，他对弟子说："凡扫地者，有五胜利，一者自心清净，二者令他心净，三者诸天欢喜，四者植端正业，五者命终之后当生天上。"（费勇，2013）大意为人扫地有五种功业，一是令自己的心清净，二是令他人的心清净，三是令世界欢欣，四是令自己容颜端庄，五是令自己过世以后在另外的世界生活幸福。其实，不单扫地，洗碗、整理房间等亦具有这样的功效。

对于拥有家庭的人们来说，从事适量的家务劳动对于维持正常家庭生活，保证学习与工作的开展，都是十分必要的。在紧张的八小时工作之余，从事适当家务劳动，对于消除工作的疲劳，振奋精神有一定作用。在一定意义上来讲，这是一种积极性休息，使大脑皮层各个部位在兴奋与抑制中及时地轮换。它比下班之后就睡大觉的消极休息的效果要好。

3. 推拿按摩

按摩也可帮助人摆脱困扰。按摩（massage）又称推拿，它是利用手、足或器械等在人体上进行各种手法操作，刺激人体体表部位或定位，以提高或改善人体生理功能、消除疲劳和防治疾病的一种方法（毛书凯和王晓红，2008）。按摩在我国具有悠久的历史，可追溯至殷商时代。

运用按摩来帮助人调节情绪具有广泛的应用。在医疗康复中，按摩可以让病人放松舒适，令其体会到一种被关心、被照顾的感觉，从而降低其孤独感。在竞技体育中，人们常用按摩来帮助运动员缓解紧张、降低焦虑。例如，人在紧张时，脖子和肩膀很容易僵硬，按摩肩膀可以有效降低焦虑，缓解紧张，提高自我感觉水平。从大的视野看，现在广布中国的各类中医推拿、按摩等服务很大程度上承担着帮助人们缓解生活压力的功能。

按摩也可自我实施。如果一个人心理紧张，其身体某些部位（如肩膀）经常僵硬紧绷。这个时候，主动自我按摩这些部位（如肩膀），让这些部位的肌肉松弛下来，令自己的情绪随之平静。一些人思虑过度，常感到大脑昏沉、发热或者头疼。此时，若主动停下思维，自我按摩太阳穴、头皮、颈椎等部位，或者干脆手蘸凉水，轻拍后脑和太阳穴，常令自己神清气爽。与他人按摩相比，自我按摩更加方便，它几乎可以随时随地进行。

咨询中，我们不建议咨询师为当事人进行身体按摩，即使他们掌握身体按摩技术。因为无论是同性还是异性，身体的按摩接触都可能引起咨询双方性的联想，从而引发伦理的争议。

小　结

身体策略是无尽的。安静策略，主要介绍了深呼吸、正念和写心冥想三种方法；运动策略，主要介绍了体育锻炼、体力劳动和身体按摩三种方法。但是，在生活中，无论是安静策略还是运动策略都多种多样，难以穷尽。例如，许多人在冬日里喜欢在草地上、湖水边晒太阳，感受世界的静谧与美好，或者全心看窗外的风景、听屋外打网球的声音……这些都是一种安静策略。另外，很多文化娱乐活动（如唱歌、跳舞、书法、绘画等）都需要体力的投入，都有身体运动的成分。因此，投入其中都有不同程度的运动功效。

各种身体策略可以整合使用。身体策略虽然多种多样，但是彼此之间并无矛盾，当事人完全可以根据个人实际整合运用。例如，一位女博士学业压力巨大，非常焦虑。咨询师同时推荐了正念、写心冥想和跑步三种策略。女博士自己将它们整合起来：① 每天坚持跑步 30 分钟；② 在人多的时候运用写心冥想让自己放松；③ 一个人在宿舍的时候，使用呼吸禅修。这些策略很好地帮助她管理了自己的焦虑。

最后，我们需要强调身体策略成功的前提——对自己身体状况的觉察。这要求我们在日常生活中常关注我们的身体，而不是只在特定的时间才去注意它、改变它。如果这样，由于对自己的身体更具意识，你会意识到产生紧张感是促使身体行动的方法（戴维·丰塔纳，1990）。**紧张本身是自然的，但它的能量应该在后面的行动中释放掉。**

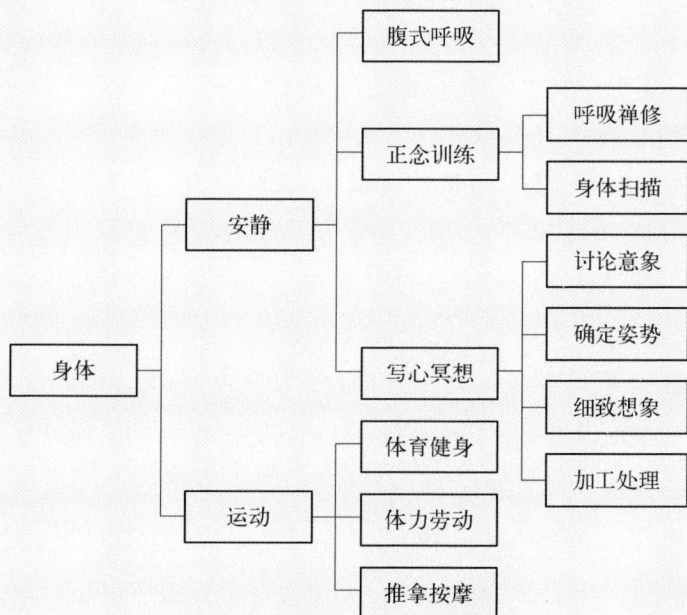

图 3.4　身体维度技术要素图

五、利益之维

> - 利益之维分为舍弃和争取两个方向。
> - 在利益舍弃方向,咨询师可以和人们讨论他们利益坚守里蕴含的意义,帮助他们转变对于利益的态度,最后调整个人的行为,管理自我。
> - 在利益争取方向,咨询师可以和人们讨论他们内心的恐惧,帮助他们转变对待风险的态度,最后调整个人的行为,迎接挑战。

人在这个世界生存、发展,需要很多利益的支撑——食物、住房、衣服、工作、友谊、亲情和爱情等。没有它们,我们无法在这个世界存活;没有它们,我们的生活太过苍白;没有它们,这个世界亦失去色彩。也许正是因为这个缘故,马克思说:"人们奋斗所争取的一切,都同他们的利益有关。"

利益可以分为有形的和无形的。有形的利益如食品、住房、金钱等,它们真实可见;无形的利益如个人的成就感、价值感、存在感、安全感和控制感等,它们若隐若现,但真实不虚。

有形的利益和无形的利益常交错在一起。生活中,很多人用漂亮的衣服去获取他人的关注和赞美,用大房子来展示自己的成就,用工作成就去赢得个人尊严,用刁难他人去彰显自己的存在……有形的利益和无形的利益就这样交织在一起,共同建构这个婆娑世界。

面对利益,人们有两个基本方向,一为舍弃,一为争取。人的时间、精力、能力和时运等决定了人必须有所为,有所不为,正所谓:"鱼,我所欲也,熊掌亦我所欲也;二者不可得兼,舍鱼而取熊掌者也。"虽然道理非常简单,但是很多人却在行为上陷入困境:他们或难以舍弃须舍弃的利益,或不敢大胆争取须争取的利益。他们犹豫彷徨,痛苦迷茫。他们在理性上知道自己该如何选择,但在行动上就是做不到。这个时候,心理咨询如果能够帮助他们舍弃当舍弃的利益,争取当争取的利益,他们即获得解脱。

(一) 舍弃

面对利益的舍弃，很多人的内心都有伤痛，因为人性决定了绝大多数人都希望自己拥有的利益越多越好。但是为了自己的核心利益，为了某个集体，为了某种信念，抑或为了自己和他人更好地生活在这个世界，纵使心痛，理性会帮助人们舍弃些利益。例如，很多父母为了孩子，省吃俭用，供孩子出国。其实，他们何尝不想吃得好一些，用得好一些，但是为了孩子，他们甘愿舍弃这些利益。

不过，有的人会在"舍弃"时遭遇困难。尽管他们理智上告诉自己当放弃某种利益（如一段互相伤害的情感），但是行为上做不到。因此，他们沉溺其中，纠缠不休。他们期望咨询师能帮助他们放下，帮助他们开辟新的生活。面对利益舍弃的问题，咨询师可以从以下三方面着手：

1. 帮助当事人探索坚守蕴含的意义

当事人不忍舍弃某种利益，坚守它们，不光光是因为利益包含的意义，也因为坚守本身亦含意义，两者的叠加导致了他们难言放弃。因此，要帮助当事人舍弃利益，可以尝试挖掘出这些坚守对于当事人的意义。很多时候，一旦这些坚守的意义被挖掘出来，坚守的力量就弱了，当事人也就放手了。利益的坚守意义因人而异，大相径庭，但我们可以通过和当事人讨论以下三个问题来发现它们：

▶ **自己曾经有哪些付出？**

为了获得某种利益，当事人经常付出很多的艰辛。这些艰辛，包括个人的时间、精力、金钱等。一些投入甚至坚持了很多年，它们融入了当事人的血液，令其难以忘记。现在虽然他们遭遇铜墙铁壁，但他们不想认输。为了证明自己先前投入的正确，为了不否定自我，他们常身不由己地继续投入——表现出来就是紧紧地盯住利益不放手。

以上现象在心理学上叫行为陷阱。行为陷阱是指这样一种情境：个人或群体从事一项很有前景的工作，最后变得事与愿违并且难以脱身（斯科特·普劳斯，2001）。当以前付出的时间、精力、经济、人脉等资源让人们做出了他们本不会做出的选择时,行为陷阱就出现了。用决策理论的术语来说,这些陷阱导致了"沉没成本效应"。巴鲁克·费施霍夫等人说:"美国任何一个大型的水坝只要开工就不会半途而废的事实表明,一点点的水泥都能在一个关键问题中起作用。"(斯科特·普劳斯,2001)

▶ **自己曾经有哪些规划?**

许多人对人生有着非常细致的规划,他们认为这些利益是成就个人梦想的前提条件。他们想凭借这些条件一步一步地实现个人的梦想。因此,若这些条件或者利益失去,梦想也将随之破灭。例如一位大学生梦想去世界著名大学读博士,为了达到这一梦想,他做出的规划是每门课90分以上。这个时候,某门功课的分数高低,就关系到他的切身利益。高分的失去就意味着名校的远离。为此,他们可能铤而走险去作弊,甚至威胁任课老师。

但是,我们若再看得长远一些,当事人那些小梦想也只是手段。前面例子中的大学生进入世界名校学习,是为了成为一名优秀的科学家。在这里,进入名校学习就只是一种手段、一个阶梯、一座桥梁。德国哲学家西美尔说,渡河时,桥是一种中介,一种手段,目的是让我们到彼岸。我们当走过桥梁,而不是停留在桥上。遗憾的是,**人们生活中常犯的一个错误就是陷入路径依赖,伫立在桥上,甚至在桥上安家,而将到彼岸遗忘**。这就是那位大学生的悲剧所在。

▶ **自己曾经有哪些欢乐?**

很多人之所以不愿意舍弃某种利益,是因为它们曾经给自己带来欢乐。这些欢乐刻骨铭心,让人感动。当一对有情人相爱的时候,他们间有很多快乐的时光,现在却要和它们告别;当自己在某个名校学习的时候,自己感受到很多的荣耀,现在却要和它们告别;当自己在某个公司工作的时候,自己曾有很多的好情谊,现在却要和它们告别……这些欢乐让人无限留恋。离开它们让人心碎。于是乎,一些人为了挽留过去的欢乐(如一些恋人为了挽留恋爱的感觉),刻意让自己痛苦,因为痛苦的时候他们觉得过去的欢乐(如爱情)还没有远去。

有些欢乐掩藏在人心的最深处。例如,在现实生活中,一些人沉迷于一些完全不具建设性的人际关系中不能自拔,一些女性沉迷于完全不对等的情感里不能自拔,为什么?因为他们的内心有依赖感,因为那个人际关系满足了他们内心的依赖感。关于此,印度思想家克里希那穆提说:"一个人如果心灵空虚、自信心不足、身体羸弱、没有斗志、能力不够、思维混乱，就会依赖另一个人以弥补那些不足，弥补认知上的欠缺，以及在道德上、智力、情感和体力上不堪独自一人承受的感觉。人有依赖感还因为人希望有安全感。孩童需要的第一件事就是安全感。大多数人都想拥有安全感，安全感暗示着舒适。"

换言之，"我依赖你"是因为你给我快乐、安逸、满足、安定、强大，它们与我做伴，和我在一起。我在感情、身体、智力、身份等方面都需要你。我在内心深处总感觉无助和弱小，总感觉被人排斥在外，这让我痛苦，我迫切需要认同你来获得力量和勇气。

2. 帮助当事人转变对于利益的态度

对于一些当事人，挖掘出利益蕴含的意义就开始释然，但是很多人却依然不愿放弃。这个时候，咨询师需要帮助他们转变对于利益的态度，帮助他们认识到继续追逐的荒诞。如此，当事人才会停止追逐，停止自我折磨，停止困扰和痛苦。如果当事人对待利益的态度没有改变，那么自我折磨将继续，困扰和伤害也将继续。关于此，心理咨询可以从以下三方面着手：

▶ **帮助当事人明了利益的无常性**

任何利益，都是一种因缘际会，都是一系列主客观条件下的产物。一旦主客观条件变化，利益即无法存留。然而当事人常常告诉自己"再要这一次""再多一点点""以后就没了"等等。他们下意识地以为坚守没有关系，坚守明天会更好，坚守以后自己从此金盆洗手。有时候，他们甚至以为再坚持一会，奇迹就会发生——心爱的人会回心转意，领导会改变态度，失去的财富会再回来……

咨询师要帮助当事人破除这些幻想，让其意识到不会有奇迹。中国人常说："命中有时终须有，命中无时莫强求。"很多事，无论你怎么牵挂，怎么努力，都注定没有结果。我们需要服从"天命"——对于已经失去的利益，我们要明白"昨日像那东流水，离我远去不可留"；对于行将失去的利益，我们要明白"相聚离开都有时候，没有什么会永垂不朽"；对于没有得到的利益，我们要明白"本来无一物，何处惹尘埃"！

最后，既然利益具有无常性，这意味着我们很可能得不到这些利益。如果我们曾经切实地得到过这些利益，这本身就是一种莫大的幸运。我们何必祈求更多！我们当庆幸，当知足，当感恩。很多失恋中的人们，正是凭借

这一点获安慰、获平衡。中国流行歌曲《萍聚》所表达的就是这样一种心态："别管以后将如何结束，至少我们曾经相聚过。不必费心地彼此约束，更不需要言语的承诺。只要我们曾经拥有过，对你我来讲已经足够。"

▶ 帮助当事人明了自己的人生底线

帮助当事人明了自己的人生底线可以增加抵御利益诱惑的力量与勇气。底线是我们坚守的最后一道防线，不容丝毫的讨价还价。有了底线，我们的价值观才能确立，我们的行为才能规避风险。只有坚持底线，我们才能拥有安全感，才能体会做人的喜悦欢欣。越过底线，我们便沦为欲望和情绪的俘虏，我们的行为将失去控制和约束，我们将成为我们讨厌的样子。我们当努力变成我们喜欢的样子。

每个当事人的人生底线各有不同，咨询师需要尊重当事人的个体差异。例如，有的人的底线是维护个人的身体健康，所以拒绝烟酒享受；有的人的底线是维护家庭的幸福，所以拒绝情色诱惑；有的人的底线是一定要追求真知，所以拒绝学术造假。

虽然一个人的人生底线是高度个人化的，但是在现代社会，个人的人生底线又具有一些共性：第一，在精神和经济上保持一定的独立，不为任何利益去做他人的牵线木偶；第二，在情感上保持个人的尊严与体面，不去乞求爱，不去为了不爱自己的人拼尽全力付出；第三，爱护身体，身体永远是自己的，它是幸福生活的根本，任何利益都不值得用残害自己的身体去交换；第四，敬畏生命，生命无价，它不但属于你，也属于每一个爱你的人。很多时候，死只是让亲者痛而仇者快。以上四点是现代人最后的屏障，最后的保护伞，破了，我们将不再是我们自己。

▶ 帮助当事人明了舍弃获得的收益

舍弃带来的第一种收益就是远离痛苦。所有的利益都伴有痛苦，差异只是这些痛苦或轻或重，或多或少。然而在利益失去的时候，我们常只想利益的好，而忽视利益里包含的痛苦。例如，对于一段逝去的感情，人们会无意识地把它理想化，忽视对方身上的致命弱点，以及这些弱点给自己带来的伤痛；对于一段失去的工作，人们会无意识地美化它，放大它给自己带来的荣光和欢乐，而忽视自己在这份工作里经历的种种不快和痛苦。现在这些利益失去，这些痛苦也随风而逝。天亮了，我们不需要再受煎熬了。

舍弃带来的第二种收益就是收获新的利益。中国人常讲"舍得舍得，有舍即有得"。当我们舍弃某种利益的时候，我们常可得到另外的利益。和当事人一起发掘出这些另外的利益，常给人安慰。例如，一个男生不再牵挂女生，可以将更多的精力投入学习、运动，或者其他喜欢的事情；一个员工断绝领导垂青自己的念头，工作可以更加自由潇洒；一个领导退休，可以更多地注意身体健康和自己的内心生活。

3. 帮助当事人调整个人的行为方式

对于很多当事人来说，态度转变是一回事，行为改变却是另一回事。但是如果行为没有改变，那么当事人的伤害就在继续，困扰也在继续。因此，心理咨询需要帮助当事人做出行为改变，让伤害中止，让困扰中止。那么，如何帮助当事人从行为上做出改变呢？

▶ 减少激发相关欲望的刺激

减少外部刺激可以有效地减少欲望的激发。很多欲望的激发都是外部刺激和内部念头相互作用的产物。如果没有外部刺激，很多欲望就不会被激发出来。以戒烟为例。很多吸烟者下定决心戒烟，并坚持很久。但是，后来遇到吸烟的朋友时，朋友相劝，他们又不自觉地拾起了香烟。试想，如果没有和这些朋友的相遇，他们中的很多人可能真的戒烟成功。关于此，儒家提出："非礼勿视，非礼勿用，非礼勿听，非礼勿动。"即不去看，不去听，不去碰与利益相关的事物，从而减少来自外面的刺激。

对于决心和前恋人结束关系的人来说，处理信物即是一种必要的措施。因为每一件信物都会勾起回忆，让人难以释怀。有的人为此还删除对方的微信，更换手机号。所有这些都在提醒自己要告别过去，开启一段新的生活。处理信物也在积极暗示自己，过去的已经结束了，永远不会再回来。否则，人们常不自觉地期待旧梦重温，一切宛如往昔。

▶ 阻断与利益相关事物的联想

有时候，虽然没有外在的刺激，但是当事人还是会不自觉地想到相关的利益，想去追寻。因为思维自有思维的规律，人并不能控制思维的诞生。例如，在生活中，我们常无来由地想到自己曾经游览过的一处风景，自己曾经见过的一个人，自己曾经经历的一次考试，或者自己曾经看过的一本书等。

不过，人们虽然不能决定念头的诞生，但是可以通过做事情转移注意或通过

冥想技术不让念头持续。例如一个当事人在夜深人静的时候,想到前女友,想和她联系。这个时候,他可以尝试冥想技术。例如,当头脑中出现前女友意象时,想象脑袋上有个巨大的按钮。在意象清晰的时候,一按按钮,意象像相片胶卷一样曝光。或者,想象前女友的形象从眼睛的正前方一点点地走向远方,逐渐变远变小,直至消逝在视野里。或者,想象女友走进高铁,高铁发动,高铁驶离。

> ▶ **做好欲望活跃期的时间管理**

所有欲望都有个活跃的时段,管理好这个时间段对抑制欲望关系重大。例如,一些游戏成瘾的同学,虽然自己决心戒除网瘾,可是到了黄昏时分,脚变得不听使唤,就想直奔网吧。有些失恋的人,在黄昏时分会特别想联系昔日恋人,然而和他们联系只是给自己徒增伤害。

这个时候,咨询师可以和当事人未雨绸缪,提前做好预案。例如,对于前面提到的这个游戏成瘾的同学,可以和好朋友提前约好晚上一起去图书馆学习。如果同学没有空,或者自己没有约,也可以用深呼吸等方法抑制冲动,让自己脑袋静下来。然后问自己要什么,立即行动起来。很多时候,人的头脑静下来,冲动也将随之降下来。

(二) 争取

争取利益是人的一种本能。司马迁说:"天下熙熙皆为利来,天下攘攘皆为利往。"为了生存和发展,人们会自然地去参加利益的追逐。例如,为了改善生活,很多农民去城市打工;为了职称评定,很多大学教师读文献、写文章;为了有女朋友,很多人积极与女生交往说话……虽然,他们清楚地知道自己的努力不一定成功,但是依然心怀梦想,努力前进。

咨询中的当事人与常人却有所不同。他们的理性告诉他们当争取某种利益,但是行为上依然选择退缩与拖延。退缩与拖延之后,机遇溜走,他们懊恼、沮丧,甚至愤怒。咨询中这样的例子比比皆是。例如,一个大学毕业生不敢去应聘某个心仪的岗位,妻子不敢对丈夫提正当要求,员工不敢向领导提一个创意……他们的理性告诉他们要去争取、去前进,但在最后的关头,他们退缩了。这个时候,如何帮助当事人大胆坚决地向前,就成为心理咨询的一个使命。面对利益争取问题,咨询师可以从以下三方面去着手工作:

1. 帮助当事人探索内心掩藏的恐惧

当事人退却，一个直观的理由就是他们内心的恐惧妨碍了他们的前行。此时，心理咨询需要静心来倾听当事人的恐惧。这样，当事人在诉说过程中，思路得到理清，内心得到安慰，恐惧的力量亦削弱，甚至瓦解。很多时候，当事人诉说之后，勇气即从心中升起，进而做出过去不曾做过的事情。例如，一个大学生一直不敢拒绝他人的要求，心里很恨自己。在一次心理咨询诉说之后，他竟坚定地拒绝了小舅吃饭的邀请，小舅劝说许久他仍然坚持了下来。拒绝之后，他体验到一种巨大的成就感。为了帮助当事人明晰内心的恐惧，咨询师可以和当事人讨论以下问题：

▶ **如果失败了，会发生什么？**

询问"如果失败了，会发生什么"，聚焦的是当事人的失败恐惧。对于失败的恐惧是心理咨询中的一个非常普遍的现象。人失败的种类多种多样，它可能是和朋友打球输了那样的小事一桩，也可能是恋人突然离去那样的晴天霹雳。但是，无论哪一种，它都会给人带来伤害，让人感到失望、羞耻、崩溃。不断的失败会让人失去自信。作为社会性动物，我们对于在公共场合的失败尤为敏感，被他人看到了自己的短处更是令人难堪（比斯瓦·斯迪纳，2006）。出于对失败的恐惧，一些人做事时把注意力完全放在了细枝末节上，穷究细节，结果因小失大，制造悲剧；一些人为了避免见证自己的失败，做事迟迟不行动，能拖多久就拖多久，最后在不得不行动时匆匆忙忙、敷衍了事；一些人甚至因为恐惧失败，害怕出丑，而拒绝行动，直接抛弃心中的梦想，结果"成功"被永远地放逐了。对于这些人，他们在心念之始都有"追求成功"的想法，但是很快"避免失败"的动机占据上风，直至将"追求成功"的动机死死压制。于是，**他们围绕着"避免失败"进行了各种各样的努力，不幸的是他们的努力只是一次次地将失败带到他们的面前。**

▶ **如果成功了，会发生什么？**

询问"如果成功了，会发生什么"，聚焦的是当事人的成功恐惧。有的当事人不是害怕失败而是害怕成功。1969年，心理学家霍纳在女性成就动机研究中首次提出"成功恐惧"的概念，指个人由于预见到成功会产生使人恐惧的结果，所以在以后从事类似活动时可能放弃积极行动，改以消极应付行为。后续研究显示成功恐惧并不是女性的专利,在男性中同样存在。成功恐惧与对成功结果的预测有关,例如成功可能带来压力或孤独、后悔、紧张等负性情绪,它主要体现在以下五个方面:① 学业或事业压力,担心成功后不能保持现在的好成绩或更上一层楼;② 人际关系,担心事业成功可能导致择偶困难,或影响家庭生活,或因树敌多而遭人排挤和疏远;③ 生活情趣,担心事业成功后不得不放弃自己的兴趣爱好,从而影响生活品质;④ 对成功的否定,认为自己的成功只是一种偶然和运气,不是自己的真实水平,所以非常心虚,担心自己以后一定会穿帮,被人嘲笑;⑤ 指标提高,担心成功后父母、老师或单位领导对自己的期望加码,任务加码,令自己更加辛苦。并且自己最后一定会无法胜任,这必然导致期望者对自己失望,进而抛弃自己。

▶ **如果去做了,会发生什么?**

询问"如果去做了,会发生什么",聚焦的是当事人的过程恐惧。有的当事人对于结果关注较少,畏惧也较少,他们关注的是过程,他们害怕的也是过程。成功无坦途。在利益争取的过程中,人们要付出很多艰辛,经历很多的煎熬,迫使他们走出个人的舒适区,这让很多人却步。他们不愿意承受这些艰辛、这些煎熬,因为追逐的过程常有违自己的个性,有违自己的兴趣,曝光自己的弱点。例如,有的人,孩子生病,需要朋友帮忙介绍医院,虽然他知道朋友可以帮到他,但是还是非常犹豫是否去求助。为什么? 因为他害怕给朋友带来麻烦,害怕影响朋友的学习、生活,所以想放弃。再如,有的学设计的同学明明自己很有才华,但是很害怕把自己的作品展出,因为害怕别人在展览上对自己的作品指指点点、评头论足。

为了掩饰自己内心的恐惧,为了维护个人的尊严,一些当事人常为自己的退缩给出一些冠冕堂皇的理由,如"自己能力弱""朋友不支持""自己在等待""我喜欢顺其自然""想过一种简单的生活"……这些理由初听起来似乎很有道理,但是实质是一种掩饰,他们想借此保留一份尊严。理解当事人的这种心情,然后揭穿当事人的把戏,常可使当事人投入到行动中来,勇敢地追寻心中的梦。很多时候,说穿了,当事人也释然了。

2. 帮助当事人转变对待风险的态度

对很多当事人来说,单单知道他们恐惧的原因是不够的,我们还需要帮助他们转变对于风险的态度。否则，当事人的态度可能依旧。态度依旧，痛苦便依旧。而一旦转变对待风险的态度，有些人即大胆出击，甚至因此而一举摆脱困扰，冲出困扰。如何转变对待风险的态度，可以从以下三个角度入手。

▶ **帮助当事人认识风险的边界**

当事人在担心、焦虑的时候常做漫天的想象，想象自己的工作没了，想象很多人时时刻刻地嘲笑自己，想象亲人的失望眼神……这种想象将他们吞噬。这个时候，如果他们认识到风险的边界，知道即使自己失败，工作还在，或者即使失败，学籍还在，或者即使失败，女友还在……他们往往能得安慰。老子说："吾所以有大患者，为吾有身，及吾无身，吾有何患？"**对于绝大多数人来说，最大的恐惧是死亡。因此，当他们知道无论问题多么严重，他们的性命都没有问题，他们的心就安了。**生活中，如果一个人不敢见一个人，大家常说"怕什么怕，他又不能吃了你！"说的就是这个道理。

在历史上，开利先生就此提出过有名的开利公式。开利先生是一名美国工程师，后来创立了享誉世界的开利冷气公司。他根据自己的生活经历，提出以下方法来对抗焦虑：① 先无畏地分析整个情势，找出这个挫折导致的最坏情况是什么；② 说服自己接受最坏的情况；③ 平静地想办法在已接受的最坏情况中谋求改进。开利说，这个公式为什么会起效？这是因为人如果一直忧虑下去，就永远找不出解决办法——忧虑最大的杀伤力在于，它摧毁了我们专注思考的能力，使我们丧失掉做决定的能力。然而，一旦我们强迫自己直面最坏的情况，接受它们，即能开启问题解决的征程。

▶ **帮助当事人认识个人的身份**

人生活在社会里，就拥有很多身份。身份让我们与世界相连，给我们一种归属感。前文提到，身份包含两个方面，一为人的责任，一为人的权利。一旦人们意识到自己追求某个利益是身份要求的时候，经常会产生某种使命感，从而激发出勇气。强化人的责任意识可以给人勇气。林则徐的"苟利国家生死以，岂因祸福避趋之"，说的是为了国家的利益，自己个人的荣辱得失均可不计。老子说"慈故能勇"，说的是将利益的追求与对某个人的爱联系在一起，也可产生勇气。同样地，强化人的权利意识也可给人勇气。当我们意识到我们争取利益就是捍卫权利，不争取它，自己的权利就会受到侵犯甚至践踏时，一股怒火会油然而生。愤怒能使人体迅速进入强烈的应战状态,它通常会掩盖人们对于自身能力的怀疑或是对自卫本能的关注。尽管愤怒这种情绪声名不佳,但它却能激发勇气。愤怒能够让我们产生更强烈的自我保护感以及较少的妥协。有些人甚至不惜以命相搏!

我们每一个人都有一个身份常被忽略,那就是我们是与神相对的普通人。

这首先意味着,我们不是神,我们具有无可回避的局限性,我们不能预测、决定未来。关于此,老子说:"前识者,道之华,而愚之始",大意为预测未来是一件很愚蠢的事情。遗憾的是,焦虑中的人们花费了大量的时间精力预测未来,他们想明确知道成功的机会,他们不希望有意外。为此,他们不停顿地思考、评估。但是未来没有发生,自己的情绪不停变化,自己的答案变动不居! 这个时候,如果他们知道人的局限性,知道人与神的分工,他们常坦然。古人说:"谋事在人,成事在天。"大意为努力是人的本分,结果是老天的事,人不应当也无法预测、决定老天的决定。是福不是祸,是祸躲不过。人的精力就此腾出!

有些人知道自己不该想太多,因为越想越悲观,但是他们还是会想很多。对于这些人,我们可以使用思维定格技术,即和他们讨论思考的时间跨度,请他们将自己的思考内容限制在一个时间区间里,如只思考一个月、两个月、三个月或半年里面的事,做好这些事。至于这个时间以外的事情,不予考虑,当事人可告诉自己"到时候再说"。这样,他们的忧虑即减少。

　　例如,一名男研究生,因为童年的不幸,对事情经常很悲观。他常想到自己研究生不能毕业,想到即使毕业了也找不到工作,哪怕做保安都没有人要。实际上,他的担忧纯属多余,因为他很聪明,为人也很好,很多人喜欢他。至于工作,他的担心更不必要——他的导师是全国知名专家,可以轻松给他推荐一个工作。针对他的情况,咨询师建议其将思考内容限制在两个月之内,在最近的两个月里全力做研究,撰写论文,至于刊物是否会接受自己的论文以及自己是否能够找到心仪的工作等统统闪过。两个月以后,再视情况确定新的两个月里的任务。男生对这个解决方案非常满意,在随后的生活中全身心投入到了研究中,心情也好起来。一年后,他找到了一份自己非常满意的工作。

我们都是普通人，还意味着人和人之间是平等的。这在我们与重要的人交流的时候尤为重要。当我们和地位尊贵的人交流、交往时，我们常感受到对方的权力，一种可以决定自己命运的权力。为此，我们心怀胆怯，诚惶诚恐，放不开手脚，不敢表现自己，不敢表达自己，不敢主张自己的权利。面对此景，孟子云："说大人，则藐之，勿视其巍巍然。"大意为，我们和地位尊贵的人说话时，要藐视他们，不要把他们高高在上的权位放在心上。换句话说，就是把他们当作普通人——明白他们有他们的悲哀与卑微，而我们有我们的幸运与幸福。在和他们说话的时候，我们可以留心他们的鼻子、眉毛、头发、额头的痣——那里会提醒我们，他们也只是寻常人。此外，如果我们可以事先知道他们是谁，我们还可以在网上找到他们的照片，多看看这些照片，认真研究这些照片的有趣处，也可缓解我们面见他们时的恐惧。

担忧的时候，我们还可以使用思维削权技术。所谓思维削权，指的是帮助当事人添加一个新的思考要素，削减他们原先思考要素的权重，从而帮助他们解脱。因为所有人都是凡人，这决定了人们的思维经常局限在某一个要素上。或者说，他们的思维聚焦在某一个点上，并将这个点赋予极高的权重。他们会觉得这个点不解决，自己的幸福就得不到保障，或者说，自己的未来就面临极大的威胁。于是，他们围绕这个点进行了大量的思考，但是百思不得其解。他们由此困住。但是，人生是一个整体，生活是一个整体。一个问题，从一个角度看很重要，从另一个视角看可能完全不重要。这个时候，如果我们向他们展现一个看待问题的新视角，帮助他们发现新视角的重要性，这样他们对原有视角重要性的赋值便降低了，他们对问题看得就没那么重了。由此，他们的烦恼便减轻了。

例如，一个女士，有一个男朋友，两人相处融洽，但是也有些平淡。这个时候，男友提出两人结婚。女士非常犹豫，一方面她能发现小伙的很多优点，另一方面也看到小伙的很多不足，她不知道该嫁不该嫁。她思考了很多天，还是没有答案，于是寻求心理咨询。咨询师听了女士的讲述后，没有去和女士分析小伙是不是适合结婚，而是向她指出婚姻的幸福，需要慎重的选择，也需要用心的经营，还需要一些运气。对于婚姻，一个人无论进行多么深入的思考都不足以保证婚姻的幸福，生活中大量的例子证明了这一点。听罢,女生决定不再考虑这个问题,她选择在三个月后的一天根据感觉去决策。

▶ 帮助当事人认识个人拥有的资源

资源的内涵丰富,它泛指有利于利益争取的一切主客观条件。这些条件,有些属于个体自身,如个人的年龄、性别、能力、性格等,有些属于周围环境,如社会地位、人际关系。常言道:"手里有粮,心里不慌。"当一个人感觉到自己有可以利用的资源时,行动常更有底气,也就更加勇敢地追求自己的利益。资源无论来自内部还是外部,都可以帮助当事人克服恐惧,大胆追求相关利益。例如,当一名失恋女子知道自己还有五年时间探索爱情时,心得安慰;当一名学业困难的研究生知道可以协调一众师兄师姐帮助自己研究时,心得安慰。

在各种资源里,社会支持在激励当事人争取利益中居于特别重要的地位。人是一种脆弱的动物。因为脆弱,所以需要群居,需要相互扶助。脆弱的时候,如果人们能感受到来自外界的支持,他们将更加勇敢地面对生活的挑战。关于此,苏联音乐教育家根纳季·齐平说:

> "人的心理的稳定性大多数是虚假的,而不是真实的。世界最著名的人物,他们既有心理方面的不协调,也有尖锐的内心冲突;他们也经常有(大概比他们想象得更经常)感情脆弱、怀疑一切、动摇不定的时刻。正因为如此,如果神经过敏的人身边有一个能够使他在最困难的时刻感到振奋并支持他的人,实在是最好不过了。"

社会支持首先是来自现实的支持。关于现实支持,比斯瓦·斯迪纳(2006)指出,来自社会的支持有助于获得勇气,亲朋挚友能够把他们的正能量传递给我们。人类非常善于觉察他人情绪,也容易受到感染,我们可以借此从他人身上获取勇气,这种技巧被称为社会缓冲。研究证实,拉近身体间的距离、身体接触和安慰的话语都具有降低恐惧的作用。当事人可以有意识地利用这一点。例如,很多当事人就公众讲话焦虑来做心理咨询。西方演讲家建议焦虑的演讲者在演讲时将目光锁定在个别友好听众身上,仿佛这个演讲就是讲给他们听的,这样可以令其表现从容淡定。当事人也可以在公开演讲前，给积极乐观的朋友打电话、发微信，以获取安慰、鼓励。

　　　　一位女生就是这么做的，她在面试演讲前几分钟很紧张，就发消息给一个乐观开朗的朋友。朋友回复她："告诉自己，本姑娘风华绝代、才貌俱佳，进贵公司工作是贵公司的福气；不进贵公司，是贵公司的损失！"女生收到微信后哈哈大笑，心情也放松下来。后面，女生的演讲超级成功。

　　社会支持还包括虚拟支持，即通过一些具有象征意义的物品或仪式来获取精神力量。关于此，比斯瓦·斯迪纳（2006）指出，相当多的人相信所谓的护身符，也就是能够带来好运和自信的"魔力"之物。很多人都会使用各种东西作为护身符，帮助自己渡过难关。护身符有很多种形式，特别款式的衣服、特殊意义的石头、亲人的照片以及电子游戏或动漫里的"法器"等都可以用作护身符。实际上，只要一件物品或仪式，当事人相信它们对自己具有象征意义，那么它就可以给当事人带来勇气和力量。有时，当事人想到某个人，心中即生起温暖。这时，咨询师只须询问当事人哪些人曾经给他们启迪和温暖，他们当时的面容，他们当时的表情。如果他们知道自己的困境，他们会说些什么。这样的对话，常让当事人感到安慰。

3. 帮助当事人调整个人的行为方式

　　有人说，行动是打败焦虑的最好办法。许多专业人员的经历都在告诉我们：当他们全身心投入到工作中的时候，他们根本想不起心理紧张问题，甚至在最复杂、最紧张、风险最大的情况下也一样，情绪紧张只出现在事先，或者在事后。心理咨询可以充分利用这一点来帮助当事人。在心理咨询中，咨询师可以和当事人讨论以下三点来帮助当事人克服恐惧，勇敢地追逐相关利益：

　　▶　**充分准备**

　　克服恐惧需要勇气。比斯瓦·斯迪纳（2006）指出，勇气的一个重要特点就是必须要应对不确定的结果。如果一定能够成功，经常就无所谓有什么困难能够令我们退缩。然而很多时候，我们根本无法确定我们的努力能否成功，我们也不知道能否经受住前行中的他人的目光、质疑，这些不确定性因素阻碍了我们行动的步伐。这个时候,如果我们未雨绸缪,充分准备,降低不确定性,我们自能积极主动地追求利益。例如害怕公开演讲的人,可以通过认真准备演讲稿,多次模拟,以及提前踩点等方式克服演讲焦虑。

▶ 快速启动

很多当事人之所以胆怯退缩,是因为他们考虑得太多。通常他们的第一念是向前进,去争取利益。但是,随后他们产生第二念、第三念:他们想到自己的不足,想到风险,想到失败,想到失败的后果……这些念头一点点地扼杀他们的冲动,浇灭他们的热情。慢慢地,他们越来越怀疑自我,直至最后放弃。因此,当事人要冲出去,快速启动很重要。《左传·庄公十年》中的"夫战,勇气也。一鼓作气,再而衰,三而竭"说的就是这个道理。尽快行动起来,当事人的注意力就转向了如何成功,而不是在是否会成功上。这样,当事人的第二念、第三念等就无暇生起。开弓没有回头箭。一旦行动起来,很多时候当事人就是想回头也难了。

▶ 聚焦任务

当我们将注意力集中在工作任务及其操作细节上,心常放松下来。在生活中,一些人公开讲话非常紧张,害怕讲不好,可是一旦他们走上讲台,提醒自己聚焦于自己的表达后,随着时间的推移,他们常越讲越流畅,越讲越兴奋。为什么?因为人的注意力是有限的——注意了一个地方,必会忽略另一个地方。他们之前的焦虑主要来自担心别人对自己的评价,而聚焦于内容可以有效分散对他人评价的忧虑。这一点,在艺术表演里表现尤为明显。苏联著名音乐教育家齐平说:

> "大多数杰出的歌唱家、钢琴家、小提琴家、指挥家等艺术家的实践表明,他们在舞台上所需要的心理状态,可以通过有意识地把精力集中在声音的质量、乐句处理、音色、力度、节奏变化等来获得。此时此刻,对于一个全神贯注地工作的人来说,他的周围已经变得一无所有,那些容易分散精力的各种犹豫不定、恐惧和怀疑等,全部被抛到九霄云外。当一个人把精力集中在某一方面,他立刻排除其他一切。"

世间事,一帆风顺,很难很难。无论是打球、下棋、讲话、做题,我们在生活中的任何一种任务操作里都可能出现失误。面对失误，一些人常觉得自己完了，并在接下来的时间里一直挂念着这些失误，结果后面的表现更加糟糕，甚至彻底乱套。此时，正确的做法是如果有机会纠正错误，就大大方方地纠正错误，如果没有机会纠正错误就不动声色地把接下去的任务完成好。关于此，苏联著名小提琴家维克多·特列季亚科夫说：

> "在这种情况下，千万不要乱了阵脚，要设法尽快摆脱僵局，尽力从困扰中挣脱出来，尽快把那些不成功的地方跳过去；然后，最重要的是不仅不能泄气，反而以更充沛的精力、更热烈的激情继续演奏。每当我遇到这种不愉快的突发情况时，我心里总是产生一种相反的感觉：不，不能被失败所吓倒，不能被这种突然的意外摧毁。"

小　结

关于利益取舍的讨论有助于当事人摆脱心理困扰，因为人生的困扰很多时候都是利益的取舍所致——在当舍弃的时候未去舍弃，在当争取的时候未去争取。尽管在内心深处他们知道应该如何做，但是在行动上他们踟蹰不前，甚至南辕北辙。这个时候，如果心理咨询能帮助他们坚定地执行内心的决定，做出决断，果断舍弃或者争取，自可帮助他们走出困扰。

人生无时无刻不在取舍。在舍弃的时候，自会得到；在争取的时候，自会失去。因此，舍弃和争取实际上是一枚硬币的两个方面。例如，当你决定赴美留学时，也就放弃了在国内发展的机会；当你追求在组织里行政职位的不断提升时，你专业的精深必受影响；当你追求事业成功时，你就牺牲了和孩子相处的时间……因此，在心理咨询中，在我们激励当事人舍弃某种利益的时候，也可以通过激励当事人追求另一种利益来实现。反之亦然，当我们激励当事人争取某种利益的时候，也可以通过激励当事人舍弃另一种利益来实现。这意味着咨询师可以在舍弃和争取两极间自由穿梭、跳跃。

利益的决断，无论是取还是舍，都需要时间。因为人的理性是有限的，很多的利益取舍都会牵涉大量的情感斗争、观念斗争，而斗争需要时

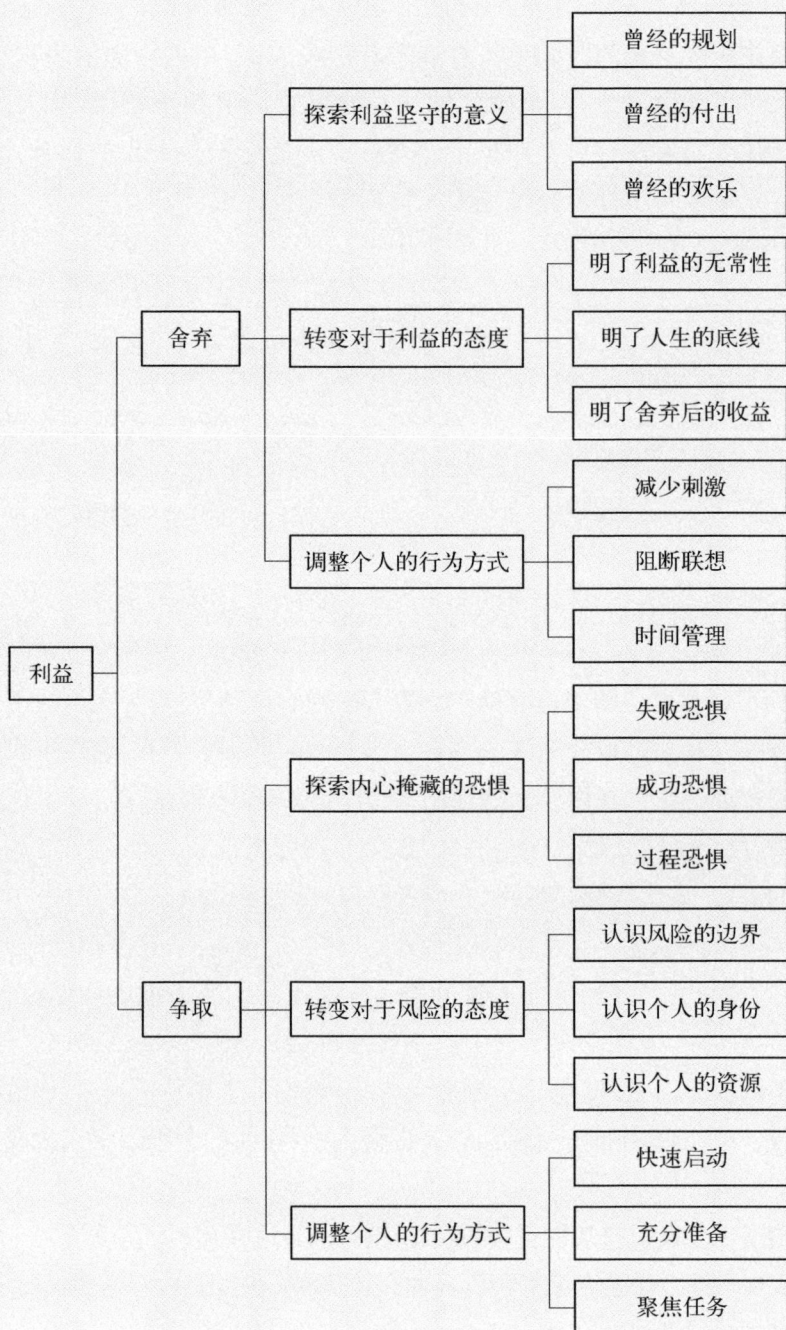

图 3.5   利益维度技术要素图

间去决出胜负。**心理咨询关于利益取舍的讨论，只不过是帮助当事人改变心中诸力量的对比，促进斗争的结束，或者说，促进决断的到来。**因此，虽然有时决断在咨询的当下就发生，但是咨询师不可以对当事人做这样的要求或者期望，因为欲速则不达。决断，常常发生在咨询时间之外。

利益维度很重要。我们说人心的执着性有贪婪、怨恨、无知、傲慢和猜疑五种类型。直观上，一个人不能舍弃当舍弃的利益就是贪恋某种利益，是对某种利益的过分追求，这就是一种贪婪。因此，帮助人完成利益舍弃，从根本上说，就是帮助人克服内心的贪婪。而一个人不敢争取当争取的利益，前文分析是因为恐惧，是因为当事人怀疑前方危险，担心自己不能承受由此而生的恐惧。但是危险并没有真正地发生，它只是当事人的一种想象，所以从性质上说这只是一种猜疑。因此，帮助人完成利益舍弃，从根本上说，就是帮助人克服内心的猜疑以及由猜疑而生的恐惧。从这个角度看，利益维度直指人心的两大执着，意义不容小觑。

六、同情之维

- ● 同情之维分为同情自我和同情他人两个方向。
- ● 在同情自我方向，咨询师可以帮助人们直面事实真相，拒绝自我否定，坚持自我肯定，建立自尊自信。
- ● 在同情他人方向，咨询师可以帮助人们感知他人、支持他人和尊重差异，从而帮助他们自己走出小我天地，感受生命存在的价值。

同情是人类的一种普遍情感。亚当·斯密指出，无论人们会认为某人怎样自私，这个人的天赋中总是明显地存在着这样一些本性，这些本性使他关心他人的命运，把他人的幸福看成是自己的事情，虽然他除了看到他人幸福而感到高兴外一无所得。这种本性就是怜悯或同情,就是当我们看到或逼真地想象到他人的遭遇所产生的感情。

同情的对象不仅仅指向他人,也可指向自己。指向自己的同情,叫自我同情。克里斯汀·聂夫(2011)指出自我同情意味着不再给自己贴上"好"或者"坏"的标签,以开放的心态接纳自己,友善、关切和体恤地对待自己,就像对待朋友甚至陌生人一样。

同情对于帮助当事人战胜自我、自在生活很重要。在第一章我们提到人之所以产生困扰是由于人的主动性受到了执着性的压制,而执着性有五种,即贪婪、怨恨、无知、傲慢和猜疑,怨恨居其一。同情直接取消了人的怨恨,减少了人的执着性,改变了人心中主动性与执着性的力量对比,为心理困扰的消除赢得了广阔的空间。

(一) 对自我的同情

自我同情在帮助人们摆脱心理困扰方面具有重要作用。克里斯汀·聂夫(2011)指出自我同情是通往幸福的康庄大道。在苦难的日子里,给予自己无条件的关切和安慰,尽管生活困难不变,我们却能避免恐惧、否定和疏离的袭扰。自我同情可以滋养我们的乐观心态,让我们缓解焦灼,让我们感恩生活,让我们感受生活的美好。那么在心理咨询中,如何运用自我同情来帮助当事人呢?

1. 直面事实真相

自我同情首先要求当事人直面事实真相,不自我欺骗,不自我逃避。自我同情的时刻,经常是当事人受到伤害,受到威胁的时刻。在这样的时刻,很多当事人选择了自我欺骗,自我逃避。例如,有的人明明知道自己已经永远地离开了某个心仪的大学,却经常告诉自己"我会回来";有的人,自小就被家人寄予厚望,不自觉地期望人人都喜欢自己,时时是众人瞩目的焦点。一旦他们恋爱受挫或者成绩挂科,他们就觉得无脸见人,并因此离群索居;有的人,长期受到父亲或母亲的鄙视,他们几十年如一日地努力学习、工作,取得一个又一个成就,换来的却是对方的一次又一次的不屑一顾,一次又次的羞辱。但是，他们依然努力奋斗，试图赢得对方的尊重和认可，他们以为他们的目标终将实现……这些自我欺骗，虽然可以让当事人得到安慰，催当事人奋进，但是代价也是沉痛的。事实真相如影随形，一次次地撞击人的心灵，要求人正视它，接受它。人心就此煎熬。怎么办？直面事实真相。**直面事实真相，是会令人绝望，但是绝望可以创造自由。绝望帮助我们摆脱过去的束缚，绝望帮助我们重新建立生活的目标。**人心是欲望的舞台，欲望的江湖。人的多个欲望在此角力搏杀，云卷云舒，潮起潮落。我们经常看到，一颗欲望陨落，另一颗欲望自动升起，或快或慢。放下过往，我们将发现新的天地，将发现新的生活乐趣。在这个意义上，直面事实真相是爱自己的开始。

遗憾的是，我们常不能直面事实真相。人生充满遗憾：有时是我们深爱的人不爱我们；有时是我们爱上社会不支持我们爱的人；有时是我们在公司失宠了；有时是我们被儿时就憧憬的大学退学了……对于这些真相，我们经常不愿意承认它们，因为承认它们意味着自己失败、怯懦、卑微、低俗，甚至是卑鄙，为人不齿。所以，我们努力掩饰它们，逃避它们，好让自己体面，好让自己感觉有尊严。于是，很多时候，我们自己都不知道它们的存在。

在咨询实践中，让当事人接受事实真相，有时简单，有时很难。有时候，咨询师点出事实真相，当事人很快就接受了。但是有时候，无论咨询师多么卖力地向当事人揭示事情的真实情况、事情发生的合理性以及自己的潜在机会等，当事人依然故我，反复问"为什么他们就不能……？""为什么他们要这样对我？""为什么我付出这么多，结果却是这样？"他们认为，别人错了，世界错了，别人应该纠正错误，老天应该纠正错误。他们拒绝接受事实真相。

在当事人顽固拒绝真相的时候，咨询师可以尝试转换视角，和他们讨论幻相。幻相是真相的对立面，即人们想象中的世界的样子。当事人希望世界是他们想象中的样子。直面事实真相，从另一面看，就是放弃幻相。人们不愿意直面真相，只是因为他们留恋幻相。一旦他们放弃幻相，真相即自动出现在他们的脑海，自动出现在他们的心田。在实际咨询中，咨询师可以和当事人讨论以下三个问题来帮助当事人放弃幻相：① 幻相给我带来的好处是什么？② 我为幻相付出的代价是什么？③ 幻相成真的条件是什么？这三个问题经常可以让当事人走出幻相,直面事实的真相。

  例如,一名一年级博士生前来咨询。一年前,他在大学申请直升博士生学习的时候,同时申请了两所大学,一所为中国顶尖大学,另一所为中国较好的大学。结果,那所顶尖大学迟迟没有给自己消息,而那所较好的大学(也就是自己现在的学校)很快给自己录取意向。于是,自己选择了现在的大学。可是后来那所顶尖大学也来征询自己的意见,但是根据国家的有关规定,自己已经不能更改决定了。他非常懊悔,一直懊悔、失落。对于这名男生,他的幻相就是在那所顶尖大学攻读博士学位。咨询中,咨询师问男生以上三个问题:① 幻相给我带来的好处是什么?男生回答是满足的荣誉心或者说是虚荣心,令自己感觉优秀,令自己感觉可以轻松取得学术成功;② 我为幻相付出的代价是什么?男生的回答是自己常沮丧,常失望,常抑郁,常神伤;③ 男生回答是时光倒转,但是这不可能了。然后,男生陷入长时间的沉默。沉默之后,男生说自己好了。再次咨询,男生反馈,自己情绪好了很多。他接受了是当前大学博士生的身份,他接受了事实真相。

2. 拒绝自我否定

  所谓自我否定,就是当事人对自己不满意,责骂自己,认为自己就是一个错误。在心理烦恼的时候,人们很容易陷入自我否定:他们或无视自己的能力,认为自己不可能取得内心期待的学业、事业或情感上的成功;他们或贬低自己的价值,认为自己不值得被人尊重,不值得被自己的恋人或伴侣用心去爱,不值得被某个优秀的公司录用等。严重的,一些人甚至彻底否定自己过去取得的所有成就,否定自己存在的意义。

  自我同情要求当事人拒绝自我否定,停止自我的攻击。因为自我否定消耗了一个人宝贵的时间与精力,而它们本可以用在创造美好的生活上;自我否定会令人怀疑现实的真实性,妨碍一个人享受自己取得的成功与幸福,有时它甚至会摧毁那些已经到手的成功或幸福,让人失去爱情、友情或事业。持续的自我否定会令人彻底丧失自尊自信,直至生活沦丧。因此,咨询时需要帮助当事人拒绝自我否定，具体方法如下：

▶ 识破陷阱

拒绝自我否定，要求我们首先要识破自我否定布下的陷阱。一旦我们识破这些陷阱，自我否定的力量也随之减弱。无利不起早，自我否定为什么会存在，是因为它们让当事人获益了。自我否定可能从两个方面令我们获益：其一，当我们攻击自我时，我们身兼批评者和被批评者双重角色（克里斯汀·聂夫，2011）。**通过对自身的不足报以无情地批评，我们感受到一份正义和力量。我们用高标准要求自己，评价自己，更让我巧妙与高标准绑在一起，从而生出一种高贵感。** 这实际上是傲慢的一种隐秘表达。自我否定减少了变化的可能，这样我们就制造出某种熟悉感。在熟悉的世界里，我们减少了不确定性。我们由此获得了安全感。其二，当我们攻击自我的时候，我们在自我惩罚。**通过自我惩罚，我们占领了道德高地，我们可以大大方方地、冠冕堂皇地拒绝他人对我们的指责和攻击，因为"我已经惩罚自己了，你们还想怎样？"** 这样，我们通过自我惩罚完成对自我的赦免。这样，我们似乎就不必为过去的错误承担责任了，我们似乎就不需要做任何改变了，因为我们已经付出代价了。这样，我们逃避了改变的责任，我们逃避了努力的艰辛。在这里，自我攻击是一种偷懒，是一种违纪处分里"下不为例"式的批评教育。

▶ 识别信号

在了解了自我否定的计谋后，接下来我们要做的就是帮助当事人去发现自我否定的信号。一旦当事人能及时发现自我否定的信号，他们就可以阻止自我否定的妄为。很多时候，自我否定的声音不绝于耳，但当事人却完全意识不到它们的存在。为了减少这种情况的发生，当事人需要仔细回顾自己的自我否定在什么时候最容易被激活，以及在自我否定被激活时自己在脑海里对自己说了什么。克里斯汀·聂夫（2011）建议，不管任何时候，只要人们对某事感到很糟糕，就要想想刚才自己对自己说了什么，并尽可能准确地记下所说话语的每一个词。当事人还需要回忆自己在自我否定时使用了何种语气？严厉、冷酷还是愤怒？这个声音令自己想起了哪位曾批评过自己的人？当事人切切实实地去觉察、回忆自己在脑海里是如何自我对话的，可以为当事人的改变打下坚实的基础。

▶ **削弱击破**

识别出自我否定的语言后,我们可以选择击破他们的观点。这要求我们倾听他们关于自己消极评价的论证过程,寻找他们思维的漏洞,来推翻他们的消极评价。在具体操作上,我们可以尽情发挥:我们可以利用他们过去经历中与其自我评价明显不符的经验,来揭示他们自我评价的不公正性;我们可以和他们讨论周围人对他们的正向评价及其产生的可能证据,来揭示他们自我评价的偏差;我们可以和他们讨论在当前困难时刻他们展现出来的某种优秀品质;我们可以和他们讨论导致他们当前窘境发生的新的归因,在新的归因里,他们需要承担的责任更小……通过这些方式,我们帮助他们消除羞耻感,原谅自我,接纳自我。

例如,一个女研究生经辅导员介绍前来心理咨询。三天前的课间,女生接到一个陌生男人的电话,对方告诉她,她的母亲病了,需要马上手术,现在就需要交手术费。女生听后,非常着急,就到最近的一个取款机把自己一年的生活费总计一万多元汇了过去。汇出后,女生发觉自己上当受骗,大哭。老师和同学们知道后都过来安慰她,但是她无法原谅自己,觉得自己太笨太傻太没出息,觉得自己白活了这么多年,觉得自己就是读出研究生也没有未来。咨询师听完女生哭诉后,不愿意她沉溺在懊悔中,便岔开话题,询问她的成长经历。女生说,自己小时候生活艰辛,因为她的父亲很早去世,而她的母亲身体又不好。不过,她也有幸运:她的亲戚对她很好,资助她上了大学。在求学路上,很多老师对她也很好,尤其是在读大学时,老师们照顾得特别多。咨询师听罢,便对女生说:"其实你不笨,只是过去受到了很好的保护,缺乏锻炼,没有意识到生活还有丑陋的一面。你既然可以把学习弄好,就可以学好自我保护这一课。这次被骗,是生活给予的教育,是学费。没有这次经历,也许将来会栽更大的跟头。这次被骗,是自己觉悟的开始,补上这一课,自己还有未来。"女生听后说:"是的,这是交学费。"随后,女生擦干眼泪,决意要多观察生活,多和同学们交流,多向同学们学习,补上生活这一课。咨询结束,女生明显振奋起来。

有时，我们需要的是削弱而不是击破，因为击破有时是一项不可完成的任务，击破只是使得自我否定的声音"抽刀断水水更流"。斯蒂夫·海耶斯和斯宾塞·史密斯(2005)指出，你要驳斥一个想法，你就需要判断这个想法的是非真假。在判断的过程中，你会浪费大量时间和能量，你的大脑一遍又一遍地试图让你陷入矛盾之中。为了克服这一难题，这两位心理咨询家提出了一项技术，名为"认知解离技术"(Cognitive Defusion)。他们认为，在通常的语境里人们把词汇和词汇所指的事物几乎看成一回事，两者融合在一起，咨询师需要帮助人们将自己的想法仅仅看成想法而不是事实，从而削弱内部语言的影响。具体做法有以下三种：

(1) 问自己："这个想法有益吗？它能帮我创造我想要的生活吗？"如果有帮助，那就关注它；如果不是，就当它在胡扯，不去计较它。

(2) 问自己："你真的相信你说的话吗？""你对自己的评价，你自己服气吗？"很多当事人听到这样的问话后经常给予否定的回答。

(3) 将内部语言改为"……这是一个想法"或者"我'现在'觉得……"。例如，当我们受挫的时候我们常觉得自己很愚蠢。这时，我们可以对自己说："我很蠢，这是一个想法。"或者"我'现在'觉得我很蠢。"有时我们觉得自己没有希望。这时，我们可以对自己说："我没有希望，闯不过去了，这是一个想法。"或者"我'现在'觉得，我没有希望，闯不过去了。"如果我们明确知道这些声音来自我们的母亲或者其他某位重要人物，我们还可以这样对自己说："我不行，这是某某的观点。"古罗马人认为，悬置判断可以创造宁静。通过这样的语言处理，我们就悬置了对自我的判断，削弱了自我攻击的力量。这样，我们就可以腾出精力，将它们放在建设性的事情上。

"认知解离技术"也可以意象的方式进行。这种方法建议当事人将自己的思想和情绪具象化，无论是以图片还是文字的形式，让它们在没有对人造成伤害之前从人身边飘然而去(麦凯等，2007)。这样当事人就避免了沉迷其中，避免了去分析它们，避免死死纠缠它们或者说是避免被它们死死缠住。

具体如下：

(1) 试想坐在地上看着自己的想法和情绪随着浮云飘走。

（2）想象自己坐在小溪边，看着自己的想法和情绪被溪水中的落叶带走。

（3）看着自己的想法和情绪被写在沙滩上，然后被海浪冲走。

（4）在进行这项练习时，谨记全盘接受，不要与它们斗争，不要因持有它们而自我批评，要让这些想法和情绪来去自由。

还有一些心理学家提出"去中心化"法来拒绝自我否定。"去中心化"是一种能力，它让我们将认知看作一种心理活动，而不是真理性叙述（戴维·韦斯特布鲁克等，2007）。当事人要避免卷入负面情绪的旋涡，也要置身事外来观察，认识到这种思想只是一种"观念"，不一定是"事实"。当事人如果能标注出思维的"过程"而不是专注于它的"内容"，那么就达到去中心化了。你可能听说过这样的话"我又开始自我攻击了""我又开始看不起自己了""我又在吓自己了"等，诸如这样的反应就意味着当事人达到了元认知水平。此外，咨询师还可以鼓励当事人用卡通人物的名字为自己的思维方式命名，甚至制作或购买某种物件来代表它们，在需要的时候摆弄它们，和它们对话，来完成"去中心化"工作。

　　例如，一个女大学生前来心理咨询，自述自己怕被人冷落，即使自己知道他人是无意间冷落自己时也会非常气愤。咨询师和其讨论后发现这和她童年有关，她童年时常被父母冷落，所以对爱充满渴求，对人充满依赖。一旦被冷落，她就会激起自己过去所有的委屈和愤怒的记忆。在知晓女生怕冷落的原因之后，咨询师建议女生给自己的依赖心起个名字，如唐老鸭、猪八戒或者小怪兽。女生想了想，将自己的依赖心起名为"小怪兽"。这样，当女生被人冷落而感到愤怒时就告诉自己"小怪兽"来了，再对自己轻声说"小怪兽，进笼去"。后来，女生反馈这个方法极大地缓解了她被冷落后的愤怒情绪。

3. 坚持自我肯定

人天然地需要自我肯定。所谓自我肯定，具有非常丰富的内涵，但它首先指我们需要相信我们可以给他人帮助。只有这样，我们内心才踏实，因为我们是群居动物，我们的生存有赖于他人的帮助，而我们给他人的帮助可以换来他人给我们的帮助。其次，自我肯定指我们需要相信自己可以在这个世界生存下去，长久地生存下去。我们厌恶、害怕朝不保夕的生活。如果可能，我们还希望改善我们的生活。最后，自我肯定指我们相信我们的一切付出都有回报。没有回报的付出是对我们有限生命的浪费，没有人会心甘情愿、快快乐乐地浪费生命。可是，在烦恼的时候，当事人常将这些遗忘，他们沉溺在消极情绪里。这个时候，咨询师需要帮助当事人在困难面前讨论这些，帮助他们相信这些。它们将给人以力量，让人振奋，让人感觉到生活有意义，有盼头。在心理咨询中，帮助当事人加强自我肯定可以从以下角度入手：

▶ 帮助当事人揭示个人的价值

所谓价值，就是有用。李白说："天生我材必有用，千金散尽还复来。"人世间，每个人都有自己的用处，或者说，都可以对这个世界做出某种贡献。这种贡献可以是对孩子的帮助，也可以是对学生的帮助，对同行的帮助，对国家的帮助，对花草的帮助。因为个人的能力不同，人生阶段的不同，所处的环境不同，每个人对这个世界的帮助各有不同。**但是在某种的意义上说，各种帮助的种类和水平是次要的，帮助本身才是重要的。**只要人们感觉到可以为这个世界提供某种帮助，个人就会获得一种价值感，而价值感可以让人获得一种强力的安慰。

在心理咨询中，帮助当事人揭示自己的价值也同样可以让其得安慰。遗憾的是，在困扰中当事人经常怀疑自己，这个时候笼统地说"天无弃物""每个人都有自己的价值"等没有意义。怎么办？咨询师可以和当事人一起挖掘出具体价值，证明它们的存在。

> 例如，一位女大学生在辅导员陪同下来校心理咨询中心咨询。她长期抑郁，无心读书。她曾去全国某知名专科医院就医，被诊断为抑郁症，但她不喜欢服药，她想通过心理咨询来帮助自己。
>
> 咨询中，女生说自己中学时读书优秀，但自我感觉却很差。究其原因，自己得到的来自父母和老师的肯定很少，因为他们经常拿自己和一位各方面都极为优秀的学姐比较。在比较中，自己处于弱势，所以她很

少体会到成功的喜悦。现在她的学习非常艰难,需要浓咖啡的刺激才能看进书,多门功课都不好,几近挂科。另外,她告诉咨询师,她高中的同学很多已经小有成就,大学的同学也有很多去海外交流的,相比之下,自己就是一个彻底的失败者。父母花费了很多的时间精力和金钱培养自己,但是没有任何回报,反而给他们带来那么多麻烦。

对于该生的咨询是一个复杂的过程,咨询师运用了多种策略,其中之一就是咨询师挖掘了她的存在价值。咨询师告诉女生,她从来都具有价值:其一,中国人说,不孝有三,无后为大。她一出生,父母就完成了一件人生大事——他们的生命可以延续了;其二,她聪明乖巧,给家庭增添了很多的欢乐;其三,她在小学和中学的时候成绩优秀,父母虽然当面不表扬自己,但是内心的幸福是满满的,因为她极大地满足了他们的"小虚荣"。因此,她对于父母绝非累赘,她一直在做贡献。女生听后,感到很安慰。慢慢地,她走出了抑郁,还被保送读了研究生,后来更是到海外一所著名大学攻读博士学位。

▶ 帮助当事人揭示未来的变化

世界是变化的世界,这给人以安慰。人的世界可以分为两种:一为外部世界,主要指一个人的生活环境、人际关系和生活内容等显性的东西;一为内部世界,主要指一个人的精神追求、感知记忆和情绪状态等隐性的东西。显而易见,人的内部世界和外部世界相互联系、相互影响。无论是人的外部世界还是内部世界,它们都会随着时间的变化而变化。只不过有时人的内部世界变化显著,而有时人的外部世界变化显著。相信世界的变化给人安慰。关于这一点,俄国诗人普希金做了最为生动的阐述。他在《假如生活欺骗了你》中写道:"假如生活欺骗了你,不要悲伤,不要心急!忧郁的日子里须要镇静。相信吧,快乐的日子将会来临!心儿永远向往着未来;现在却常是忧郁。一切都是瞬息,一切都将会过去;而那过去了的,就会成为亲切的怀恋。"

在咨询中,帮助当事人揭示未来的变化常令当事人得安慰。因为这意味着苦难是暂时的,在未来,我们可以活下去,甚至是更好地活下去。

例如，一名名牌大学的男研究生失恋，痛不欲生，于是拨打了校心理咨询中心电话。咨询师接到电话后，请他立刻到心理咨询中心咨询。咨询中，男生讲述了自己的爱情故事，原来他在两年前认识了内地老家的一名高中女生，对方喜欢他，两人很快建立了恋爱关系。后面，女生也考上了男生所在城市的一所普通大学。但进入大学后，女生对男生态度慢慢变了，最近主动提出分手，说两人的"性格不合适"。男生很痛苦，于是发生之前的一幕。在听完男生的故事后，咨询师和男生分析了女生何以之前爱上自己，又何以现在不再爱自己，并将其归因于双方学历差距的缩小以及男生的经济较差上。男生认可。接着，咨询师和男生讨论了几年后男生可能的变化：如因为是名牌大学名牌专业的毕业生，再加上自己的个人素质，他会在大城市找到一份很好的工作，而大城市很多女士，不论优秀与否，都处在一种待嫁状态。因此，那时自己会在恋爱过程中处于一种相对优势的地位，而不像现在——成了一个优势很少的人。同学听后，大觉安慰，心情转变。

需要注意的是，在上面的例子里，咨询师主要讨论了外界世界的变化，取得良好效果，但是有时当事人看不到外界世界的变化的可能，或者看不到外界变化和自己当前困扰的关联。这个时候，咨询师就要和他们讨论他们内部的变化，如个性、能力尤其是适应能力等的变化，从中发现安慰点。

例如，一名男生咨询中自述自己从小是个听话的孩子，父母也说他从小到大都没有逆反期。但是男生觉得自己的逆反是一种隐性的表现，虽然来得晚，但是却持久与顽固。男生的逆反表现在对于学业的腻烦与不踏实，对自慰的无度和滥用。他非常想通过与心理咨询师的沟通交流来解决他的问题。咨询师在了解了同学的成长经历后，发现男生小学时很乖，高中颓废，大学一二年级糊里糊涂，大学三年级开窍，现在取得了直升研究生资格。在听完男生的心理历程后，咨询师没有对男生进行任何的分析、建议，而是淡淡地说"一切都在改变"，表示相信男生在电脑游戏与性上的放纵将消失。男生听后很振奋，他坚定地说相信自己会随着岁月改变。

▶ 帮助当事人揭示事件的意义

弗兰克尔说:"人要寻求意义是其生命中原始的力量。"一旦人们发现了意义,很多痛苦皆可忍受。为什么?因为我们厌恶损失、厌恶浪费,我们需要相信我们付出是有回报的,我们需要相信我们付出的价值。因此,苦难中的人们常常自觉不自觉地来寻找事件的意义来抚慰自己,来实现心理的平衡。事件对于当事人的意义有时很简单,如当事人通过这件事明白了一个道理。明白一个道理对于很多人是具有终极意义的。孔子说:"朝闻道,夕死可矣。"大意为,早上明白一个道理,就是晚上死了也值了。但是有时候,发现事件的意义很难,这个时候我们可以从以下两个方向去尝试。

其一,联系自己的过去寻找。

我们都从过去中走来。在过去,我们从他人那里得到生命、教育、财富、名誉和地位等,当然我们也曾给他人带来损害,给他们造成生命、财产、名誉、地位等的损失。在当时,我们可能并没有付出或者没有足够的付出。但是,它们需要被偿还。因此,**在苦难的时候回首过去,如果我们能发现我们对生活的亏欠,我们将感觉到一种平衡——我们遭受的苦难是对过去的补偿。我们不欠生活的了。**

例如,秦国大将白起南征北战,为秦最终统一全国立下汗马功劳,但结局是被秦王赐死。他感叹道:"苍天!我犯何罪,竟至于此!"过了一会儿,他又说道:"我本来就该死。长平之战,赵国降者数十万人,我用欺骗的手段将他们全部活埋坑杀,足以一死。"他将自己的不公平待遇理解成在为自己过去的残暴还债,从而实现了心理的平衡。

其二,联系自己的将来寻找。

虽然经受苦难,但我们知道我们的肉体或者精神还是会走向未来。在当下,我们可能付出了很多,如金钱精力、身心折磨等,但看不到它的回报。我们的眼里只有损失和伤害。为此,我们伤悲。但是,人世间的很多回报并不是当下兑现的。**在苦难的时候,如果我们发现在将来某个时候我们可以获得回报。我们将感到自己在为未来投资。我们为此感到平衡,感到欣慰。**

例如,一名小伙多年前深夜里乘坐绿皮火车,和身边的一名列车员聊天,列车员吹嘘有特异功能,可以通过按摩来增强男人的性功能。在鬼使神差中，小伙应许了列车员触摸自己的生殖器。事后，小伙非常后悔，觉得自己遭受了猥亵，于是跑到铁路局揭发列车员，想把他揪出来，以免他再祸害别人。但是，铁路局工作人员说那名列车员是临时工，已经离开铁路局，无从查找。小伙不甘心，一次次地跑铁路局，但是每次答案都一样。小伙非常痛苦，寻求心理咨询。咨询师在听完小伙的讲述后问小伙，这件事对于小伙的意义是什么？小伙想了想，说知道了性教育的重要性——自己之所以上当、受侮辱，是因为自己的父母没有给自己性教育，没有教育自己如何保护自我。这件事发生了，自己将来无论是养育儿子还是女儿，一定要注意对他们的性教育，帮助他们保护好自己。如果不发生这样的事，自己可能像父母一样没有性教育意识。话说完了，小伙哭了，咨询师亦受感动。

（二）对他人的同情

对他人的同情经常可以有效减少个人的烦恼。首先，因为当人们去同情他人时即不再把注意焦点放在自己的痛苦之上，对自我关注的减少，可以有效减少自己的痛苦。因为人的痛苦，很多时候就是花费太多的时间去咀嚼痛苦，从而忽略了生活的精彩，忘记了个人的使命。其次，同情他人，可以帮助人们将自己的命运和他人的命运联系在一起，感受他人的喜与悲，从而帮助人们跳出个人的狭小天地，站在新的高度看待自己的境遇，就会发现天地辽阔，自己的问题没那么重要，自己的境遇没那么可怕。最后，同情他人，可以帮助人们转换视角，从而更加全面地了解他人，这无疑有助于人们更好地与他人相处。因为在生活中很多的烦恼都是由与人相处中的误会与冲突引起的，而误会和冲突之所以产生，是因为人们完全从自己的视角、自己的利益出发考虑问题，没有顾及他人的利益、他人的感受，没有考虑到他人思考、行为的合理性。而我们一旦考虑他人的利益、他人的感受，常会发现他人思考和行为的合理性，这样我们和他人的误会和冲突即减少。

至于同情的对象，多种多样。人们既可以同情与自己的问题密切相关的人，如与自己起冲突的亲友、同学等，也可以是与自己的问题几无关联的人，如遭遇自然灾害的灾民、贫困地区的失学儿童等。同情他们，都可能对人的心理产生积极的影响。咨询中，对他人同情的运用需要注意以下三点：

1. 感知他人

感知他人是对他人同情的基础。同情是为他人的痛苦而痛苦，为他人的欢乐而欢乐。这里的前提就是要感知到他人的痛苦和欢乐，如果不能感知到他人的痛苦与欢乐，就无所谓同情。在心理咨询中，运用同情他人策略，就要求当事人采取多种方式，了解他人的生活，感知他人的世界，感知他人的思想情感。

感知他人的一种最简单的方式就是走进他人的生活，体验他们的生活，用眼睛看他们的世界，用耳朵听他们的世界，用鼻子闻他们的世界，用手触摸他们的世界，用脚丈量他们的世界。

有时候直接走进他人的世界是不切实际的，因为他人可能不在身边或两人交流很少。这决定了当事人只能以间接的方式走进对方的内心世界，感知他人的思想情感，也就是人们常说的将心比心、换位思考。期间，咨询师与当事人一起分析讨论他人的处境和行为表现，理解其内心的想法和情感。

例如，一名女研究生咨询和男朋友的相处问题。她自述和男友很相爱，但是男友过去没有谈过朋友，有时不够体贴，自己很郁闷。咨询师建议女生对男生有要求要直接说，因为男生是搞技术的，让他猜，他太累。另外，女生说自己希望结婚，希望去男生家见他的父母，男生很犹豫，没有答应。女生很失落。咨询师听后，指出男生现在还是学生，事业未定，不做结婚决定是当然的事，说结婚也是不负责任，"像个大骗子"。结婚有时就是赶潮流——毕业后，同学们纷纷结婚，两个人就自然结婚了，无须多虑。女生听后很开心，说自己先前曾就同样的事情咨询过两个咨询师，但他们都说她的男友不好，不负责任，她很不认可。

有时，当事人情绪激烈，如非常恐惧、焦虑、担忧和愤怒，此时就不适合分析讨论。这个时候，咨询师要先使用深呼吸等技术让他们心静下来，然后再帮助他们理解他人。在理解他人的技术上，除了分析讨论以外，咨询师还可以使用第一节"时间维度"里的空椅子技术，即在当事人的面前放一把椅子，想象他人坐在这张椅子上，然后对着他人说话。接着，自己坐在空椅子上，以他人的身份、语气语调回应。多次来回后，当事人充分表达对对方的看法、情绪和情感，同时也感知、理解了对方的思想、情绪和情感。

如何了解他人也是中国古人非常关心的话题。孔子便对如何认识他人做出自己的回答。孔子说："视其所以，观其所由，察其所安，人焉廋哉？人焉廋哉？"钱穆先生将这句话解读为："要观察他因何去做这一事，再观察他如何般去做，再观察他做此事时心情如何，安与不安。如此般观察，那人再向何处藏匿呀！那人再向何处藏匿呀！"孔子的方法对于今天的人们仍然不乏借鉴意义。

比如，在专业领域，我们常会看到一些人非常热衷参加专业会议和工作坊，但是细查他们的动机和目的，我们会发现他们参加这些活动主要是结交名人、混圈子、拿证书；在行为上，他们在参加会议或工作坊的时候很少认真听讲，很少和人讨论问题，他们把时间花在了和人交际，花在对名人的各种恭维、附和上；在情绪上，他们最开心的时刻是拿到了名人的联系方式，拿着培训证书和名人拍照，当身边人在认真讨论一个问题时他们会觉得特别无聊无趣。从他们的这些举动看，我们可以断定他们对专业没有兴趣，他们只是对名誉、地位和利益感兴趣，他们的专业水平相当有限，他们精通的是人情世故。这时，如果一个人有专业困惑去请教他们（因为他们的宣传介绍），等到的只能是失望。

2. 支持他人

支持他人是对他人同情的核心。很多时候，同情就意味着对他人的支持，没有支持就无所谓同情。在心理咨询中，支持他人，意味着当事人在感知到他人的痛苦或欢乐的基础上，去帮助他人增加欢乐，减轻痛苦。在此过程中，当事人收获价值感，收获成就感，从而走出困扰的阴霾。

例如，一名男大学生在辅导员建议下做心理咨询。男生来自贫困山村,两年前,他的母亲因病去世,半年前和他非常亲密的姐夫因为矿难去世。男生深受打击,数月沉浸在悲伤之中,无心学习。老师和同学都过来安慰他,帮助他,但是他情绪依旧。他想到退学,去南方打工,辅导员觉得那太可惜,强烈建议他先休学,男生同意先休学,但表示如果休学后依然不能恢复就退学。辅导员听后心里不放心,便建议他尝试心理咨询。

咨询师听完男生的叙述后,指出男生休学后的中心任务是照顾父亲和姐姐,而不是觉察自己的情绪,调整自己的情绪。因为母亲去世,最痛苦的是父亲;姐夫去世,最痛苦的是姐姐。至于男生,因为他并不和逝者朝夕相处,如此痛苦很大程度上是因为少了两个给自己挡风遮雨的保护伞。但是,男生已经长大,已经成人,作为一个家庭新顶梁柱的时刻到了。在全家危难的时候,男生不应该沉浸在自怜之中,只关注自己的情绪,而应该站出来,照顾家庭,履行作为一个男人的责任。

男生听完咨询师的慷慨陈词后,表示自己接受了太多的安慰,自己需要咨询师的"骂"。后面,男生决定回去后用心观察父亲和姐姐的情绪,多做家务,多陪伴,帮助父亲和姐姐走出悲痛。半年后,男生回到学校,并完成了学业。

支持他人的一种最质朴的方式就是陪伴见证。当一个人忧伤的时候,常常觉得自己孤单,觉得自己不为人理解,不为人接纳,觉得世界在离自己远去。这个时候,陪伴他们,倾听他们,让他们感觉有个人在关心自己,在乎自己,接纳自己,是对他很有力的支持。对于正遭受危机的人,很多时候真正重要的不是提供建议或分担痛苦,而是在他们体验极度恐惧和紧张的时候和他们待在一起。这意味着我们可以帮助他人控制情绪,但不要刻意地减弱、伪装情绪或竭力地劝说。对于当事人来说,因为陪伴和见证,自己和他人紧密地联系在一起,而不在自我封闭的牢笼里。在心理困扰的时候,发现自己的价值,贡献自己的价值,对自己是一种莫大的安慰。关于如何陪伴,加拿大心理学家爱伦·沃福特说:

"陪伴是保持静止,而非急着前行;是发现沉默的奥妙,而非用言语填满每一个痛苦的片刻;是用心倾听,而非用脑分析;是见证他人的挣扎历程,而非指导他们脱离挣扎；是出席他人的痛苦，而非加强秩序和逻辑；是与另一个人一起进入心灵深处探险，而非肩负走出幽谷的责任。"

有时候，单单陪伴见证是不够的，还需要给他人一些切实的帮助，如根据他人的具体情况，为减轻痛苦或增加欢乐给予行动建议。例如，当他人学习不好的时候，给他人辅导功课；如果他人找工作遇到困难，可以帮助他们修改简历；如果他人情感遇到困扰，当事人可以帮助他人一起分析原因，寻找对策。当事人在他人痛苦的时候，努力让他人看到希望，看到问题的解决之道，这会给当事人带来一种成就感，一种价值感。他人对当事人的感谢和肯定更是对当事人的莫大安慰。

我们还可以用精神支持的方式表达我们的同情。所谓精神支持，指人们求助于超自然的力量，去表达对他人的一份美好祝愿。有时候，由于条件的限制，人们并不能去陪伴见证他人，也不能给人切实的帮助。这个时候，人们可以以精神支持的方式表达自己的情感，常见的方式有专门去某个名山大川、寺庙、墓场或任何可以给自己带来神圣感的地方，甚至只是在自己的心里，为他人祈祷，为他人祝福。有时候，自己牵挂的人已经离世，这时将对他们的思念、祝福以及自己经受的痛苦等写在纸上，再郑重地烧掉，对他们的心理康复也可起到很好的作用。

例如，一个小伙爱上一个已婚的女士，对方常受她先生的家庭暴力，她想让小伙带自己离开，但是小伙出于种种考虑拒绝了。几个月后，女士自杀身亡，小伙肝肠寸断、悲痛欲绝，久久不能走出。为了救赎自己，小伙寻求心理咨询的帮助，但是咨询师对他的帮助非常有限。后来，小伙的一个朋友对他说："你既然爱她，就当按她家乡的习俗给她立一个碑，去表达你的爱。她若泉下有知，心当安慰。"小伙听从了朋友的建议，为女士树了碑。之后，小伙心里暖暖的，状态也慢慢好起来。

精神支持有一种特别的形式，叫慈心冥想。慈心冥想，这是一项心理学家从佛学中提取出来的心理咨询技术（罗纳德·西格尔，2000），具体做法为：开始时先调整好禅修练习的姿势，在坐好之后将专注力转向自己的呼吸。接下来，在内心唤起个人想同情的，现在正在遭受痛苦的人的形象——

如果人想要应对悲伤、愤怒或抑郁,他可以将自己的专注力投向他认为悲伤、愤怒或绝望的人。在每次吸气时,他可想象自己吸进去的是那个人的痛苦;在每次呼气时,想象自己正将宁静、快乐以及能够缓解其痛苦的一切都呼出来传送给对方。这样做的目的是将别人的痛苦吸收给自己,练习如何与痛苦相处,同时将慈悲传送给他人。慈心冥想有时会有很好的效果。

例如,一位男生在远离家乡的一所大学读书,就在自己临近毕业的时候,母亲查出肝癌。于是,自己常返回老家看望母亲。可是,自己的事情很多,要写毕业论文,要找工作,而且学校的管理严格,自己请假很费力,所以回去很不方便。父母亲出于对自己的爱,也坚决反对自己经常回去看望母亲。为此,男生很痛苦。在心理咨询的时候,咨询师使用了慈心冥想。男生在冥想的时候,想到了小时候母亲带自己在乡间散步说故事的场景,感觉很温馨,他的情绪由此得到很大的改善。

3. 尊重差异

人和人是不一样的,我们需要提醒当事人在帮助他人时尊重人和人之间的差异。米尔顿·埃里克森说:"每个人的世界地图都是独一无二的,就像指纹一样。没有两个人是一样的,也没有两个人会以同样的方式去理解一个句子……因此,**在和人打交道时,不要试图让他们符合你的观念,认为他们应该什么样子**。"玛丽莲·阿特金森和蕾·切尔斯(2007)指出,尊重差异,允许人们有自己独特的解决方案,可促进人们负起责任,彰显生命的力量,从而达成自己的目标。此外,他们内在的发现和选择的路径,会比任何其他人给的解决方案都更有效地匹配他们独特的渴望。

对人的尊重很重要。弗洛姆说:假如没有爱的第三种要素——尊重,那么责任有可能蜕变成支配和占有。尊重的本义是按其本来面目发现一个人,认识其独特个性。**尊重意味着一个人对另一人成长和发展应该顺其自身的规律和意愿。尊重意味着没有剥削**,意味着让他们为他们自己的目的成长和发展,而不是为了服务于我。他们不是作为我的使用工具的存在,他们的生命存在自有目的。显然,只有我独立了,只有当我无须拐杖也无须支配和剥削任何人而立足和前行，尊重他们才能成为可能。因此，尊重仅存在于自由的基础上，正像弗洛姆在《爱的艺术》中所写："爱是自由之子，绝不是支配的产物。"

尊重要求人们在展示自己同情的时候宽容，宽容他人的不足与错误。在与人相处中，在助人的过程中，我们常可轻松地发现他人的不足与错误。有时我们谴责他们，有时我们想强迫他们改变。生活中，很多时候正是这一点制造了我们的困扰，因为他们不认为自己错了，他们抗拒改变。于是，我们卷入"战争"。我们感到挫败和哀怨。实际上，**一个人眼中的错误，在更高的视角去看，可能不是错误。它们可能只是在展现人世间的法则。人世间所有的法则不都是通过一个个人的行为去展现的吗？而且即便是错误，但我们每个人都是人性的全部存在——所有的人性缺点都注定存在于我们身上。犯错是我们的宿命，也是我们的权利！**己所不欲，勿施于人。我们需要拒绝傲慢，宽容我们和他人的不足与错误（除非他们的行为威胁到了人的生命）。唯此，方得自由。

　　例如，一名在某城市收入颇丰的小伙咨询人生的意义。小伙出生自山村，家境贫寒。在他小的时候，他的父母常受邻居的欺凌。现在，他在大城市读书、工作，有了一些经济基础，为了改善父母的生活，也为了让父母在邻居面前有尊严，给家里买了很多电器，如冰箱、洗衣机、空调、吸尘器等。但是，父母不会用这些电器，他假期回家发现妈妈仍然用拖把拖地。有时电器质量不合格，需要和商家联系退货，母亲特别紧张、焦虑，急切地向自己打电话求助。所有这些令他特别懊丧，让他怀疑拼搏的意义，也怀疑人生的意义。咨询师听后，向小伙指出他的心是好的，但是期待父母更新思想观念，享受现代文明，可能是一个错误。他们老了，他们的知识有限，他们的孩子不在身边。他们习惯了过去的生活。如果他真为他们着想，只要给他们零花钱，让他们不要为钱烦恼，然后常给他们买衣服鞋子。这样，他们穿着给邻居看，告诉邻居，这些衣服鞋子是儿子买的。如此，他们即会心满意足，他们即会有尊严。小伙听后彻悟。

小　结

　　心理咨询可以使用同情维度来帮助当事人走出烦恼。在阐释上,我们将同情分为对于自我的同情和对待他人的同情,但是本质上它们是一体的。从佛学的观点看,一个人只有学会了从内心关心自己、肯定自己,才能真正地关心他人、肯定他人。如果一个人在内心一直否定自己,但却努力善待他人,就会人为地在人我之间划出一道界限,造成一个人内心的隔离和孤独(克里斯丁·聂夫,2011)。事实上,自我同情是同情他人的根基(克里斯托弗·肯·吉莫,2012)。当我们能够了解到自己有种种不足和怪癖但仍接纳自我,喜爱自我,我们就越能接纳他人,善待他人。另一方面,对于不习惯自我同情的人们,只需要提醒他们体会面对宠物和孩子时所自然流露的感情,追踪这种感情,他们就可能学会体恤自己,善待自己。一旦他们重新学会体恤自己,善待自己,他们就可以更好体恤他人,善待他人。

　　因为对自我的同情和对待他人的同情是一体的,所以心理咨询可以将它们混搭在一起。例如,在使用自我同情的时候,我们完全可以鼓励当事人对自己开展精神支持,即表达对自我的祝福,祝自己平安、宁静、成功、幸福,在艰难的时候让自己搁置烦恼,照顾好自己的身体;在使用同情他人技术的时候,我们完全可以鼓励当事人对待他人的时候不否定他人、贬低他人,帮助他人挖掘存在的价值,发现他人改变的可能,发现他人行为里蕴含的意义。很多话,如"每个圣人都有不可告人的过去,每个罪人都有洁白无瑕的未来"既可以用来安慰当事人,也可以用来安慰当事人面对的他人。人世间无人是孤岛,所有人都是一个整体。

　　虽然前文主要着眼于对人的关心,但世间每个生命都和我们息息相关,关心体恤它们都可能促进我们的成长。事实也是如此——很多人正是靠着种植花草、饲养宠物,或者去一个自己不熟悉的城市、乡村,甚至只是走进自己不熟悉的一个街区,帮助自己走出小我天地,感受世界的新奇,感受生命的价值和趣味,进而对自己的烦恼产生新的领悟。

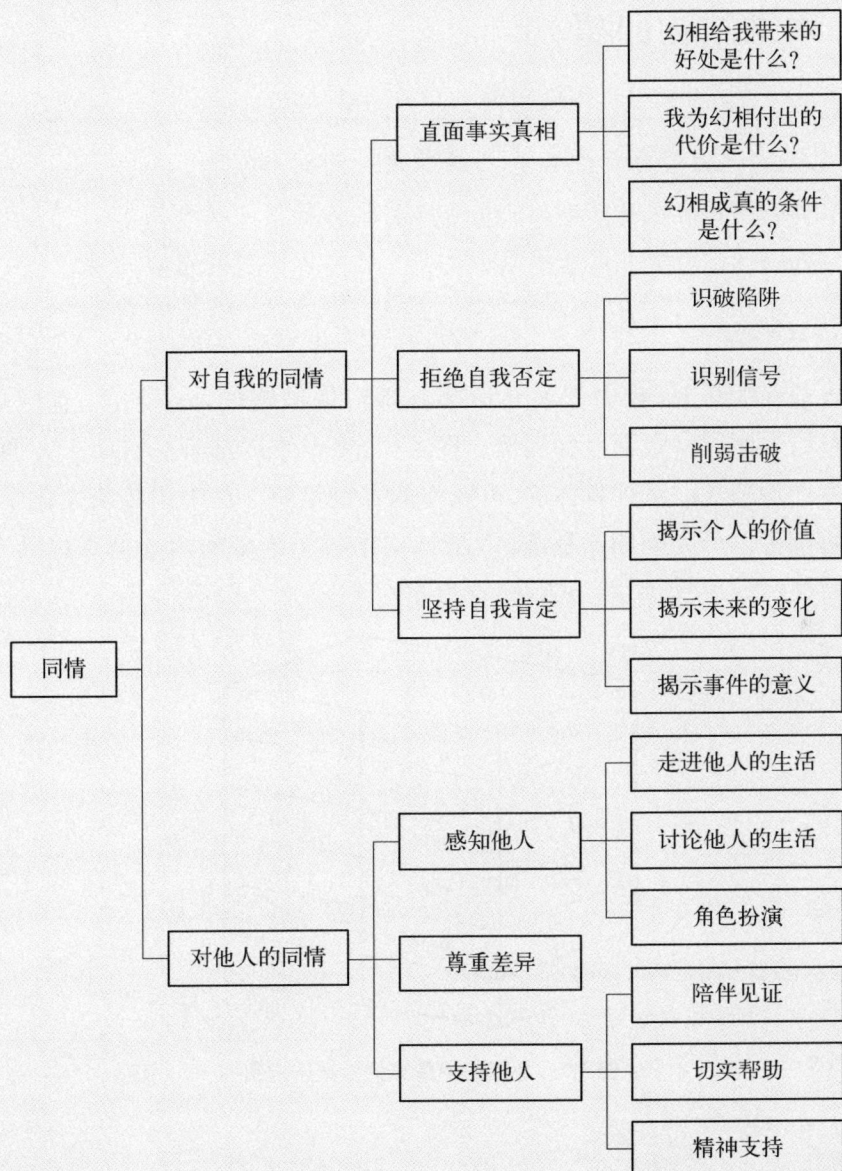

图 3.6 同情维度技术要素图

七、六维结构回望

● 心理咨询策略有六个维度,每个维度分为两个方向。
● 咨询中,咨询师可以单独使用各维度里的任何一项小技术。
● 咨询中,咨询师可以任意组合这些小技术以实现咨询的突破。

在前面的章节,我们依次介绍了心理咨询策略的六个维度,它们是时间、行动、参照、身体、利益和同情。在其中,每个维度都有左右两个方向,而每个方向均蕴含一系列具体的、可操作的咨询策略。在中国传统文化中,一切事物都可以分为阴阳。那么,六维结构中每个维度的两端是否也具有阴阳的特性? 如果有,哪端为阴,哪端为阳?

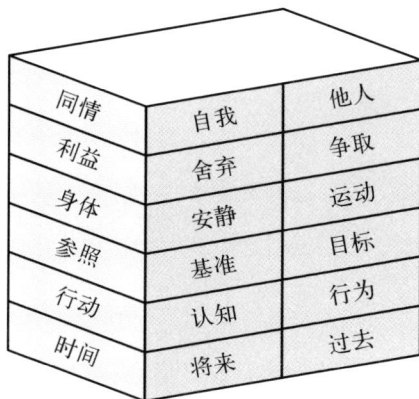

同情	自我	他人
利益	舍弃	争取
身体	安静	运动
参照	基准	目标
行动	认知	行为
时间	将来	过去

图 3.7　心理咨询策略的六维结构图

(一) 各个维度两端的关系

为了回答这个问题,让我们首先来查看阴阳的特性。在中国传统文化中,"所谓阳性特征,包括明亮、温暖、向上、刚健、施与、主动、主外;所谓阴性特征，包括晦暗、寒凉、向下、柔顺、主静、主内等"（刘长林，2008）。下面谨据此对各维度进行考察：

▶ 时间

时间维度的两端为过去和将来。道家思想认为"阳主过去，阴主未来"（南怀瑾，2008）。究其原因，这是因为过去是确定的，显明的，而将来是不确定的，幽暗的。因此，将来属阴，过去属阳。

▶ 行动

行动维度的两端为认知和行为。认知存在于人脑，内隐不可见；行为作用于外部事物，外显可见。因此，认知属阴，而行为属阳。

▶ 参照

参照维度的两端为基准和目标。基准参照是人出发的地方，而目标参照是人前进的方向。因此，前者为阴，后者为阳。

▶ 身体

身体维度的两端为安静和运动。传统文化规定得很清晰，安静为阴，运动为阳。

▶ 利益

利益维度的两端为舍弃和争取。舍弃是对利益的背离，而争取是对利益的靠近。因此，前者为阴，后者为阳。

▶ 同情

同情维度的两端为自我和他人。自我同情指向内部的世界，而对他人的同情指向外面的世界。因此，前者为阴，后者为阳。

（二）周易的卦形符号系统

《易经》是中国最古老的哲学著作，是中国儒家和道家共同的思想源头。在《易经》里，也有一套六维结构系统，这个结构由六根或断或连的线条组成。在其中，断线代表阴，数字上用"6"来标记；连线代表阳，数字上用"9"来标记。这样每个线条都有两种变化形式，六根线条构成的整体总共就有 64（2＊2＊2＊2＊2＊2＝64）种变化。这每一种变化都形成一个卦，象征着世间的某类事物。64 种变化就形成了 64 卦，象征着 64 类事物。《易经》认为这 64 卦就可以代表世间万事万物,而六根线代表了事物的不同发展阶段。这样,世间万事万物的状态都可从 64 卦以及其中的线条中找到对应。整个《易经》就这样围绕着对这 64 卦以及每一根线条的阐释展开。在阐释中,《易经》展示了自己的世界观、价值观和思维方式,千年以来对中国人的生活和思想产生了深刻的影响。

《易经》里的阐述主要运用类比思维和形象思维。例如,为什么《易经》结构选用六根线条而不是七根线条、八根线条来建构? 一个重要的原因是人们对目之所及的大部分物体(如石块、树木、动物等)的观察和描述都是从上下、左右、前后这六个基本方向展开的。再如,为什么《易经》对这六根线条的阐释是从最底部的线条开始,依次进行,直到最顶端一根线条? 因为人们看到小草、小树的成长都是从地下一点点地向上长,长出地面,长向天空,所以《易经》六维结构的阐释首先从最低的一条线出发,指定它代表着事物发展的最初阶段,然后依次发展,直到最上面一根线。自然地,最上面的一根线代表了事物发展的最后阶段。

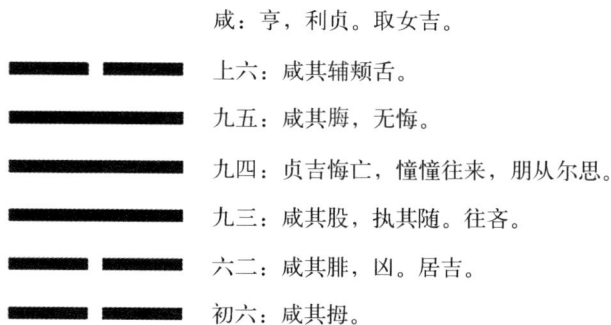

咸:亨,利贞。取女吉。

上六:咸其辅颊舌。

九五:咸其脢,无悔。

九四:贞吉悔亡,憧憧往来,朋从尔思。

九三:咸其股,执其随。往吝。

六二:咸其腓,凶。居吉。

初六:咸其拇。

图 3.8　《易经·咸卦》

下面以《咸卦》为例(其符号系统见图)予以说明:

全卦的卦辞为"咸,亨,利贞;取女吉"。金景芳和吕绍刚(2005)将此句解读如下:"咸是感,不只是男女相感,世间万物包括社会人群,都有相感的问题。例如君臣相感,上下相感,父子相感,亲友相感,甚至心理咨询中咨询师和当事人的感应等等。只要是相感了,那么,相感双方的关系必然和顺而亨通,什么问题都好解决。然而相感有个条件,必须

'利贞'，即必须行正，相感而不行正便不能亨通了。'取女吉'，是说娶女如是方能得吉。"

初爻的爻辞为"咸其拇"，意为感应发生在脚的大拇指上，这样的感应很浅，需要细细省察。

二爻的爻辞为"咸其腓，凶，居吉"，意为感应在小腿上，这个层次的感应诱发即刻行动的冲动，有凶险，稳住才得吉利。

三爻的爻辞为"咸其股，执其随，往吝"，意为感应到了大腿上，这样的感应强度增加，此时喜从众，人动则动，人止则止。这样动了以后会出错，招来不必要的麻烦。

四爻的爻辞为"贞吉，悔亡；憧憧往来，朋从尔思"，意为如果能得正的话，则得吉而无悔；以私心去急切感应，只会感应少数几个朋友。

五爻的爻辞为"咸其脢，无悔"，意为感应发生在脊背上，这样的感应与个人的私心背离，去感应它见不到的更多的人。这样做，可得无悔。

上爻的爻辞为"咸其辅颊舌"，意为感应在牙床、面颊和舌头上，这样的感应装腔作势，言无其实，凶咎不言而至。

不难发现，《易经》各卦以及每根线条的解释非常笼统，甚至不知所云。但是，我们要记住，它的每一卦都代表着成千上万的事物，这些事物千差万别，笼统的解释反而彰显着智慧，因为这样可以更好地兼顾各个事物的特殊性。太具体明确的解释会扼杀各具体事物的特殊性。同时，《易经》要求它的使用者具有智慧和灵性，太具体明确的解释也掩盖了使用者的智慧和灵性空间。

《易经》最早是一本用于卜筮的书，后来经过孔子等人的演绎才成为一本哲学书。在先秦时代，一些王公贵族工作、生活遭遇困境（如是否作战、如何救灾、如何嫁娶等），感到迷茫时，他们常求助于巫师决疑。这个时候，巫师会拿出龟壳、蓍草、兽骨等工具，依照严格的程序以得到特定的六维结构图案以及需要重点关注的线条。然后，他们根据王公贵族提出的问题，结合《易经》里相关的句子，对它们进行分析解释，最后再给出行动建议。若巫师的话语令王公贵族信服，这些王公贵族即可从中获得心理安慰。从文化人类学的视角看，现代人的心理咨询与先秦人的卜筮有着很多的相似性。

(三) 六维结构的咨询应用

人们常说，心病还须心药医。从前面章节的阐述不难发现，六维结构里的一个个咨询策略就是医治当事人心理困扰的一剂剂"心药"，而整个六维结构就是一个装着"心药"的"药柜子"，十二个技术单元则是"柜子"的一个个"抽屉"。当事人的心理困扰多种多样，"心药"亦多种多样，咨询师要如何使用这些"心药"来医治当事人呢？

▶ **单独使用**

在六维结构中，每个维度里都蕴含很多小技术，它们可以独立做工。在前面列举的案例中不难发现，很多都是咨询师用一个维度里的一个小技术就帮助当事人走出了情绪困扰。这一点在身体维度表现特别明显——身体维度的两端中的每一部分都高度完整，都可以用来独立处理当事人的困扰。例如，对于一些简单的压力管理问题，当事人可以用正念训练中的呼吸禅修来直接处理，而无须其他维度的介入。

六维结构有一个特点，就是在身体维度以外的维度里，每个维度的每一端都由三个部分组成，它们层层递进，组成一个有机整体。以利益的争取技术为例，它由三个部分组成，分别为挖掘内心的恐惧、转变对于风险的态度和调整行为的方式。其中，挖掘内心的恐惧为确定需要工作的对象（内心的恐惧），后两者为确定解决的方法（从认知和行为两个方面）。对于生活中一些小烦恼（如公开演讲恐惧问题），这是一个完整的问题解决方案，它不需要其他维度的协助。

▶ **组合使用**

虽然咨询过程中有时单独使用某种技术即可成功，但是更常见的是组合使用多种技术才会成功。当事人的问题常常是复杂的、多面的，运用多种技术的组合，可以从多个角度去发力、去影响。东方不亮西方亮。多方面的尝试，可以为改变创造更大的机会。

组合可以在同一维度的两端之间进行。在六维结构中，每个维度的两端互相补充、互相渗透。每一端都渗透着另一端的元素。以利益的舍弃与争取为例。《心经》上说，人的内心没有挂碍就会没有恐怖。一些当事人之所以不敢争取甲利益,实为放不下乙利益。因此,要他们勇敢追逐甲利益,就需要帮助他们先放弃乙利益。这样,利益的舍弃和争取就贯通起来了。例如,一个人不敢去应聘新的岗位,虽然那个岗位发展空间大,但是竞争也大,他心有恐惧,这是问题的一个方面。问题的另一面是,他目前的岗位工作相对轻松,同事关系也好,他放不下这些好处。如果他能够勇敢地放弃当前的工作,自会追逐新的工作岗位。

组合也可在不同维度之间进行。事实上,不同的维度之间本来就是互联互通的。例如,当事人在行动维度中有一项为"改进个人的行为方式",是在说用更加有效的方法应对外在的挑战。可是,有效的方法从哪里来呢?咨询实践中,更加有效的方法可来自当事人过去的经验,这属于时间维度的"经验教训"系列;更加有效的方法也可来自他人的经验,这属于参照维度的"目标参照"系列。

六维结构中每个维度所列举的方法是有限的,但是一旦咨询师对它们或单独使用,或组合使用,它们即产生无尽的变化。我们知道,当事人的变化也是无限的,每个当事人的情况都是不同的,同一个当事人在不同的阶段也是不同的。六维的变化很好地适应了这一点。咨询即两个"无限"的相遇。"无限"的相遇催生无尽的变化、无尽的美丽。

《系传》指出易道"变动不居,周流六虚,上下无常,刚柔相易,不可为典要,唯变所适"。大意为易道精神变动不居,它在天地间自由漂流,忽上忽下,忽柔忽刚,没有什么固定的法则,只是随事物的变化而变化。心理咨询亦如是。当事人问题解决之道即在这六个维度之间,在各维度的两端之间自由跳跃、漂流。**面对当事人,有时这个策略奏效,有时那个策略奏效,有时两个策略都可以奏效。这里并无规律可循,咨询师需要不停地去判断、去尝试、去调整。顽固地坚持某个维度、某个策略,是一种执着,对当事人的帮助很小,甚至对他们制造新的伤害。**

　　例如,一名男研究生失恋后连续数周情绪低落,去某全国知名医院看医生,被诊断为双相情感障碍,建议服药治疗。男生服药后,头脑昏昏沉沉,嗜睡,很不舒服。因此,他服用几天后便自行停药,但是停药后情绪变得悲伤激动,常自暴自弃,他感觉很害怕,便联系朋友来陪伴自己,并联系心理咨询。

咨询中,男生自我分析自己的情况和童年有关。他童年时父母常吵闹,甚至动手,常说若不是考虑他,家庭早解体了。初三的时候,自己和一名女生相处甚好,很喜欢对方。可是,父亲是自己就读学校的老师,怕自己早恋,将自己换班。自己情绪崩溃,大哭很多天,中考也因此考砸。后来上了大学,读了研究生。研究生阶段,和外校女生恋爱。女生性格活泼,交际多。自己常担心女生喜欢上别人抛弃自己,所以频繁联系女生,对女生的学习形成了干扰。自己还和女生诉说了很多自己童年生活的不幸,女生也不知如何解决,双方都很沮丧。后来,女生说自己想把学习放在第一位,不想谈恋爱了,自己瞬间崩溃。近一个月来,一直想哭,但是哭不出来。自己常去看女生QQ动态,每次看到女生和其他男生的聚会都很崩溃,学习完全停滞了下来。为了摆脱不良情绪的困扰,几周前去了那家全国知名的三甲医院……

听完男生的诉说,咨询师首先结合他过去经历,对他的双相情感障碍做了诠释,即早期经历引起他的自我价值感低和安全感缺乏,男生认同。接着,咨询师向男生推荐正念呼吸禅修,尝试后男生感觉好一些。然后,咨询师和男生讨论自我同情维度里的"认知解离技术"(Defusion),即在消极想法前加"我现在认为……"。男生反馈自己开心的时候也会那样想,但是情绪低落的时候就不会了。

于是,咨询师就放弃了这个尝试,想到了元认知技术,说那些消极想法是情绪低落的自然声音,是"另外一个我"的声音,建议他给"另外一个我"起个名字。男生把它叫作"小废物"。咨询师建议其将"小废物"画出来。男生说自己小时候经常画画,然后提笔就画了一个"素描",是一个小男生。画完后,咨询师建议男生对画面进行处理。男生飞快地在画面上打了个"✗"。打完"✗"后,男生很气愤。咨询师有些欣慰,认为气愤是男生力量回归的表现。咨询师说:"你想掐死他。"男生说:"是的。"咨询师说:"不要试图掐死那个'小废物',那是你的一部分,就像那太极双鱼图,不要试图消灭黑的,黑和白是在一起的。对于'小废物',你可以驯服它,但不要掐死它。"咨询师说完,男生开始流泪,慢慢地,泪越来越多,咨询师静静地看着,不言不语。稍后,男生说:"老师,我听你的,我接受它。"后面,男生又用力说:"我同情它。"咨询师触动。说完这些,男生眼睛闪亮。

咨询结束的时间到了,咨询师告诉男生,他咨询六次以后可以康复。男生再次哭泣,说医院的医生告诉自己至少要吃一年药,甚至要终身服药,他吓坏了。后面,咨询又进行了五次,最后男生状态明显好转,他对自己取得的进步很满意。一年之后,男生顺利毕业,并找到一份很好的工作。

在这个个案里,咨询师同时使用了过去维度、身体维度和同情维度,而画面打"✘"则是受到写心冥想里的加工处理技术的启发。多种技术的联合作用,帮助男生在第一次谈话中就取得了巨大的进展,为他后面的康复打下坚实的基础。

图 3.9　"小废物"画像(图片获当事人同学授权)

4 第四章
心理咨询的过程：四季模型

◆ 心理咨询的过程分为春夏秋冬四个阶段，每一个阶段都有自己的使命。

◆ 咨询就是一次次的会谈。一次会谈就是一次的四季轮回，多次会谈就是多次的四季轮回。

◆ 咨询会谈是咨询双方的心灵碰撞，它成功的希望不在咨询师身上，也不在咨询对象身上，而是在碰撞产生的火光之上。

心理咨询是一门过程艺术。

在咨询的世界里,咨询的过程没有咨询的技术耀眼夺目,但它远比技术重要。有时候,咨询可以没有技术,但不可以没有过程。如果说咨询的技术是花,那么咨询的过程就是叶子。一株植物可以多年无花,但不可一年没有叶子。此外,花的生长是有赖于叶子的。叶子不好,花亦枯萎。

咨询的过程复杂多变。有时,当事人一个长期的大困扰,一次咨询即可解决;有时,当事人一个简单的小困扰,多次咨询也不见成效;有时,咨询双方一见如故,咨询师快速抵达当事人的心灵最深处;有时,咨询进行了很久,在咨询行将结束时,咨询师才听懂当事人的故事;有时,咨询开局良好,咨询师可以很好地理解当事人,但后面却完全帮不了当事人,让当事人深感失望;有时咨询开局很差,当事人对咨询师充满怀疑,但后面咨询师智慧闪现,令当事人肃然起敬……所有这些,都经常在心理咨询中上演;所有这些,咨询师事先都难以得知。怎么办?

《周易·系辞》说:"法象莫大乎天地,变通莫大乎四时。"大意为天地是最大的"象",而四时更替则是最大的"变通"。人活动的物理空间没有超出天地,人事吉凶的变化也不会超出四时变化的规律。的确,自然界充满变化:有时冬天很长,有时冬天很短;有时夏天多雨,有时夏天干旱;有时冬天温暖,有时夏日飞雪;有时上一刻阳光灿烂,下一刻大雨倾盆……所有这些,都曾在世界上演;所有这些,事先我们都难以得知。

图4.1　心理咨询过程的四季模型

天人合一,道法自然——自然的世界和咨询的世界同属一个世界。心理咨询的过程虽复杂,但我们可通过与四时类比的方法来阐释它。

一、咨询之春

- 咨询之春就是咨询会谈的开始阶段。
- 在咨询之春，咨询师对咨询对象的问题需要有大致的了解，和咨询对象建立初步的信任。
- 在咨询之春，咨询师需要用心观察和倾听咨询现场的一切，对咨询对象的问题形成大致的理解，然后和咨询对象一起确定他们要咨询讨论的议题和想要达成的目标。

春天是一年之始。《内经·素问》云："春三月。此谓发陈，天地俱生，万物以荣。"大意为，春季的三个月是推陈出新、生命萌发的时令。天地自然都富有生气，万物显得欣欣向荣（谢华，2000）。

咨询的开始阶段即咨询之春。此时，**当事人带着热切的希望与忐忑而来：他们一方面迫切希望咨询师能够理解自己，接纳自己，帮到自己；另一方面，他们又非常怀疑，他们问自己："他（她）可靠吗？ 他（她）能理解我吗？ 他（她）看得起我吗？ 他（她）能帮到我吗？"他们非常脆弱、敏感，但也非常坚强。作为咨询师，我们何尝不是如此？ 一方面，我们期望帮助到当事人；另一方面我们心里也犯嘀咕，怀疑自己能否帮助到当事人。怎么办？**

（一）　观察

观察，即咨询师用自己的视觉去捕捉和传递信息，它包括咨询师对自我、对他人以及对周围环境的观察三个方面。**咨询虽然主要是一门语言交流的技术，但实际上从咨询双方彼此看见那一刻就开始了。**当事人通过视觉信息对咨询师形成最初的判断，判断他们是否值得信任，然后下意识地决定如何表达自我。同时,咨询师也通过视觉信息形成对当事人的最初判断,猜测他们的问题、成因和程度等。这样,双方的一举一动对于对方来说都在表达自我,影响对方,影响咨询。观察贯穿心理咨询的始终,咨询师需要对观察给予足够的重视。

▶ 对自我的观察

观察首先是咨询师对自我的观察。《易经》有一卦专门说观察,就是观卦。观卦卦辞云:"观:盥而不荐,有孚颙若。"大意为:观卦象征着君子祭祀的时候,祭神如神在,庄敬严肃,让他人感受到自己的诚敬专一。这样,不言而信,不动而敬,让他人在不知不觉中受到影响。回到心理咨询上来,《易经·观卦》要求咨询师在观察中首要的是注意自己的姿态,注意自己的一举一动,让人感受到自己的真诚、专心、镇定,这样才能取信当事人,为咨询会谈打下坚实的基础。

现代西方心理咨询也强调咨询师对自我的观察,并用专注(attending)来表达。专注的姿态是咨询师对当事人本人及其故事、对彼此关系以及将要共同完成工作的兴趣的外在表现——简单地说,就是身体姿势,它表明了咨询师做好了倾听的准备(比安卡·墨菲和卡罗琳·迪龙,2003)。伊根(1994)用首字母缩略词"SOLER"来描述关注的各个要素:

S——坐姿端正(Sit Squarely)

O——身体开放(Open Posture)

L——身体前倾(Lean Forward)

E——目光接触(Eye Contact)

R——全身放松(Body Relax)

咨询中,咨询师用这样的姿势来对待当事人时,当事人常感觉自己被接纳、被倾听、被重视。在这个人际关系日渐疏远的时代,咨询师这样的姿态常让当事人感到安全、放松。但是也有一些当事人并不这样认为。他们认为,陌生人间的这种密切关注让他们感觉咨询师太职业化了,感觉自己被当作像小白鼠一样的研究对象了。对此,他们感到紧张和不快。因此,咨询师要记住,**专注的要义是带动当事人放松**。至于具体的身体姿势,事实上,世间没有一种"绝对正确"的专注。咨询师完全可以跷起二郎腿,后仰坐在椅子上,手舞足蹈,这样依然可以表现出对当事人的专注。在对当事人有更深的了解之后，咨询师还可以根据他们的行为变化和情感需求灵活调整自己的身体姿态来表达自己的专注。

▶ **对当事人的观察**

对当事人的观察意指咨询师用视觉捕捉当事人身上发出的信息。在咨询中，当事人用语言诉说他们的故事，也用他们的穿着、坐姿、眼神、表情等进行着无声的诉说，它们是当事人言语的非常重要的补充。很多时候，**当事人会有意掩饰自己的思想和情感，但是他们的穿着和坐姿等却在竭力表达。**为了准确地理解当事人，咨询师需要对这些非言语信息保持高度的敏感。

> 例如，有个女生在心理咨询的时候两次都穿同一件黑色 T 恤来见咨询师。T 恤上面写着："1997，我不知道会遇见你。"咨询师很好奇，询问这句话的意思，女生做了一个非常客观理性的解释，咨询师听不懂，便说道："我可不可以说，它的意思是'今生我不知道能否再遇见你'。"女生哭了，然后告诉咨询师一个悲伤的爱情故事。原来，女生患有抑郁症，在学习适应方面遇到很大的困难。她的辅导员很关心她，安排了一个性格开朗、成绩优秀的小伙帮助她。小伙在学习上、生活上都给予她非常多的关心和帮助。女生爱上他，但是小伙对她没有感觉。后来，小伙疏远了她，去了英国某世界知名大学深造。女生很怀念和他相处的日子，期望有机会重温美好。

对于捕捉到的视觉信息，我们不可根据身体语言学等学科知识或者个人的生活经验进行快速解读。我们要做的是注意它们，记住它们，并在自己的心里画个问号。我们也不可简单直接地和当事人分享我们的感受，兜售我们对这些信息的诠释。因为一方面人和人是不同的，咨询师的诠释很可能是个错误；另一方面有时即使我们是正确的，但是当事人想保守内心的秘密，他们还没有想好要告诉我们。因此，只有在咨询双方形成了一定的信任之后，咨询师才可同当事人分享观感。分享的时候，我们要以试探的方式告诉当事人，唯此才能鼓励他们进一步探索自我，进而更好地理解自我。如果直截了当地把观察结果和个人诠释当作"事实"发布出去，很可能招致当事人的排斥和反感。

▶ 对环境的观察

对周围环境的观察对心理咨询也非常重要。世界是一个相互影响的有机整体。任何谈话都在特定的环境中发生,环境里的变化都可能会对谈话的内容和方向产生影响。在生活中,我们经常发现我们在与人边走边聊时,路边的一只飞鸟、一朵小花、一段峭壁帮助我们打开思路,就同一个话题发表新的观点,或者干脆就讨论一个新的、更有意思的话题。**心理咨询也一样。咨询房间内的灯光、布置以及咨询房间窗外的风景都会对谈话发生微妙影响。咨询师当对它们保持警觉。关注它们,它们即有可能给咨询会谈带来意想不到的机会。**

例如,一名男研究生非常抑郁,咨询中说自己中学时就很压抑。咨询师听后很警觉,细问他的成长经历。男生说,他四岁时父亲离家出走,十岁时母亲谎称出去打工,实际是改嫁他人,把自己扔给了年迈的、贫困的爷爷。爷爷常和奶奶因为家里多一个他吃饭而争吵,所以他经常生活在惶恐之中,害怕再被抛弃。生活中,他也感觉不到存在的价值。高中时,班上的同学反映他不会笑,他听后便对着镜子学习如何笑,但是笑得很别扭——"皮笑肉不笑"。

交谈中,男生愁云密布,充满忧伤。谈话气氛很压抑,空气像凝固了一样。咨询师想打破这种气氛,想让气氛轻松、欢快一些。恰在此时,一只蚊子飞在男生的腹部。咨询师大笑着告诉男生:"你的肚皮上有一只蚊子,你的肚皮上有一只蚊子!"男生听到咨询师的喊叫后笑了,伸手打蚊子。但是男生的动作慢,蚊子飞走了。咨询师继续高声喊叫:"蚊子飞走了,快追它,快追它!"男生又笑了,去追蚊子。他没有追上。

待蚊子消失后,咨询师问男生:"你注意到自己笑了吗?"男生说:"注意到了。"咨询师说笑是一种很傻的行为,不需要学习,他之所以不会笑,因为过去的他没有自我保护的能力,并因此生活在惶恐之中。但是现在,时光已经改变,他长大成人了,在中国顶尖大学的热门专业学习,只要按部就班,即有灿烂未来。他已经是参天大树,可以自己为自己挡风遮雨,无须惶恐。听完这些,男生点头,眉头也舒展开来。后来,男生情绪改善,顺利毕业。在这个个案里,如果咨询师没有注意到那只蚊子,没有和男生讨论蚊子,咨询的推进可能会缓慢很多。意外出现的蚊子帮助了咨询。

（二）倾听

倾听是所有心理咨询技术的基础,贯穿着咨询的始终。很多人来咨询就是因为身边找不到可以倾心述说的对象,他们非常希望有人能用心倾听他们。因此,当他们开始述说自己的故事时,咨询师一定要安静地倾听,让他们把事情说完,因为这可能是他们长期以来第一次被真正地倾听。他们在讲述自己的经历时,至少同时在做两件事：一是在提供信息（包括他们的经历、环境,以及对待事物的感受）,二是在解除困扰,他们在讲述的过程中进行自我宣泄和咨询（柯林·费尔特姆和温迪·屈莱顿,2006）。因此,**千万不要低估让当事人述说他们故事的重要性,即使我们不理解也不要随便打断他们。在咨询之始,我们经常不理解当事人的所思所想,但随着谈话的继续,很多时候一切都会慢慢清晰。**

咨询中,不同的当事人表现不同。有些当事人倾诉欲很强,他们一坐下就开始滔滔不绝地诉说自己的经历、自己的烦恼。这时,咨询师只要安静地倾听即可。但是有些当事人非常安静,他们沉默不语。他们有时会直接告诉咨询师,他们不知道该说什么,不知道从何说起。这个时候,我们就需要做些引导工作。比如,告诉他们"想什么就说什么","可以胡乱地说"。一些当事人受到鼓励后,即开始说话。有时候,他们明确告诉咨询师,自己不善于说话,期望咨询师问问题,然后自己回答。这个时候,咨询师可以问一些无关紧要的问题,诸如"你是学什么的？""你是哪里人？""最近学习怎么样？""你最近生活发生了什么？"让当事人来回答。记住,咨询师所提的问题并不重要,当事人如何回答也不重要,重要的是帮助当事人打开话匣子。很多时候,当事人的话匣子一打开,他们就可以非常清楚地诉说自己的经历和自己的烦恼。

俗语说,听话听音。咨询师在倾听的时候当然要听讲话的内容,但是也要注意当事人语速、语音、语调、说话风格等以及它们在诉说中的变化等。它们通常能够告诉我们当事人在言词之外更多的意图,它们通常是当事人的内心情感、内心态度、内心矛盾、内心挣扎的最佳线索。如果忽略了它们，我们就失去了了解当事人内心世界的一个宝贵机会。

　　例如，一名男大学生来心理咨询，说自己人际交往存在问题。咨询中，男生说话非常细致、缜密。咨询师告诉男生，听他说话就像在听学术报告。男生问："这样不好吗？"咨询师说："不好，因为这样的表达对人的智力和专注都有要求。"男生说："怕你听不懂。"咨询师答："不懂，我会问。"男生感慨，说自己就怕别人听不懂，所以讲什么都严密周详，很多同学都说自己讲话啰唆。咨询师听后，建议男生观察小朋友如何说话，或者小区里老头老太如何说话。咨询师说，他们的谈话，若细细分析，都是漏洞百出的，但是无碍他们相互间的理解。生活谈话的要义是表达情感，而不是去表达思想观点。生活中很多谈话，如寒暄，本身并无意义，其意义在于联络情感。听后，男生触动，决意去观察他人的说话，改变自己的说话方式。

在心理咨询中，我们经常发现很多当事人羞于表达自己的真实情感，努力克制情感。他们常以轻描淡写的方式讲述发生在自己身上的事，但是他们的语气经常暴露他们心里的伤痕。

　　例如，一位女博士前来咨询，她说情绪抑郁，无力投入科研。咨询中，女博士坦言自己失恋了，但是处理得很好。于是，咨询师和她讨论了童年的经历、当前和父母的关系等问题。经过 5 次咨询以后，她进步很大，情绪好转，科研上也有进展。在第六次咨询中，女生又谈起自己的情感。谈论时，咨询师发现她在提到早期的男友时情绪很平和，好像是很久以前的事了，但她提到 6 个月前分手的前男友时充满情绪，历数他的无耻和愚蠢。咨询师说："你还爱着他。"女生停了下来，说："这是我最不愿意承认的，这让我觉得很恶心。"说完，她哭了。后面，咨询师和女博士深入地讨论了双方的情感，女生敞开心扉，诉说心中的委屈、思念和愤懑……在这里，女博士的语言说自己不再在意，但是她的语气出卖了自己。咨询师敏锐地捕捉到这一点，与她分享了自己的感觉，推进了咨询的深入。

　　与对环境中视觉信息的态度相似,咨询师也要对环境中的听觉信息保持敏感。在生活中,周围环境的声音信息经常对我们的思维产生影响,有时甚至令我们对久思不得的问题顿悟。在中国古代禅宗发展史上有大量这样的故事。

　　例如,著名禅师智闲跟随沩山灵佑禅师学禅,灵佑问智闲一个经典的禅学问题:"父母未生以前,你的本来面目是什么?"智闲茫然。后面,智闲陷入苦思,并翻遍了大藏经及禅宗祖师们所留下来的语录、公案之类书籍,仍然不得其解。终于有一天,智闲在田园除草时,他的锄头碰到石头,发出咯嗒一声。听闻此声,智闲瞬悟——他找到了属于自己的答案。

　　在心理咨询中,当事人和咨询师也经常陷入苦思。这个时候,我们经常需要搁置思考,关注咨询当下的环境声音。磨刀不误砍柴工。有时,短暂的休息就能给我们灵感,令我们产生新的思考。此外,在六维结构的同情维度提到,当事人走出小我的天地,有助于当事人心理困扰的解除。我们搁置讨论的问题,关注外面的世界,也是在咨询当下给当事人做生活的示范。《诗经》上说:"伐柯伐柯,其则不远。"大意为,我提着斧头上山要砍棵树做斧头把,要砍哪一棵呢? 我好糊涂呀,我手上的斧头把不就是标准吗! 比照着它砍不就行了吗? 咨询会谈亦如是。

　　例如,一名大学二年级男生与咨询师进行网络心理咨询。咨询中,男生说自己是抑郁症患者,目前在"情绪隔绝",表现为应该高兴的时候高兴不起来,在应该悲伤的时候悲伤不起来,很不开心,最后索性瘫倒在床上。谈话间,男生那端的电话里传来小鸟的叫声。咨询师说:"同学,你那边小鸟的叫声好美呀!"男生开心地说:"是的,我们小区环境很好。"咨询师说:"那你每天什么时候下去散步?"男生说:"我很久没有下去了。"咨询师说:"你这样是暴殄天物。监狱里最重的处罚是关禁闭。你在身体上把自己关在了房间里;在心理上,把自己关在了抑郁症里,你怎么会开心?你当走出去。"男生笑着说:"哎,是的呀。我谈完就下去走走。"临床发现,抑郁症患者的重要特征就是沉浸在自己的世界里咀嚼痛苦,但是痛苦是越咀嚼越痛苦。对于他们,走出内心世界很重要,但是很难。在这个个案里,如果咨询师忽视外面的鸟叫,不和同学讨论鸟叫,很难说能否会成功说服男生走出自我的世界，欣赏外面的风景。

关于倾听，庄子说了一段很有意思的话。庄子借孔子之口说："若一志，无听之以耳而听之以心；无听之以心而听之以气。听止于耳，心止于符。气也者，虚而待物者也。唯道集虚。"大意为，斋戒清心，即要排除成见，专一意念，不仅要用耳朵去听，更要用心去领悟；不仅要用心去领悟，更要用毫无个人成见的虚寂心态去应对万物。耳朵只能用来聆听，心只能用来感应万物。所谓"气"的状态，就是说以虚寂的心境去应对万物。大道就汇聚在虚寂的心境之中。虚寂的心境，就是我说的斋戒清心（张松辉，2011）。庄子的话对于心理咨询很有意义。**在咨询倾听中，我们的知识经验和急切心情都可能是理解当事人的敌人。它们常使我们简单地把当事人的倾诉归为某种类别，而忽略当事人的独特性，忽略某些重要的细节，忽略当事人是鲜活的生命，从而阻碍我们充分地理解当事人，也阻碍了当事人感受到来自咨询师的关心和温暖。为了准确理解当事人的思想情感，我们需要将自己的知识经验和强烈的助人愿望悬置起来，清空自我，静心聆听。**

（三）　锁定

锁定，就是和当事人确定拟解决的问题和期望达到的目标。当事人生活中常遇到很多不同的挑战，这些挑战的联合作用给他们制造了困扰。锁定要求咨询师找到当事人所面临的主要挑战，并排定各种挑战的先后次序，确定讨论的目标，进而在后面咨询中去一个一个地讨论，一个一个地克服，一个一个去达成。这样，咨询师可以更清楚地看到谈话的进展，而不是让谈话在天上飞。

在咨询实际中，有的当事人已经对自己的问题进行了思考和分类。例如，他们说："老师，我今天来想讨论两个问题：其一，我的生涯发展问题，我不知道自己以后该做什么工作……其二是情感问题，我期望自己有男朋友，但是我希望是柏拉图式的，不要有身体的接触……"这个时候，咨询师只需尊重当事人的分类即可。

但是，有时候，当事人在咨询之始只是知道自己要解决问题，但是不知道自己要解决什么问题。他们常以一个非常模糊的、复杂的故事开始。他们的思维非常跳跃、混沌，同时在几个议题之间穿梭。此时，我们就需要追踪并"拆分"这些叙事。我们可以尝试归纳凝练出若干个议题，提供给当事人确认。例如，我们可以对当事人说："同学，你刚才谈话涉及好几个议题，一个是寝室相处问题，一个是职业发展问题，一个是情感问题。对吗？"之后，当事人对其进行评论和修正，从而完成对问题的聚焦。

在完成了议题种类的划分后，接下来咨询师就需要和当事人确定各个议题讨论的优先顺序。咨询师心中对各个议题的优先顺序常有自己的想法，但这个时候咨询师要记住，他们的看法并不重要，重要的是当事人的看法。咨询师需要尊重当事人的看法，需要直接询问当事人：他们希望先讨论什么，然后讨论什么，再讨论什么。爱德华·泰伯和菲丝·霍姆斯·泰伯（2017）指出，当咨询师让当事人追求自己的兴趣，意识到什么对他们来说是最重要的事情时，咨询过程就会变得更加紧凑和富有效率。为什么？因为这样可以使当事人对咨询中的改变过程拥有更多的主动权，从而吸引他们在咨询中更加投入。

很多的咨询单单确定咨询的议题是不够的，我们还需要和当事人一起明晰咨询目标。休·卡利和蒂姆·邦德（2004）指出，所谓目标就是当事人想要获得什么成就，来改变当前令人不满的现状。如果说聚焦的表达是消极的、负面的，那么目标的表达就必须是积极的、正面的。目标代表着当事人希望得到的心理咨询的预期效果或结果，代表着努力的方向。咨询时没有目标，很容易误入歧途或迷失方向。目标使心理咨询双方都明确，哪些事情心理咨询可以解决，哪些事情心理咨询不能解决。很多时候，当事人不能成功把握生活，原因就在于他们不知道怎样树立一个积极的、可行的目标。这类目标可以帮助当事人对生活做出不同的反应。通过制定目标，他们不仅学会怎样安排生活，而且会了解他们的行为或思想可能要经历哪些变化。迪克逊和葛洛夫（1984）说：**一旦问题的解决者形成并选定一个目标，可能就会在活跃的记忆中复述目标并将之储存在长期记忆中。**这样编码后，目标就能指引问题解决者如何应对环境。

一个好的咨询目标需要符合以下要求（STAR 原则）：

- Specific（具体的），目标具体明确，不笼统，足以驱策行为，如和异性交流泰然自若；

- Time for completion（限时的），目标的实现具有明确的时间期限，如三个月内；
- Agreed（当事人同意的），目标是当事人自己确认想要的，咨询师不能想当然，不能自说自话；
- Realistic（具有现实可能性的），当事人拥有的资源足以支撑目标的实现，不能太高，如学习困难的学生不能将目标设为经过一个月的努力把成绩变为全班第一。

很多人来咨询人际关系问题或他人的心理问题，目标现实性意味着**目标要聚焦在当事人自己的改变上，不在别人的改变上**，不能指向别人的爱心增加、成绩提高、游戏少打、情绪稳定等。为什么？ 因为**自己只能对自己的情绪情感、态度行为负责**，别人的表现如何总带有一份自由和天意。正是在这个意义上，俗话说"改变自己是神，改变别人是神经病"。

在 STAR 原则中，我们需要特别注意 Agreed（当事人想要的）。当事人常有很多心理困扰，有些困扰是他们可以承受的，有些是他们难以承受的。当事人内心对咨询有期待，他们通常只期待咨询师帮助他们解决令他们难以承受的困扰。但是，他们常又不能明言。我们需要和他们明晰他们期待解决的困扰和期望达到的目标，否则，我们可能用力多，而收效微。因为我们没有朝着当事人的期望前进，我们朝着我们自己的期望前进，我们的力用错了方向。

例如，一名大学一年级女生来校心理咨询中心咨询。女生一进咨询室便抱怨她没能进入自己心仪的专业，而是被学校"非常不合理地"调剂到一个她完全没有感觉的专业。她很气愤。可是如果她要坚持申请进入自己心仪的专业，又要放弃很多提升自我的机会，如提前进入高水平实验室实习等。她左右为难。其次，她的功课压力很大，疲于奔命，无力学习自己喜欢的知识。她认为学校的课程设计很不合理，一些课程完全不必设置为必修课，"设置为选修课足矣"。最后，她担心她的未来，她的学积分因为课程的难度而不高，这非常影响她以后的出国留学申请。在这个个案里，咨询师一开始并没有咨询女生的意见，想当然地、一厢情愿地将讨论的重点放在了专业选择上，为此花费了很多时间。但是，女生的情绪依旧。这时，咨询师停了下来，询问女生咨询的目标。女生回答，希望自己的情绪平静一些。咨询师尊重了女生的选择，转而讨论情绪管理以及日常生活的安排。之后，女生的情绪平静下来，向咨询师反馈自己的收获很大。

目标代表着某种结果或变化，它帮助咨询师针对当事人的具体目标或结果，选择并评价各种可行的心理咨询干预。因此，当结果目标确定后，心理咨询双方都可以评价当事人的进展状况，以确定何时达到了目标，何时需要调整目标或咨询干预策略。在咨询实践中，我们经常会发现一些当事人喜欢贬抑自己取得的进步。这个时候，目标可帮助他们在其取得进步时清楚地看到进步。有时，咨询会谈愉快，但是咨询的进展近于无。在现实中，有太多的心理咨询拥有温暖的谈话但问题依旧。这个时候，目标可以提醒咨询师穷则思变，而不是自我沉迷，自我陶醉。

例如，一名女生，患抑郁症。女生向咨询师咨询多次，建立了很好的信任关系，两人每次谈话都很愉快。在一次咨询里，咨询师询问女生心理方面的进展，女生坦言自己一切如旧。咨询师很震惊，难以相信。但是，咨询师还是接受了下来，重新出发，请她介绍她的最新情况。女生说她最近突出的问题是空闲下来的时候便有罪恶感，不能安心看电视，不能安心和人聊天。咨询师决定就把这个问题的解决作为咨询的目标。为此，咨询师认真翻阅很多专业书籍，寻求问题的解答，后来在罗杰斯的著作里发现了相似的案例。于是，咨询师与女生讨论，是不是她在中学时代被妈妈逼得特别紧，稍微放松就会遭受妈妈的语言的或非语言的"教育"。这样女生即使在空闲时仍然放松不下来。女生肯定了咨询师的说法，并详述了过去的遭遇。自此之后，女生发生神奇改变，开始能安享闲暇时光，抑郁症也大大缓解。在这个个案里，如果咨询师沉迷于咨询会谈的愉快，而不检视咨询的目标，女生的改变可能一直都不会发生。

　　总之,咨询师在咨询之春致力于给当事人营造一种安全、温暖的氛围,帮助他们缓解焦虑,和他们建立初步的信任。在咨询之春,咨询双方的信任非常薄弱,咨询师一定要沉住气,控制改变当事人的冲动。换句话说,咨询师不要贸然对当事人进行干预,不要贸然表达自己对问题的看法。咨询师要做的是倾听、观察和锁定,洞察形势的发展,为后续的工作打好基础。

二、咨询之夏

- 咨询之夏就是咨询会谈的中间阶段。
- 在咨询之夏,咨询师需要比较全面地了解咨询对象的生活状况,探索他们的内心世界,帮助其宣泄情绪,再启发他们多角度看待自己的问题以获得洞见。

　　夏天是忙碌的季节。《内经·素问》说:"夏三月。此谓蕃秀,天地气交,万物华实。"大意为夏季的三个月是自然界万物繁茂秀美的时令。此时,天地之气相交,植物开花结实,长势旺盛(谢华,2000)。

　　咨询师的发力阶段就是咨询之夏。此时咨询双方思想交汇,甚至激烈碰撞。在交汇中,咨询双方的信任加强,当事人对自己的理解加深,对问题解决的希望增强。但是整个过程绝非一帆风顺。实际上,咨询师将不断经受挫折与考验,而当事人同样在经历一种煎熬——他们经常处于困惑之中:他们常感觉咨询师不能理解自己,他们不明白咨询师为什么要东拉西扯,去讨论一些不着边际的问题? 咨询师要把自己带到哪里,自己何时才能得到问题解决的药方? 怎么办?

(一) 调查

　　调查系指咨询师主动了解询问当事人身上发生的故事及其细节。在咨询之春，当事人想让咨询师明白自己身上发生了什么，但是他们并不知道咨询师是否已经明白，他们也不知道咨询师还需要知道些什么。实际上，当事人给咨询师描绘的是一个非常朦胧、非常残缺的图画。咨询师的心中有太多的疑惑。咨询师想知道更多细节，因为只有知道更多细节，咨询师觉得自己才能更深刻地理解当事人，才能发现问题的解决之道。例如，对于咨询失眠的同学，他们可能只是简单地说：自己睡不着，很难受，想睡着。这个时候我们需要知道他们通常是几点上床的，上床前做了什么，睡不着时又在想些什么，做些什么。再如，对于咨询失恋的同学，他们可能只是简单地说：自己失恋了，很痛苦，想走出痛苦。这个时候我们需要知道他们失恋多久了，对方是什么情况，两人是怎么认识的，两人交往中有哪些不愉快，是谁主动提出分手的，给出的理由又是什么。

　　有时，咨询还需要了解当事人问题发生的更广泛背景。**生活是一个有机的整体，对广泛背景的了解，就是引导当事人关注他们的生活。**在实践中，我们可以主动了解他们的成长经历、学习状况、工作状况、情感状况、人际关系、个性特征等。例如，一个学生咨询失眠问题，我们不妨问问他白天的生活、白天的忧虑、学业表现等；一个学生说自己的学习状况不佳，我们不妨问问她的情感状况；一个学生咨询生命的意义，我们不妨问问他的学习状况、和同学的关系、和父母的关系和过去的梦想等。当事人来咨询的问题必然影响到他们生活的其他方面，而他们生活的其他方面也影响着他们来咨询的问题。了解当事人的生活背景，将当前的问题置于他们的生活背景中，有助于我们更深刻地理解当事人的问题，发现问题解决的线索。否则，我们可能犯下"头痛医头，脚痛医脚"的错误。

　　调查需要高度重视具体化技术。具体化在心理咨询中是指要找出事物的特殊性和事物的具体细节，使重要的、具体的事实及情感得以澄清（钱铭怡，1994）。具体化要求咨询师一方面要澄清具体的事实，另一方面要理清当事人所说词汇的确切含义。**没有具体化技术，咨询会谈经常会陷入空洞化、玄虚化、泡沫化，看似深刻生动，实则隔靴搔痒，对当事人的帮助极小。**很多时候，虽然咨询会谈进行了很多次，咨询师还是没有真正理解当事人。

　　例如，某校咨询中心的一名咨询师对一名遭遇人际困扰的研究生进行帮助。咨询师自我报告在咨询中采用了"资源取向"的咨询方法。四次咨询之后，人际关系的讨论结束，咨询师准备结束咨询。这时，咨询师发现该生发给母亲的短信里蕴含有很多情绪宣泄，完全超出了正常范畴。于是，咨询师将情况上报给咨询中心主任。随后，咨询中心主任与学院分管学生工作的老师进行了联系。学生工作老师告诉咨询中心主任，该生过去表现很好，成绩优秀、活泼开朗，乐于助人，也谈了一个男朋友。两三个月前，两人分手，女生情绪变得很糟，和同宿舍的多名室友也产生了矛盾冲突。为此，几名室友还联合起来给校领导写信，要求女生调换寝室。当咨询中心主任和咨询师交流这些情况的时候，咨询师一无所知。设想一下，如果咨询师在咨询中很好地使用了具体化技术，情况或许有所不同。

（二） 探索

探索，意指咨询师和当事人一起觉察、体验当事人内心的思想和情感。如果说调查是了解当事人的客观世界，那么探索就是了解他们的主观世界。**每个当事人的内心都是一个世界，它们渴望被倾听、被见证、被理解、被接纳。但是，由于害怕被伤害、被羞辱、被评论、被指责，或者说出于保护自己的需要，当事人常封锁自己的内心，压抑掩饰自己的思维和情感，以至于有时候自己对这些思维和情感也不甚了解。很多当事人的痛苦由此产生。** 作为一种基本的处理，心理咨询需要帮助当事人敞开心扉，倾听、理解和接纳自己被压抑的思维和情感，让它们流动起来。有时，只要流动起来了，当事人就释怀了。有时，纵使流动起来后当事人没有释怀，心理咨询也可在后续工作中有的放矢、对症下药，加工它们，处理它们，为改变创造机会。探索包括四项技术：

▶ 情感反映

情感反映就是咨询师采用新的词语来表达当事人的情感，不管是明确说出来的，还是他们言语间不自觉地流露出的（劳伦斯·布拉默和金格尔·麦克唐纳，2003）。情感反映聚焦于情感，而不是内容，这可帮助当事人将心中混沌朦胧的情感变得清晰。对于咨询师来说，情感反映是一种直接的感觉体验，我们不能保证它们正确与否，但是当事人会告诉我们是否正确。有时，当事人的表情甚至会迅速告诉我们答案。例如，有时当事人在诉说自己的境况时，很忧伤，会不自觉地眼圈发红。我们可以问当事人是否想哭，当事人若说"是的"，这就表示咨询师对当事人情感反映正确。有时我们错了，这时当事人会纠正我们。在纠正中，我们理解了他们，他们也理解了自己。

　　情感反映只重述或反映咨询师所听到的信息，不做探究、解释或猜测（克拉拉・克拉希尔，2002）。情感从根本上说，是非常个人化的。任何试图反映当事人情感的做法都会促进人际的亲密互动。有些当事人对于咨询关系中的这种亲密感并不喜欢或没有做好准备，所以对情感反映会做出疏远和沉默的反应。有些当事人会直接拒绝承认自己的情感。在建立咨询关系的初级阶段，尝试使用非指导性反映能够最大程度上减少情感反映可能带来的消极反应（克拉拉・克拉希尔，2002）。在给出情感反映的时候，咨询师应付出最大努力来保证情感的内容与强度的准确性。如果对感受并不能确定，恰当的做法是给出一个以尝试性方式方法表达的反映。然后，欢迎当事人纠正。

　　要做出情感反映，咨询师需要像当事人一样努力，所以情感反映可以很好地体现咨询师在咨询中的投入程度。从当事人的角度看，他们心中有太多矛盾的情感，有太多自己都不愿承认、不愿接受的情感。很多人很难将自己内心最深层、最隐秘的想法和情感用语言表达出来。从咨询师的角度看，要准确无误地觉察和表达另一个人的感受，是一件相当困难的事情。虽然我们永远不能真正理解另一个人，但是作为咨询师，我们可以努力去超越我们的知觉，把我们自己融入当事人的经验中，与之共情。

▶ 情感证实

　　情感证实指咨询师承认并认可当事人明确表达的情感（约翰・弗拉勒根和丽塔・弗拉勒根，2009）。**情感证实有很多方式，但给予的基本是同样的信息："你的感受是正常的，合理的，你有权这样感受。"**情感证实的目的是帮助当事人把自己的情感作为人类经验自然和正常的一部分接受下来。情感证实帮助当事人解除心理束缚，让其感觉自己不再是一个异类，不再不正常，而过去他们对此深感怀疑。

现实生活中，人们经常怀疑自己情感的正当性。因为怀疑，所以他们压抑自己的情感，期望自己没有那种情感，期望自己可以杀死那种情感。但是，这些情感顽强地生存，这让他们觉得自己邪恶、卑鄙、可耻和不可救药。例如，有人期望自己患重病的至亲尽早离世，有人对性侵自己的人产生爱慕，有人不再爱对自己有重恩的人，这给他们很大的心理压力。一旦他们被情感证实，他们肯定了自己情感的正当性，他们常解脱。

咨询师可以用多种方式来提供情感证实。咨询师可以从人文社科知识中搜寻材料支持当事人情感，例如可以和因期望自己患重病的至亲尽早离世而心怀愧疚的当事人谈"久病床前无孝子"，可以和因对性侵自己的人产生爱慕而羞耻的人介绍支持这种现象的心理学理论，可以和那些不再爱对自己有重恩的人讨论恩情与爱情的区别。当然，咨询师也可以使用自己的经历、自己的切身体会，来提供情感证实。

▶ 重述

所谓重述，就是咨询师在倾听了当事人的诉说后，对他们话语中表达的思想进行复述或转述（克拉拉·克拉希尔，2005）。烦恼之时，一个人思考是很难把问题想清楚的——思路很容易被阻断或卡住；也可能没有足够的时间和精力把问题彻底弄清楚；还可能使行为合理化，或者干脆放弃努力和尝试。如果有另外一个人倾听，就像镜子一样把当事人说的反映给他们看，这就为当事人提供了一个了解自己在想什么的宝贵机会。如果当事人经常感到困惑，陷入难以承受的痛苦，准确的重述会让他们知道自己的问题在别人听起来是什么样的（克拉拉·克拉希尔，2005）。重要的是当事人能够听到别人对他们说过的话的反馈。这样，当事人便可以对自己的想法做评估，把忘记谈的内容补充进去，并且可以去思考自己是否真的坚信自己所说的，从而对事情进行更深入的思考。

重述是用较少或者另外的词语来重复当事人的重要看法，来澄清那些当事人难以表达的看法。一些当事人找不到词语来简明扼要地表达自己的观点，这时重述就是一种向当事人提供词语来进行自我表述的技巧。有些时候，它有助于重复当事人的话语，强调其中的一个关键词。重述需要咨询师对当事人的每一句新的表述都敏锐关注，对言语的意义持续地产生假设。于是咨询师将自己对语义的最佳猜测反馈给当事人，常常添加了已明确表达的内容(米勒和罗尔尼可,1991)。

毫无疑问,当事人可能否定咨询师对当事人思想的理解。与对当事人情感探索的方法类似,面对当事人的否认,咨询师可以请当事人解释,这样当事人便有机会更透彻地表达自己内心的想法,令咨询师更加深刻地理解他们。面对当事人的否认,咨询师也可以陈述自己判断的理由,即告诉当事人为什么自己对当事人的思想产生那样的印象。有时候,当事人的否定,只是因为他们想掩饰自己的想法,咨询师的补充说明将推动他们直视自己的内心,促进他们诉说内心深处的真实想法。咨询师对解读进行温和的说明,可以帮助当事人反思说话方式和行为方式,从而推进咨询的进展。

▶ 探索会谈焦虑

当事人在咨询会谈中常含焦虑。当事人在咨询会谈时不是对着一块白板说话,而是在对一个大活人说话,他们对这个大活人有很多担心也有很多期待。他们在和这个大活人说话的时候有很多内心戏。有时,他们害怕这个大活人看不起自己,所以强装自己理性和坚强或刻意隐瞒一些这个大活人可能不接受的情绪情感;有时,他们期待这个大活人的夸奖、鼓励,所以竭力讨好大活人,关心大活人,而将自己的需求遗忘;有时,他们期待这个大活人的同情或退却,所以不自觉地夸大自己问题的严重性。当事人在诉说时的这些担心与期待以及随之形成的焦虑构成了当事人诉说的背景。为了推进咨询的深入,咨询师可以和当事人探索、讨论这些担心与期待以及随之形成的焦虑。

在和当事人讨论咨询会谈中的焦虑时,咨询师可以这样询问当事人:"在和我说这件事的时候,就在此时此刻,你有什么感觉,什么情绪,什么想法?"一些当事人可能回答:"我很紧张""我很担心""我很沮丧"等。咨询师也可以邀请当事人和自己一起探索这些焦虑。爱德华·泰伯和菲丝·霍姆斯·泰伯(2017)非常注重探索当事人内含的焦虑,在其推荐的一次咨询对话里,咨询师感觉当事人在诉说中有某种东西令当事人感觉不舒服,便询问当事人觉得那可能是什么。当事人回答说自己不太清楚。咨询师便邀请其做填字练习,即请当事人说"现在,我担心——"的时候脑海里出现了什么?当事人回答:"你(指咨询师)在生气。我觉得我在担心我会让你生气,或者对我感到失望。"咨询师就这样帮助当事人向内聚焦自己的情绪,并对之进行深入探索,从而帮助他们接近问题的源头。

一些当事人可能对咨询师的邀请感到犹豫,但许多当事人会欣然接受,他们会与咨询师一起探索自己的焦虑。许多当事人在经过进一步的探索后会发现焦虑背后的是悲伤、失落、羞耻或痛苦的情绪。另一方面,当事人会触及与这些情绪相伴的、深藏于心的想法,如对自己的错误观念和对他人的错误期待等,这些错误的观念和期待会进一步引发当事人的焦虑等情绪。尽管很多当事人认为咨询聚焦在此时此地的情绪上是有帮助的,但有时这会激发当事人的焦虑和恐惧,甚至引发阻抗。当当事人的阻抗发生时,咨询师需要对它们做出回应,探索为何这个引起焦虑的话题让他们感到威胁或不安。这样体现了咨询师对当事人自主性的尊重,增强了他们的主动性,让他们感觉更有力量,从而促进当事人的改变(爱德华·泰伯和菲丝·霍姆斯·泰伯,2017)。

需要指出的是,探索是步步深入的,它绝不可能一蹴而就。**我们常在不断的努力中,常在刹那间,对当事人多一些了解。**一方面,这是因为当事人可能自己也不清楚自己的问题是什么,即使他们清楚,可能还需要对咨询师足够信任后,才会敞开心扉诉说。另一方面,可能随着探索的逐步深入,他们才深入理解自己的问题,或者才意识到在他们的困扰下还掩藏着的深层问题。因此,在这个过程中,咨询师不可避免地面对一定程度的困惑、不确定性及"不可知性"。但这并不意味着我们可以进行随意的、无焦点的漫谈,相反,要抱有这样一种信念:问题的解决有多种可能,并非只有一种方法,两人的共同探索有助于当事人发现问题蕴含的意义,进而发现问题的解决之道(克拉拉·克拉希尔,2005)。

例如,一名女研究生,身患抑郁症,在经过历时一年的咨询后康复。一天,女生给咨询师发邮件说她已从抑郁症中康复,性格也越来越好,感谢老师帮助她除去了原生家庭的枷锁,不过她心里还有一个结没解开,恳请老师帮忙。

于是,咨询师和女生相约面谈。谈话中,女生告诉咨询师,自己经历了一次手术,手术进行了全身麻醉。醒后,护士告诉她,她昏迷中一直在喊一个人的名字，护士以为那是她的前男友。其实不是，那人是女生的高中同学，两人曾经有一段青涩恋情。后来，因为自己害怕恋爱影响学习，主动分手。男生很痛苦，多次挽留，无果，转而向自己的闺蜜表白。女生愤怒，对外宣称是男生"劈腿"后自己才分手的，男生未做任何澄清、辩解。多年以来，她一直内心愧疚（咨询师对此的回应是"那是生活的压力，青春的代价"）。八年来，女生心中依然爱着男生，不时思念。后面谈的几个男友，都和男生有几分相似（咨询师对此的回应是"他们是赝品"，女生说那是"仿制品"）。长期以来，她一直不敢正视这些，现在她的力量回归了，觉得需要解决这个问题了，觉得"过去的抑郁症也是一种报应"。

　　咨询师静静地倾听，温和地回应。后面，女生决定给男生写邮件，向男生道歉，向过去道别。在这个个案里，咨询师只是进行情感的探索，不曾进行任何的引导，但却成功帮助女生走出过去的阴影。在这里，女生内心的情感一直在那里，但是她没向咨询师诉说，而是在自己生活步入正轨，力量恢复以后才决定去面对、去讨论、去解决。

（三）启示

　　启示就是咨询师用新的思维观念去冲击当事人的思维和情感，帮助当事人获得领悟的过程。在咨询中，咨询师在启示中将运用多种咨询策略，去帮助、刺激当事人检视自己的思维、判断、情感和行为，进而更新个人的认识。当事人的思维、判断、情感和行为常带有局限性。从某种意义上说，正是这种局限性令其沉陷在困扰中。启示的目标就是使当事人构建建设性的视角来看待问题，让其以一种更为自主和有利于问题解决的方式来看待自己及其问题。在新的视角下，当事人重燃希望，发现了自己改变的可能性。

　　启示贵在"新"，但"新"是相对"旧"而言的。为了保证"新"，咨询师常需要去了解"旧"是什么。也就是说，咨询师需要去了解、倾听当事人自己对整个事件的理解：他们自己认为问题的症结出在哪里？他们自己做了哪些分析？他们对自己做了哪些劝慰？他们的亲友对事情做了哪些分析？他们的亲友对他们做了哪些劝慰？然后，咨询师再去另辟蹊径。否则，咨询师努力思考，奉献观点，但是奉献出来的观点和当事人或者他们亲友的观点大同小异。这些观点过去没有发挥作用，现在也不会发生作用，它们对当事人没有启示意义。

在启示阶段，咨询师透过新的视角，发现当事人的思维漏洞，纠正当事人的认知偏差，发现解决问题的希望。这要求咨询师须在有限的时间里找到、锚定当事人持有的一个或两个对生活具有破坏性的核心观念或情感，然后多角度攻打它们，摧毁它们，削弱它们。这些破坏性观念、情感，常见的有"我很差""我没有未来""我恨他""我怕他""他们不会喜欢真实的我""他们自私"等。一旦当事人的这些破坏性观念与情感松动乃至瓦解，当事人的心理困扰即缓解，乃至解除。

这些破坏性的核心观念或情感的发现方法多种多样。有的当事人具有很强的内省力，他们会直告咨询师自己心中的破坏性核心观念或情感，请求咨询师帮助自己克服它们。他们知道一旦咨询师帮助自己克服了它们，自己的烦恼也就解除了。这时，咨询师只要接受当事人的思考即可。有时当事人会有意无意地掩藏或者不能觉知自己心中的破坏性观念或情感。这个时候就需要咨询师开动"机器"把它们挖掘出来，并总结提炼出一种精炼的表达。需要注意的是，无论我们多么睿智，我们都可能挖掘错误，都可能判断错误。怎么办？我们需要当事人充当向导，充当裁决人。我们需要请他们检验核对我们的观点。我们需要他们的明确认可！我们不可以默认他们同意我们的观点！任何试图跨过当事人认可的行为都是一种想当然，都是一种对咨询师话语权的滥用，都是一种致命的自负，都可能碰壁甚至是遭遇彻底的、完全的失败。启示常涉及下列技术：

> ### ▶ 挑战

挑战是一种回应，邀请当事人直面他们所逃避的事实，包括他们深藏内心的思想、情感、欲望和动机等。逃避常通过当事人身上呈现出来的一系列矛盾体现出来。挑战向当事人揭示这些矛盾，促使当事人直面它们，这使得一些长期积压于当事人心中的思想、情感、欲望和动机暴露在阳光之下。而一旦它们暴露在阳光之下，它们的威力即减小，当事人即可着手消化、处理它们。很多当事人就此开启了改变的旅程。在咨询中，我们经常发现当事人呈现以下矛盾：

（1）语言表达的前后不一致。例如，一名女研究生，自述曾有一份感情，后面两人友好分开。现在小伙也找到了新的女朋友，而自己尚在单身。但是，女生在诉说整个事情的时候，女生依然称小伙为男朋友，而不是前男友或前任。

（2）言语信息与非言语信息的不一致。例如，一名男研究生，自述一切进展顺利，和导师、同学关系都很好，实验室研究很顺利，自己还找到了一个国际知名公司的实习机会。可是，男生在讲述时，神情严肃，目光低垂，语气低沉，没有体现出任何的兴奋。

（3）口头报告与客观事实的不一致。例如，一名男大学生，自称语言表达能力差，讲话乏味。可是在与咨询师交谈中，男生表达非常清晰，甚至带有一些幽默的味道。

（4）主观愿望和客观规律的不一致。例如，一名大学生希望人生一切尽在掌握中。他认为人生不能出任何的差错，一点点差错都会对自己的人生产生难以挽回的损失。他将这个道理称为"巴菲特的雪球理论"——高山上两个雪球，一开始大小差不多，但当它们从山上往下滚的时候，两者的差距会越来越大。到了山下，两个雪球，天差地别！可是人生不可能没有差错，任何的成功都不可能一帆风顺，我们需要输得起。

（5）理性和情感的不一致。例如，一名女生在理性上知道要对日渐老去的父母多些关心与照顾，但在情感上又很排斥和父母交流，拒绝来自父母的身体靠近与接触。

（6）两种行为之间的不一致。例如，一名同学，花费大量时间打游戏，但在打游戏时又心不在焉。

（7）言语与行为之间的不一致。例如，有的同学，口头上说要好好学习，但是把时间都用在打游戏上了。

（8）对人和对己标准的不一致。例如，有的同学对他人苛刻粗暴，但是期望别人对自己温和包容。

存在的即是合理的。当事人身上的不一致亦具有积极的意义。克拉克（1991）指出，当事人的防御可能是长期陪伴他们的朋友，这些防御长期以来帮助当事人承受压力和生活的痛苦(伊丽莎白·韦尔夫特和路易斯·帕特森,2005)。它们如铠甲,保护他们的尊严,伴随他们走过生命的冬季。但是,那铠甲也拖延了问题的解决,沉迷于自我欺骗制约了他们的发展,最终使得他们平添痛苦。

　　挑战使得当事人卸去铠甲,这常让当事人感到不舒服,甚至是羞辱。如果说探索致力于帮助当事人认识自己荒诞思想与情感的合理性,那么挑战就是致力于帮助他们发现合理中的荒诞。这意味着,他们要放弃他们原有的看待自己、问题和人生的习惯方式。面对可能的改变,他们常感到惶恐,因为他们太长的时间生活在这些观念里,他们需要这些观点来架构自己的生活,哪怕那种生活饱含痛苦。他们需要时间去消化、吸收新的观点。他们需要积攒勇气。这个时候,对咨询师的信任便成为他们的力量支撑。也就是说,鉴于咨询师在咨询中的表现,当事人已经认为咨询师是"为他们好的",是包容的、称职的、可信赖的。他们因为信任,所以去承受、去采信、去担当。缘此,挑战的时候,我们要牢记以下原则:

　　(1) 友好包容。我们每一个人都是矛盾的统一体,我们经常是既高尚又猥琐,既善良又邪恶,既勇敢又怯懦,既坚强又脆弱。我们是神性和兽性的结合。这意味着我们和我们的当事人身上都注定存在着众多的不一致和非理性,我们并不"优于"当事人。不过,由于我们经常聚焦他人身上,所以我们可以轻松地看出他人的不一致和非理性,而难以察觉自己身上的同样特色。有鉴于此,面对当事人,我们需要时刻保持谦逊和体谅。**我们指出当事人的不足,只是为了当事人改变,而不是炫耀自己的高明。**

　　(2) 小心试探。在挑战的时候,我们要认真考虑当事人是否能承受我们的挑战。有时当事人是非常脆弱,很容易受到伤害的。如果我们感觉他们不会接受我们的挑战,我们就不要去挑战,因为每个人都有保持内心执着的权利。强行挑战会给当事人带来新的伤害。有时候,仅仅聆听他或她的故事就足够了。如果硬要推动他们发生变化,反而会阻碍他们的发展。生活中总会有不能解决的矛盾,我们需要接受它们的存在,并学会与之共舞。

　　(3) 具体明确。只有具体明确的挑战,才能迫使当事人直面自己的内心,发现自己思维的盲点与失误。模糊不清的挑战只会让当事人感觉一团雾水,发现不了自己的盲点与失误。再者,当事人经常逃避自己的内心,逃避问题的真相，对挑战有一种本能的抵制。**模糊不清的挑战，很容易被当事人轻松击溃，强化他们的固有思维。**因此，作为咨询师，我们要具体明确地阐述我们所注意到的事情和我们的看法，让当事人无可逃遁。

（4）鼓励自我挑战。虽然当事人大声表达着某种荒诞的思想或情感，但是他们的内心永远有一种微弱的声音在反对自己。**人心，永远是多种力量角逐的舞台——人心中的各种欲望、情感、观点在这里鏖战。**在这个意义上，当事人的大声表达，只不过是在说服自己接受那些说出来的思想或情感，打压内心那些反对的声音。这个时候，咨询师可以鼓励当事人自我挑战，问当事人：他们内心还有哪些相反的欲望、相反的思想、相反的情感，请当事人说出它们，为它们作证。例如，有的同学说自己很恨一个人，这个时候，我们不妨问问他对对方还有哪些爱，对对方还有哪些幻想。这样，当事人可以更加直面内心的情感，更深刻地理解自己。有时，简单的一句话，如"你信你自己说的话吗？""你想问题解决吗？"也可帮助当事人发起自我挑战。

▶ **解释**

启示常涉及对问题的解释。解释是指引入新的参照框架来审视当事人自觉怪诞的思想、情绪和行为，使当事人对自己的问题产生新的认识。克拉克（1990）指出，解释是一种有价值的咨询干预，因为它能够加强当事人的安全感和控制力（伊丽莎白·韦尔夫特和路易斯·帕特森，2005）。**解释为当事人感到困惑的和无法抵抗的复杂体验提供了一个名字。很多时候，当当事人接受、认同这个名字，他们即感觉豁然开朗，烦恼亦烟消云散。**在《西游记》中，孙悟空降妖做的首要工作经常就是确定妖精是什么动物变的。一旦弄清妖怪是什么变的，接下来的事情就变得简单了——请相关神仙即可。咨询亦如是。

关于解释，《易经》也有一卦对此进行专门讨论，这就是《解卦》。《解卦》云："雷雨作，解。君子以赦过宥罪。"大意为雷雨并作，化育万物，是解的卦象。君子观此卦象，从而赦免过失，宽宥罪人。这提醒我们在解释的时候要注意以下三点：

（1）解释要能给予当事人希望。在前面的章节，我们讨论过，**心理咨询的本义就是帮助的当事人走出烦恼，而不是发现客观真理。解释要给人希望，让当事人相信自己有机会走出烦恼，变成更好的人。**解释是可以帮助当事人减轻心理压力，但是并不必然地纾解人的心理压力，如果解释掌握不好,也可能令当事人绝望和恐惧,从而增加当事人心理负担。这在心理咨询实践中屡见不鲜。一些咨询师信口开河,将当事人的心理困扰简单地归结于当事人性格缺陷(如软弱)、道德水准不高(如自私)、父母教育(如母亲粗暴)等,便极易让当事人产生羞耻感、无助感。

(2) 解释要能帮助当事人赦免自己。在解释的环节,当事人经常会发现自己过去行为的不当,如没有好好努力,没有好好对待父母,没有好好对待同学,从而陷入后悔、自责之中,这在无形中增加了当事人的心理痛苦。这个时候,咨询师需要运用解释策略帮助他们赦免自己。在六维结构中有很多技术可以运用,如拒绝自我否定策略,借鉴目标参照的生活理念等。有时,只是简单的劝慰即可起效。对于一些当事人,可以和他们讨论"人非圣贤,孰能无过"——亦即**人人都会犯错,差异只是不同的人犯不同的错,不同的人在不同的时间犯错,有的人的错暴露而有的人的错没有暴露而已**。有时这个讨论还不足以令其释怀,这时可以和他们讨论"放下屠刀,立地成佛"和"浪子回头金不换"的道理,鼓励他们将力量投注到创造新生活上,努力弥补过去的遗憾,变成更好的自己。

(3) 解释要能帮助当事人宽恕他人。在和当事人分析讨论的时候,当事人很容易想起他们曾经遭受的不公正,例如父母对他们的忽视,同学对他们的欺凌等。这会激起当事人对他人的怨恨。而怨恨是执着的一种经典表现形式。如果不解决,常制造新的痛苦。当事人沉溺于对他人的怨恨之中,实际上是拿他人的错误惩罚自己,于事无补,徒增烦恼。所以,咨询师在解释时需要把握用词、语音和语调,减少当事人怨恨的可能。当当事人怨恨生起的时候,咨询师可运用六维结构中的技术(如空椅子)来帮助当事人表达内心的愤怒,化解内心的愤怒。此外,**咨询师可以向他们问两个问题:其一,我愿意对我的人生负责吗? 其二,我现在能做些什么? 这两个问题可以提醒他们重要的是创造美好的生活,而不是和过去过不去。**

解释,从某种意义上说,就是要帮助当事人从自己或他人认知、情感和行为的荒诞中发现它们的合理性。荒诞让当事人感到困惑、愤怒、羞耻和自责,而合理让他们释然,让他们感受到信心与希望。一个问题,总可以进行很多解读,但绝不可以增加当事人的心理负担。心理咨询中,**解释是一种游**

戏,它只是将当事人讲述的若干事件、心路历程以及当前状态等串在一起,形成一个逻辑锁链。这条锁链根本无力串起当事人所有的经历、思想、情感和行为。因此,在心理咨询中,咨询师尽可做或朴素、或华丽、或科学、或玄妙的解释,但有时一句乡村俚语也价值连城。所有这些均无足轻重,**解释的精妙永远在让当事人改变**。

> 例如,一个女生,成绩很好,活泼大方,常能过五关斩六将,去很好的公司实习。但是,她进入实习公司以后,工作很敷衍,没多久就打起退堂鼓,从公司辞职。她很苦恼,不知道自己怎么了。说的时候,女生潸然泪下。咨询师也很奇怪,就询问了女生的童年经历,试图从中找到问题的答案。女生说自己的童年很幸福——父母关系很好,对自己的教育也很宽松。咨询师有些失望,于是询问女生的学习情况。女生说自己学习很投入,可以连续学习很长时间,很少敷衍。咨询师接着询问实习和学习的不同。女生回答说,学习可以充实自己、提高自己,所学的知识可以跟自己一辈子。但是,实习不一样,自己和实习单位的关系是短暂的,自己无须承担那么多的责任。在这里,女生对自己的行为做出了解释。咨询师采纳了这一解释,将其反馈给女生。女生听后很开心,表示自己现在要好好学习,以后正式工作了,再努力奋斗,在工作中打拼,在工作中提高。在这个个案里,女生的行为显然可以做出多种深刻解释,咨询师的解释非常浅显朴素,但是很好地帮助了当事人。

▶ 即时性

即时性(immediacy)就是咨询师向当事人即时反馈自己对于咨询互动的感受,然后与其讨论这些感受。这种讨论,可以为当事人提供在生活中很难得到的他人关于自己人际交流风格的直接反馈,促使他们审视自己的内心情感,纠正自己关于人际交往的认知偏差和行为偏差。

很多当事人去心理咨询就是因为他们在日常生活中与人交往出现了问题,并为此烦恼。帕特森(1974)强调,即时性很重要,因为当事人在咨询关系中的行为表现再现了他们在其他人际关系中的表现(伊丽莎白·韦尔夫特和路易斯·帕特森,2005)。例如,如果当事人在咨询关系中表现强势,那么他们在与人的日常交往中可能也很强势；如果当事人在咨询关系中表现退缩怯懦，那么他们在与人的日常交往中可能也退缩怯懦。咨询师帮助当事人在咨询关系中认识、理解和改进自己的行为表现，当事人就可能会理解自己在日常交往中的行为表现，进而进行改善。

即时性也直接展示了咨询师的真诚与勇敢，为当事人树立了榜样。 在咨询陷入困顿时，一些当事人虽然对咨询心怀不满，但是出于对咨询师的尊重、畏惧或不信任等原因，没有表达出来。他们没有表达，咨询师就没有得到反馈，于是咨询继续沉沦在无效的讨论里。如果咨询师运用即时性技术直接袒露自己对咨询会谈的观感，这常推动当事人直接袒露自己对咨询会谈的观感。双方的信任与理解，由此加深。

咨询师在什么时候用即时性技术呢？休·卡利和蒂姆·邦德（2004）指出，当咨询发生以下情况的时候，即可考虑使用即时性技术：

- 当当事人对咨询师发生信任危机时。此时，当事人或认为咨询师不值得信任，或害怕与咨询师建立信任亲密的关系。
- 当当事人兜圈子的时候。此时，当事人谈话东拉西扯、原地踏步，咨询师感到迷糊、困惑。
- 当咨询出现边界问题的时候。此时，当事人想把咨询关系发展成一段友谊关系、亲情关系甚至恋情关系。当发现这种情况可能会发生的苗头时，咨询师就需要和当事人直面这些问题，重申双方关系的边界及其维持这种边界的意义。
- 当咨询陷入"僵局"的时候。此时，咨询师和当事人都感觉无助，看不到问题解决的希望。

休·卡利和蒂姆·邦德（2004）进一步指出，咨询师在运用即时性技术的时候需要坚持以下方针：

- 要果断。咨询师直接说出自己的想法、感受以及观察到的现象，不要躲躲藏藏。
- 要开放。咨询师要检视自己的咨询行为，而不只是向当事人指出当事人无益于咨询的行为。如果咨询师和当事人逐渐形成了以下关系模式——比如说，躲避模式、故意捣乱模式、只寻求舒适而不愿面对痛苦的模式,那么咨询师要意识到可能自己也有问题。也就是说,咨询师要去反思自己究竟做了什么造成了现在的局面,并和当事人进行开诚布公的交流。

● 要明确。咨询师要向当事人明确具体地表达自己对咨询互动的看法,阐述自己认为当前发生了什么事情、注意到当事人在做什么,以及咨询师自己又在做什么。

咨询中,即时性常可扭转乾坤。

例如,一位男研究生,一生气就向同宿舍多位同学口出狂言,歇斯底里。寝室同学感到非常恐惧,他们一方面向老师做了汇报,一方面迅速搬出宿舍,住进实验室和校宾馆。之后,学校安排咨询师与辅导员一起和男生见面谈话。

谈话中,咨询师询问男生是否和同学有些矛盾。男生非常愤怒,说自己和室友关系很好,如果有人说他和室友有矛盾,他愿意去"对质"。咨询师说同学愤怒了,男生矢口否认。咨询师无意去激怒男生,于是向男生表达了歉意,转而问一些无关痛痒的问题,如寝室里床的布置。在男生情绪平复之后,咨询师再次将话题转向寝室关系,男生再次愤怒。这一次,咨询师变化策略,说道:"抱歉,我又误会你了。可是,请看你的姿势——你怒目圆睁,声音很大,腿在发抖(咨询师一边说一边模仿男生的样子)。如果你看到别人这样,你可能也会这么想。我是误会你了,可是我是平常人,误会是我的权利。我误会你了,你是不是自己也有一些原因,引起了我的误会。"男生安静了。后面,咨询师和男生谈起了情绪的管理,鼓励男生管理好自己的情绪,向他人准确表达自己的情绪情感,男生平静很多。

后来,咨询师又和男生谈了一次。在谈话中,男生告诉咨询师,自己来自偏远的农村,家境贫寒,父母对自己非常宠爱,很多决定都替自己做了。现在一人来到大都市,经济困难,很多事做不好也不知道怎么做,感受到来自同学的很多歧视,自己很无助,很愤怒。他恨同学瞧不起自己,恨父亲没有培养自己的独立性……咨询师静静地聆听,温柔地安慰。男生笑了,他做出了一个决定——向他伤害过的室友一一道歉。四年之后,男生顺利毕业,离开学校。

在这个个案里,咨询师及时地向男生使用了即时性技术,虽遭男生拒绝,但是放低姿态,从容阐述自己的理由,为男生带来改变。

> **身体动作**

虽然启示如心理咨询的其他环节一样,主要是言语交流,但是非言语的交流在其中亦扮演重要角色。**当事人和咨询师在咨询中是一个有机的整体。在其中,当事人的情绪、思维、语言和身体动作的微小改变都会对咨询师产生影响,而咨询师的情绪、思维、语言和身体动作的微小改变亦会对当事人产生影响。同时,当事人自身也是一个有机的整体,他们的情绪、思维、语言和身体动作都紧密相连、相互影响。在其中,任何一方的变化都会引起其他方的变化。**启示需要高度重视咨询双方的非言语交流,善加利用,给当事人以触动,给当事人以改变。

例如,一名理工科女研究生来校心理咨询中心咨询。女生走进咨询室,满面愁容,她说自己这一个月一直情绪低落、焦虑,睡眠也不好。说话间,女生眼里似噙泪水,但在奋力克制。咨询师便询问女生的生活,女生说自己有很多的难题,细数下来有:① 她研究生三年级了,毕业论文做不出;② 她目前状态很差,感觉没有用人单位会接受现在的自己;③ 她在准备教师资格考,马上就要考了但还没复习好。

听完女生的倾诉,咨询师认为她首要的问题是顺利毕业问题,于是便询问女生的论文发表情况,因为学校规定硕士生必须公开发表一篇论文才可进入论文答辩环节。针对咨询师的询问,女生说自己已经在某国际刊物发表高水平论文。这时,咨询师心想女生对毕业论文的担心纯属多余,因为依照很多学生的经验,她只要在已发表论文基础上简单加工即可。

咨询师的心放松了下来。这时,咨询师想让女生也放松下来。咨询师观察发现女生坐得特别端正,腰杆笔直,于是便请她模仿自己的姿势,跷起二郎腿说话。女生应允。见女生跷起二郎腿,咨询师进而请女生将二郎腿颠起来,一边颠一边说话。女生称自己是淑女,生活里从未如此随意。咨询师说："没关系，就一会儿，没人看见。"女生尝试。于是，咨询双方一边颠脚，一边说话。说话时，女生一停止颠脚，咨询师即停止说话，提醒女生把脚颠起来。颠脚中，咨询师告诉女生，她的担心纯属多余，她有能力做好每一件事情。

慢慢地，女生放松下来。突然，女生兴奋起来，告诉咨询师，其实自己过去也是个大大咧咧的人，常在寝室里一边嗑瓜子，一边看美剧。但是，后面遇到同实验室的博士后师兄，这位师兄被教授安排指导自己的研究，他非常认真、刻板，常教育女生要严肃认真地生活。慢慢地，女生的生活态度认真起来，把事情看得严重起来，结果变成了现在的样子。谈话至此，女生的愁容烟消云散。咨询结束的时候，女生主动拍了拍咨询师的肩膀表示感谢，然后笑嘻嘻地离开。

咨询师在启示阶段对于非言语交流的运用，具体方法主要有以下两种：

其一，观察当事人的身体动作，模仿他们的身体动作，观察他们的行为变化，然后与他们一起对此进行解读、发挥。

例如，一个男大学生因为强迫症前来咨询，他的表现是平时嘴巴合不上，说话时心理压力大，非常怕说错话。他自述平时怒气多，愤怒起来自己强忍，忍上一个多小时才能平静下来，之后人非常疲惫，常直接上床休息。因为这些情况，男生学习非常吃力，后面被迫休学。为了摆脱困扰，他曾先后向多位咨询师和精神科医生求助，但进步很小，现在到咨询师 Y 处尝试。

在一次咨询中，Y 注意到男生说话时用手遮掩自己的嘴巴，觉得很有趣，便模仿起男生的动作：说话的时候用手遮住自己的嘴巴，并笑着告诉男生，自己在模仿他。男生笑了，自然地放下遮掩嘴巴的手。Y 见状，想起了蜈蚣和狐狸的故事，便说给男生听。过去，一只狐狸看见一条蜈蚣在爬行，对蜈蚣说："蜈蚣老弟，你好神奇，你有一百多只脚，你是怎么把它们协调起来的呀？"蜈蚣听了后觉得狐狸问得很有道理，便陷入了深深的思考中。结果，不承想，蜈蚣一头栽在地上，不会走路了。后面，蜈蚣想道："我只管走路就好，管它是怎么协调的！"于是，它又会走路了。

Y 在讲完这个故事之后解释道，男生的愤怒是因为怨恨，怨恨父母爱得太苛刻，怨恨自己表现不好，说话做事都达不到期望。男生的行为怪癖是因为他的自我监控太强，期望自己表现更好，但事与愿违——自己表现更糟。男生问题的解决之道是及时觉察监控，放开监控，顺其自然，因为顺其自然，身体本能的力量会治愈怪癖。在 Y 讲话的过程中，Y 惊讶地发现男生的嘴巴第一次自然合拢！

其二，进行行为实验，请当事人变化身体姿势，询问当事人随之产生的心理感受，然后与他们一起对此进行解读、发挥。

例如，一名男博士生，情绪低落，觉得前途迷茫，无路可走，多次找人咨询，效果均不明显，后被转至咨询师 Y 处尝试。咨询中，Y 了解到半年前该生父亲因病去世，自己博士学习四年但研究毫无进展，毕业很困难。该生觉得自己的前途渺茫，而且他经过深入的自我分析后认为所有的不如意都因为中学时曾被同学和老师冤枉偷窃。

在一次咨询会谈中，博士生说话时双手支头，双目盯着地板，完全沉浸在个人的愁思之中。此时，Y 自己也觉得很压抑、沮丧，因为咨询没有进展。为了让自己放松一些，也提提神，Y 将后背靠向沙发靠背，把手放在沙发扶手上。坐姿调整后，Y 感觉舒服一些，于是便建议博士生将头抬起来，学习自己的坐姿。Y 做了示范，并跷起二郎腿，然后继续讨论问题。博士生依言调整了坐姿。姿势调整后，博士生说感觉放松很多，说话也轻松一些。Y 回应道，博士生原先的姿势使得自己的世界只有身体和目光所及的一小块，姿势改变后自己拥有了更大的世界，更大的世界让自己愉快。自己觉得没有前途，只是因为他的视野狭隘，对前途的悲观预测只是他一时的想法，远非真理和事实。Y 建议博士生，在消极想法出现时，告诉自己"我现在认为我……"。经过这番开导，博士生轻松下来，绽开笑容，觉得即使博士不毕业，也有未来。后面，他主动办理结业，找了工作。

在启示的时候，心理咨询的六维结构可以大显身手。从某种意义上说，心理咨询的六维结构就是一个启示策略库。例如,时间维度建议帮助当事人发现自己的憧憬和当前问题的关系,行动维度建议帮助当事人审视自己认知或行为的适应性,参照维度建议帮助当事人观察基准参照的发展状况等。理论上说,启示的策略是无穷无尽的。但是,每个当事人的情况不同,对某个策略的接受度也不一样。这个时候,咨询师一定要心怀谦卑,小心前进,随机应变。**启示的目的是促进当事人改变,有时就是很小的改变,而不是发现某个哲学真理,更不是去征服当事人。**如果咨询师的启示变成一场与当事人的哲学争辩、对当事人的思想批评或者行为指责,那么它就违背了启示的本意,也变成了咨询的阻碍。

　　需要注意的是,心理咨询六维结构图上列举的技术策略只是一个有效的工具,咨询师不可拘泥于它们,被它们框死。咨询有时就像在大海上的漂流。六维结构图上的技术策略,只是大海上的岛屿,它们不是大海。岛屿,是我们的据点、我们的营地,我们的剑指向海洋。我们绝不可止于岛屿。启示的手段与方法是无穷无尽的,它远远超出六维结构图所列举的具体策略。**我们需要依托六维结构图,张开想象的翅膀,进行各式各样的创新,去完成咨询的使命。**否则,我们即是画地为牢,自缚手脚。

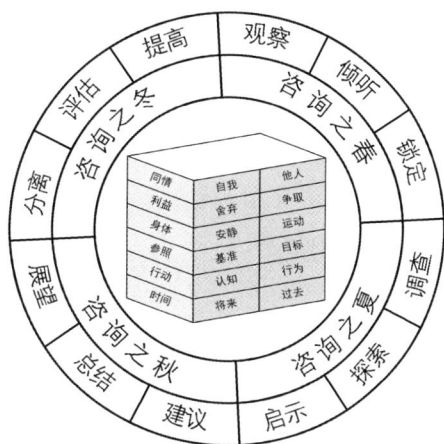

图 4.2　心理咨询操作图

　　例如,一名男研究生,咨询自述自己近况很不好,甚至想到退学。咨询师请同学细谈,同学说自己半年前遇到一个女生,两人互相喜欢。于是,同学表白,可是女生说自己心里已经装了一个男生了。同学不甘心,对女生的情感状况进行了调查,发现女生喜欢的男生对女生没有兴趣,女生没有希望。于是乎,同学不停努力,最后两个人终于走到了一起。可是,走到一起以后,同学却为女生先前的拒绝不开心,认为女生之前不该心里装有别的男生。为此,两人常争执。同学也求助一些朋友,朋友们强调活在当下,关键是两个人相爱。可是同学心里纠结依旧:一方面,同学知道自己要大度,要包容;一方面又放不下。同学很痛苦。同学还忆起自己过去的两次恋爱也曾遇到类似的问题,并因此分开。这一次,他不希望再蹈覆辙。

咨询师听罢,对同学说:"孔子说'己所不欲,勿施于人'——既然自己过去有情感的经历,所以根本无权要求别人过去没有情感经历。女生先前爱别人,那是女生的权利。"可是,男生显得急躁,完全听不进咨询师的话语。同学说,自己懂很多道理,可是心里就是放不下。这时,咨询师问同学一个问题:"当你想到这件事,你脑子会即刻出现什么声音?"同学说:"要包容,要包容。"咨询师进而询问同学,说这话的时候,同学身体哪里反映强烈。同学回答是胃里。咨询师邀请同学详述胃的感觉。同学说,感觉胃里有一个硬物塞住。听罢,咨询师便请他细致想象胃里的情况。同学想象胃里有一个小玻璃球卡在那里。咨询师邀请他想象自己轻轻转动玻璃球。同学尝试后反馈,玻璃球滑下去了。咨询师很高兴,感觉同学无意识层面处理好了自己的内心情结。但是,咨询师并不放心,想在意识层面接着处理,于是说道,包容是有条件的,佛祖什么都能包容,父亲能包容孩子,自己能包容小朋友。同学现在之所以不能包容,实际和女生的情况无关,是因为同学自己内心弱小。等到同学强大了,自然可以包容。同学说,这样的解释确实让自己感觉舒服一些,但是他担心自己没有强大的那一天。咨询师说会有的,并进而建议他在内心纠结时进行思维切换:女生没有问题,问题是自己内心的弱小。同学同意。

一周后,同学又来咨询。同学反馈自己有些进步,但是希望自己进步更大一些。咨询师接受了挑战,问同学两个问题:其一,你在指责女友的过程中得到了什么;其二,你在指责女友的过程中逃避什么?对于第一个问题,同学的回答是:得到控制权——"因为你做错了,所以你要补偿我,你要听我的,你要牺牲一些权利,甚至是很多的权利。"并且,女生富有同情心,给予男生很多的安慰、很多的温柔。对于第二个问题,男生的回答是:"因为自己曾经尽力把自己塑造成一个高大的人,现在要穿帮了。自己受不了被指责,被批评,所以先发制人,攻击对方。"换句话说,同学通过把战火引向对方半场的方式来保护自己的自尊。男生进而剖析道,"自己习惯于打江山,而不是守江山",即善于去追求女生,去建立一种亲密关系,但是不知道如何去爱一个人,如何去经营一段亲密关系,并凭借着这种亲密关系去幸福生活。挑剔与计较,可以让自己不必把注意力放在如何创造美好的生活上。咨询师很欣慰同学能够这样看待问题。咨询师顺势建议同学,基于自己是一个平凡的人去学习如何创造美好的生活。同学触动。

在这个个案里,当事人的问题从某种意义上说就是不愿接受事实真相。咨询中,咨询师围绕六维结构模型进行了一系列的尝试,并对其中的两个技术进行了改造,其一对写心冥想进行了改造,就当事人胃的感觉进行冥想和处理,其二对自我同情的技术进行了改造,问当事人逃避了什么。从结果看,这些创新和改造取得了很好的效果。

在咨询启示过程中,虽然咨询师全力奉献自己的主动性、创造性,但是他们需要记住：自己并不是解决问题的专家,自己并不是解决问题的全能战士。否则,咨询师将不得不穷思竭虑,独自承担发现问题解决之道的责任,独自承担当事人改变的责任,而当事人则在一旁袖手旁观,怡然自得。结果,他们给当事人奉献一个又一个分析、判断,而当事人常一个又一个地否定、拒绝。换个角度看,他们似当事人的奴隶,当事人似主人。他们错了。**咨询师从来不是全知全能的,咨询需要发挥当事人的主动性。**在具体的做法上,咨询师可以使用反问技术,邀请当事人发挥主动性。例如,当当事人问"为什么会这样",咨询师可以反问："你觉得为什么会这样?"当当事人问"我还有机会吗",咨询师可以反问："你觉得呢?"当当事人问"我要做什么呢",咨询师可以反问："你想做什么?"这些反问可帮助当事人意识到自己在咨询中的责任,承担起责任,和咨询师一起思考问题解决的办法,而不是将责任全部推给咨询师。

总之,在咨询之夏,咨询师与当事人的思维都处于一种活跃状态。此时,咨询师调动自己的全部智慧,大胆假设,小心求证,不断地调查、探索和启示,不断调整策略,帮助当事人发现自我,接纳自我,改变自我。在其中,咨询师自己也将感受到来自当事人的冲击,如怀疑、否定、愤怒、失望等。在火热的讨论中,在双方思维的碰撞中,当事人的情绪得以释放,对自己的理解加深,问题解决的希望浮现。

三、咨询之秋

- 咨询之秋就是咨询会谈的收网阶段。
- 在咨询之秋,咨询师需要和咨询对象讨论确定问题解决方案,总结咨询会谈中的收获,搁置分歧,最后再一起讨论他们接下去的生活,鼓励他们发挥个人才智,创造美好未来。

秋天是收获的季节。《内经·素问》云:"秋三月。此谓容平,天气以急,地气以明。"大意为,秋季的三个月,自然景象因万物成熟而平定收敛。此时,天高风急,地气清肃(谢华,2000)。

咨询的收网阶段就是咨询之秋。此时,咨询的时间已经过半,当事人的情绪得到充分的宣泄,他们的思维也得到了厘清,他们明白了过去不明白的道理,咨询取得了初步的成绩。但是,他们的问题并没有彻底解决。他们很可能仍然不知道如何应对生活的挑战。他们希望明晰实实在在、明明白白的举措。这意味着,咨询双方需要讨论当事人如何安排生活。换句话说,就是要为当事人的改变做最后的努力了,这时应该怎么办?

(一) 建议

建议即咨询师向当事人建言献策,帮助当事人确定摆脱烦恼的行动方案及其注意事项。例如,建议当事人加强时间管理,每天进行体育运动,尝试和父母运用新的沟通方式等。很多当事人来咨询就是来听取建议，他们期望咨询师能指点自己如何做，现在是正面回应这一期望的时候了。

▶ 建议的时机

建议一般需要在探索和启示之后进行。此时，当事人常已充分表达了自己的思想情感，意识到了自己思想行为的偏差，他们期待通过行动来实现问题的终结。相应地，咨询师在经历了咨询之夏后对当事人的问题有了整体的把握，提供解决方案亦具有更强的针对性。因此，此时咨询师的建议，常显有的放矢，水到渠成。否则，建议常简单鲁莽、不切实际，遭受当事人的排斥。

为了增强建议的有效性，我们在给出建议之前，需要弄清楚当事人已经进行了哪些解决问题的尝试，这些尝试的效果如何。绝大多数当事人来咨询之前都已经开始了解决问题的尝试，这些尝试或来自当事人自己的思考，或来自亲友或其他咨询师的建议。在其中，有些尝试没有效果，令自己沮丧；有些尝试取得了一定效果，但是他们感觉自己的问题没有得到根本解决，他们企望咨询师能帮助他们彻底解决问题。如果我们不了解这些，我们给出的建议可能会和他们先前的尝试重复。这些重复的建议必遭到抵制。我们的权威也将遭受质疑。

虽然大部分时候建议发生在探索和启示之后，但有时建议也需要在探索和启示之前进行。一些当事人处在危机之中，他们期望立刻的改变。对于这些当事人，咨询师需要缩短甚至先跳过探索和启示的时间，尽快给予他们建议。对于这类当事人而言，只有在他们接受直接的指导，并解决了迫在眉睫的问题之后，他们才会愿意回过头来了解问题产生的原因，或处理其他问题（克拉拉・克拉希尔，2005）。

例如，一名大学女生在亲人的陪伴下向咨询师咨询。女生刚一坐下，便直告自己被某著名医院诊断为中重度抑郁症，所以痛苦不堪。说话间，女生撸起袖子，让咨询师看她的手腕，她腕上的划痕清晰可见。女生建议咨询师暂缓对抑郁症原因的分析，而直接告诉她如何控制自杀意念。

咨询师明白，在当事人高度焦虑的时候和他们分析讨论事情是没有意义的,所以尊重了女生的意见,尝试写心冥想:即请女生在咨询当下就想象自己的自杀念头升起,体会念头升起后自己"心"的感受。女生尝试后反馈说,感觉自己的心被一只手拧住,令人窒息,以至只想结束自己的生命。咨询师听后,请女生观察拧住自己心的那只手。女生回答说那是一只黑色的手。然后,女生紧接着说那只黑色的手变化了,变成了黑色的液体融进心里,并经由血管,迅速充满全身,非常恐怖。咨询师在听到女生的描述后也感觉很恐怖,建议女生想象黑色的液体,缓慢流动,并通过脚底板流出身体。女生说无法做此想象,她说自己想象心中被插入一把尖刀,心被剖开,黑色的液体从中流出体外。咨询师感到害怕,但决定冒险一试,应许女生做这样的想象。于是女生进入自己的想象。女生边想象边报告说,她感觉自己心在一点点萎缩,一点点变小。咨询师注意到女生在报告时,身体一点点地瘫倒在座椅上。许久之后,女生睁开眼睛说自己轻松下来。

想象结束后,咨询师开始和女生讨论她的成长经历。经过一番讨论,咨询双方将抑郁的原因定格在她的童年经历:女生父母都是残疾人,女生为此很自卑,痛恨命运不公。女生很聪明,很要强,拼命学习,成绩很好,成绩给她很大的安慰。但是进入大学以后,自己的学习优势渐失,而自卑依旧,心态失衡,非常无助,引发抑郁。谈完这些,女生笑了,与咨询之初判若两人。当晚,自杀的念头消失。半年后,女生康复,自杀念头更是再未升起过。在这个个案里,咨询师如果无视女生的情况,执意去调查、探索和启示,咨询局面很难打开。

▶　**建议的资源**

六维结构模型提供了大量的建议资源,例如身体维度的安静部分详细阐述了如何进行正念,同情维度的自我同情部分详细阐述了如何拒绝自我否定,在利益维度的舍弃部分详细阐述了如何在心中放下某些情感⋯⋯需要指出的是,虽然这些策略都曾取得过成功,但并不意味着它们在某一当事人身上一定成功。咨询师完全可以根据咨询实际,根据个人灵感,对这些策略进行创造性改造,然后推荐给当事人。同时,在给当事人推荐任何策略时,我们都要虚心听取当事人的意见,鼓励他们对这些策略进行变通以适应自己的情况。咨询师更应当鼓励当事人头脑风暴，放下咨询师的见解，大胆思考，开发自己的解决办法。在这个意义上，**咨询师提供的策略只是当事人改变的催化剂而已。**

　　例如，一位男大学生来校咨询中心咨询情绪管理方法。男生患有抑郁症，他自称自己的抑郁症有生理基础，他在欧洲做教授的亲叔叔就是抑郁症，他的抑郁症从初二就开始了，每年冬天发作。咨询师听完男生的情况介绍后，向他推荐正念冥想技术中的身体扫描技术，即依次感受身体的各个部位的状态。男生现场试验后表示愿意在生活中尝试。一个月后，男生再次来访，他告诉咨询师身体扫描技术尝试后感觉不好，他自己对技术进行了改良——就是想象自己处在云端之上，全身即刻整体放松，而不是逐步放松。他得意地说，他的技术改良效果极佳，他用改良后的技术成功控制住了自己的负面情绪。在这里，当事人对身体扫描技术进行了创造性改造，很好地帮助了自己。他无可指责，他很优秀。

　　上例中的当事人对流行的咨询策略进行变革取得成功，心理咨询中还有很多咨询师根据当事人情况对已有咨询技术进行灵活变通取得成功的例子。

　　例如，一位女研究生也来校咨询中心咨询情绪问题。女生在咨询中讲述了自己在成长路上经历的各种委屈与不易，咨询师对她进行了安抚，谈话进行得很愉快。咨询末了，女生说自己在生活中常感觉胸堵，去医院检查，医生说一切正常，自己非常纳闷。咨询师猜测，她的胸堵是因为有东西堵在那里，这些东西是她内心屈辱和愤怒的意象化表达。缘此，咨询师请女生先尝试正念训练的呼吸禅修技术，然后集中注意力于胸部，体会胸堵的感觉。在女生说自己感觉到胸堵后，请她想象在堵的地方接入一根导管，将血块、脓水等都引入导管。女生依言想象。想象时，女生落泪，后面竟泪流满面。想象结束，女生说，感觉自己的胸空了。在这个个案里，咨询师对写心冥想进行了创造性改造，取得了咨询的突破。

▶ 行为预演

建议常涉及行为预演。所谓行为预演,即和当事人进行角色扮演,帮助他们学习新的人际相处技能。很多当事人的心理困扰和他们人际相处技能的缺乏紧密相关。例如,有些大学毕业生不知道如何在面试交流中展现自己;有些大学生不知道如何对室友说不;有些大学生言语粗暴,不知道如何温和地向人提要求……此时,行为预演就显得非常重要。中国古人说:凡事预则立,不预则废。经过行为预演,当当事人在真实情境中尝试新的行为方式时,会比没有经过行为预演拥有更多的自知和自信,从而能在情绪和困惑一出现时就得到妥善处理(比安卡·墨菲和卡罗琳·狄龙,2003)。

在角色扮演中,咨询师有若干任务需要完成,如准确地扮演自己的角色,密切注意当事人的行为和情绪,密切注意自己的内心体验。当角色扮演完成后,咨询双方要讨论角色扮演中发生了什么。咨询师从这种体验中获得了充足的信息,并可反馈给当事人。这种信息或来自咨询师的内心体验,或来自咨询师的观察(伊丽莎白·韦尔夫特和露易丝·帕特森,2005)。这种反馈有助于当事人澄清自己的情绪、愿望、关于他人的信念、关于自己的信念以及自己的行为对他人的影响。

为了巩固效果,在行为预演之后,咨询师还可鼓励当事人在生活中进行头脑预演。所谓头脑预演,即当事人在想象中预演新的行为,假定他们正在以所期待的方式做事。我们大多数人都会在头脑中对事情进行预演,以对所预料的事情或情况做好准备。持有积极想象,是一种积极的心理暗示,有助于当事人建立信心,这也是预演新行为的一个好处。

行为预演的目标是使当事人能在真实生活中尝试新的行为,并让新的行为稳定下来。尽管行为预演可以在咨询情境中进行,但它最终将会进入外面的真实世界。我们要鼓励当事人循序渐进地尝试新的行为,从小处着手或在安全环境下开始。我们要牢记,在真实世界中执行习得行为更加困难,因为在真实世界中,可能会出现更多复杂情况,而强化因素可能很弱,甚至根本就没有(比安卡·墨菲和卡罗琳·狄龙,2003)。

例如,一名大学四年级女生,咨询说自己建立亲密关系困难。咨询师以为女生说的是恋爱关系,女生说不是的,她和同性相处也一样。女生说，生活中当有同学让自己不开心的时候，自己就憋着，但后面就不知不觉地和他们疏远了。咨询师听后，觉得问题的症结出在女生不敢和人说"不"，因为不敢说"不"，所以和人隔阂，所以难以感觉到亲密。

至于女生为什么不敢和人说"不"，咨询师猜想这可能和她的童年经历有关，便询问女生的成长史。女生说自己是留守儿童，15岁前她在小姨家长大，小姨喜欢自己，但姨夫不喜欢自己。小姨家还有个表姐，有时两人吵架，表姐便叫她滚蛋，说这是自己的家，不是她的家。女生听后很伤心，多次给父母电话，希望父母回来，或者把自己带走。父母嘴上说好的，但一直没有兑现。听完女生的讲述，咨询师指出女生不敢捍卫自己的权利，是因为她过去力量弱，和表姐争取，向父母争取，都是胳膊拗不过大腿，失败是必然的。现在不同了，现在和同学之间是平等的，自己可以捍卫了。女生说，害怕别人生气。咨询师说："你在捍卫自己的正当利益。即使别人生气，但是别人会调整，会适应，你要坚定。"

接着，咨询师就和女生现场演示如何对人说"不"：咨询师用自己的脚将面前的茶几推向女生，直至碰到她的膝盖，然后请女生对咨询师说"不"。只见女生摇晃着脑袋，眼睛看着天花板，笑嘻嘻地对咨询师说："别挤啦"。咨询师指出，女生这样说"不"，别人以为女生这是在开玩笑，不是真的不愿意。咨询师请女生在说"不"的时候眼睛直视咨询师，大声说"老师，别挤了"。然后，咨询师再次用脚将茶几推向女生。这一次，女生红着脸，依照咨询师的指导说"不"。咨询师停了下来，问女生的感觉。女生反馈，这样确实感觉自己有力量一些。咨询结束的时间到了，咨询师鼓励女生将当天咨询的内容和闺蜜分享，听闺蜜对于咨询的意见。女生允诺。

一周以后，女生再次咨询。女生反馈，自己和闺蜜分享了上次咨询的内容，闺蜜完全同意咨询师的意见，并向女生分享了她们对人说"不"的经验。咨询师听后很高兴，鼓励女生在生活中大胆说"不"，一点点地积攒说"不"的技术、方法。咨询愉快结束。

▶ **建议的命运**

建议的命运是未知。无论建议看起来是多么的合理，它们都可能遭遇

失败。在实际咨询中，我们经常可以看到咨询师和当事人在咨询中一起制订了详细的行动计划，当事人对这个计划很满意，可是在随后的生活中计划却没有执行。对此，咨询师不必懊丧，因为那是咨询现实的一部分。尽管计划没有执行，但那绝不意味着计划的制订没有意义——计划的制订表达了对当事人的关切，帮助当事人将心安定下来。如果当事人再次来咨询，咨询师可以询问计划的执行情况，了解计划未执行的原因，然后另寻他途。这样既展现了咨询师的认真负责，也展现了咨询师的包容。

例如，一位大学一年级男生在校园里骑自行车时不慎摔倒，手指摔伤，便去医院看医生。医生检查后告诉他，他需要做个小手术，但手术有一定的风险。男生觉得自己的父母心理承受能力差，知道情况后肯定会很担心，所以不想让他们知道自己的事情。但是，男生又觉得不能不做这个手术，他不知道何去何从。咨询师听后，理解他的处境，决定尊重他的选择，尝试帮他寻找其他人的帮助。一番了解之后，咨询师发现男生有一个非常信任的中学老师，于是鼓励男生向该老师求助。在咨询室里，男生和中学老师进行了通话，中学老师当即表示愿意资助男生手术。接下来，咨询师和男生详细讨论了如何在父母不知道的情况下去医院做手术。讨论过后，男生反馈自己心情放松了。

几周之后，咨询师在校园里再见男生，男生告诉咨询师自己后来告诉了父母，父母很平静，根本不紧张，所以手术就在父母的支持下做了。在这个案例里，同学没有遵循咨询时的建议，但是并不表示咨询建议没有作用。咨询建议帮助同学获得安慰，获得平静，促进了他后面的理性决策。

（二）　总结

总结就是和当事人回顾咨询讨论的历程及其取得的成果。如果我们将咨询会谈看作一篇论文，那么"总结"就是这篇论文的"摘要"。总结时分，咨询师可以和当事人简短回顾谈话的议题，咨询双方对问题何以产生和维持的解读，以及基于解读之上的推荐解决方案等。咨询是艰辛的旅程。在其中，咨询双方都付出巨大的努力，犯过很多错误，走过很多弯路。**"总结"提供一个机会去审视整个过程，发现咨询的进展，确定后续努力的方向。**

总结中，咨询双方需要梳理共识。咨询中，咨询师虽然和当事人进行了大量的讨论，但是当事人接受的、有价值的话语并不多，而且它们散落在庞杂的对白里，琐碎、凌乱。如果不梳理，它们很容易被忘记。梳理共识就是要将它们逻辑化、系统化，从而巩固记忆，强化效果。所以，共识的表达要简练，不要超过三点，最好就一点。共识常含分析和建议两部分。其中，分析部分要言简意赅，语气轻松；建议部分要多鼓励肯定当事人，增强其信心。

例如，某市女运动员，21岁，原先性格大大咧咧，但因为奥运会选拔赛失利，半年来一直情绪不好，竞技状态也很差。运动队做了很多工作，但是她的状态依旧，于是推荐进行心理咨询。

咨询中，运动员说自己情绪不好，萎靡，压力大，常失眠。于是，咨询师与其讨论压力管理问题，并推荐正念中的呼吸禅修技术——咨询师示范，运动员跟学。不过，运动员尝试后反馈说自己进入不了状态，说自己问题的关键不是静下来，而是兴奋起来，活跃起来。咨询师说运动员之所以兴奋不起来，是因为脑袋想多了，练习的要义是让脑袋休息。脑袋休息了，该兴奋的时候就能兴奋起来。运动员赞同。但是，咨询师还是放弃了正念训练，问运动员过去有没有遭受挫折的经验，运动员说没有，于是咨询师说命运开始给你颜色看了。运动员认同，说她自己也想到这个点，但是教练批评自己的时候就忘了。于是，咨询过渡到对于教练批评的应对。咨询师提到散步、写日记等方法，运动员均表示不合适。运动员提到自己的经验，说自己过去不开心时喜欢吃辣的东西，辣过后感觉精神很爽。

咨询谈到这里，咨询双方都觉得很肤浅，不过瘾。这时，运动员提到咨询是否可以保密，咨询师说可以。运动员小声说，自己问题的关键是和教练的关系问题。她的教练是一名五十多岁的女性，离婚独居，手下两个弟子，一个是师兄，一个就是自己。教练将自己的全部精力放在了事业上。先前,教练对师兄视为儿子,关怀备至,期望其成为超级明星,不过师兄难以承受那种关怀、那种期待、那种压力。最后,两人翻脸。不自觉地,教练将全部的情感转移到自己身上,自己虽然抗拒但全部接纳。现在,自己成绩不好,教练也很着急,向运动员抱怨自己的付出没有回报。

谈话至此,咨询师对运动员的问题进行了解读,说运动员压力大,是因为运动员将教练的压力全部接了下来,如果不接就没有压力了。这就像荷叶上的水珠——水珠打在荷叶上,水珠滑落,这样无论水珠有多少,荷叶都没有压力,因为它们滑落了。运动员觉得咨询师说得很妙。咨询师进一步指出,教练和她就是一种合作关系、契约关系,不是母女关系。虽然中国文化传统常将双方看成一种父子关系、母女关系,教练也如此希望,但在现代社会不是这样。教练在权力上是大的,情感上是弱的。运动员不必把教练的话当圣旨,不过为了事业,运动员需要和教练友好相处。那么运动员当和教练如何相处呢? 咨询师与运动员一起对此进行了热烈的讨论,达成以下统一意见:运动员在生活上对教练的情感诉说,"右耳朵进,左耳朵出",只是听听,不去加工,不去体验。对于教练的训练安排,运动员要坚决执行到位。

咨询行将结束的时候,咨询师对咨询进行了总结,即运动员与教练相处时要做到"**情感上划清界限,行动上配合到位;横批:演戏**"。运动员双手跷起大拇指说好。咨询过后一个月,运动队反馈,运动员情绪变好,运动成绩亦提高。在这个个案里,咨询师进行了很多的尝试和探索,做了很多的无用功,但是后面找到了关键点。在咨询的最后阶段,咨询师用对联式的话语对行动方案进行了很好的总结,赢得了当事人的认同。

人的恢复自有节奏,这使得咨询可能是一次谈话,也可能是多次的谈话。对于多次谈话的咨询,后续谈话的总结还需要包含回顾咨询以来当事人所取得的进步。这样做非常必要,因为从他人那里或从另外一个角度聆听自己的进步与听自己描述自己的进步是完全不同的。即使没有新的信息,但大多数当事人还是从咨询师的陈述中受益。正如有的当事人说的:

"我知道我已经取得了进步,但听到你这么说还是很开心。"

如果有可能,咨询师也可以试着让当事人自己做总结。这不仅是让他们保持责任感的方法,而且能检查他们的理解程度。例如咨询师可以这样说:"我们的谈话要结束了,下面你总结一下今天谈话的主要内容吧。"当事人总结的时候,常漏掉我们认为的关键点。**对于当事人遗漏的要点,我们可以直接让它们过去。因为从某种意义上说,遗漏是当事人一种无意识的拒绝,我们需要尊重他们的选择。**

需要指出的是,总结要求咨询双方搁置分歧。咨询中,咨询双方一定会有很多分歧,咨询师一定要将这些分歧搁置起来。搁置的内容很多是咨询师以为很有价值,但是当事人未能接受的东西。咨询师必须搁置它们,因为当事人有保有个人观点的自由,也有犯错误的权利,而咨询师虽然自觉正确但可能只是一孔之见。搁置分歧也意味着搁置当事人的观点、要求。咨询中,当事人常期待一次咨询解决很多不同的问题,甚至期待解决人生中所有的问题。但是,一次咨询的容量是有限的,咨询师的能力也是有限的,咨询师如果迁就当事人,就将陷入泥潭,并影响先前的咨询效果。所以,咨询师需要婉拒当事人不合理的要求,建议其自我解决或者下次再来。

（三）展望

展望就是和当事人讨论其接下来的生活安排。如果需要再次咨询,则要和当事人确定时间、方式等。如果不需要,则可询问当事人接下来的生活安排,并给予支持和鼓励。这样做的意义在于使当事人更加明确生活的方向,并让咨询充满温馨感。咨询师一定要向当事人表达赞赏与祝福,赞赏他的优良品质,祝福他的美好未来。这种诚挚的赞赏与祝福经常给当事人莫大的安慰。

咨询会谈可能成功亦可能不成功。如果咨询会谈不成功,咨询师当正视这个现实,请当事人在随后的生活中自己观察、调整、领悟。如果过一段时间,他又希望咨询会谈,那么可以再次预约咨询。有时,在咨询中断的日子里,当事人和咨询师的生活都发生了很多改变,或者双方对问题都产生了新的领悟。再次咨询,当事人可能会神奇改变。如果当事人希望去别处咨询,那么咨询师也可以提供帮助。如果咨询师认为当事人需要其他形式的帮助(如药物治疗),那么,咨询师可提出建议并与当事人讨论。**有时,转介是最好的帮助。因为我们每个人的能力都是有限的,我们需要同行的帮助。**

例如,一位女研究生,非常自卑,情绪抑郁,觉得自己一无是处,为了改变这种状况,她曾去多处咨询,进展不大,便尝试到咨询师 Y 处咨询。

咨询中,女生尽情诉说自己的不足,难以穷尽。Y 对其进行了归纳,大致有:① 长相不好,矮胖;② 脾气不好,常在电话里向妈妈发火;③ 人际交往不好,朋友少;④ 脑子笨,科研能力弱;⑤ 做事能力差,优柔寡断。事实上同学绝非如此不济,例如她相貌不错,敢做敢当,科研不错,导师还让她做项目组长。Y 很纳闷她为何如此地贬低自己。咨询中,Y 着力改变她的认知,如和她讨论决策时间和决策质量的关系问题,指出**思考当适可而止,无尽的思考并不必然带来决策质量的提高,决策不仅仅需要智慧,还需要勇气,智慧代替不了勇气。**这些讨论对女生有一些帮助,表现在讨论后女生可以主动地邀请人打羽毛球,参加自行车兴趣小组,与同学一起骑行到 200 公里以外的地方游玩。但是,她对自己仍充满失望,对咨询也不满意。Y 怀疑她童年受过侵害,她矢口否认,说:"你们咨询师尽整这一套!"多次咨询之后,同学说也许只有自己才能救自己。Y 对女生给予了支持,祝福她在生活中救赎自己,在合适的时候再来咨询。她有一些失望,但是接受了这个方案。

两个月以后,女生又来求助。女生说,她看了一部电影,叫《心灵捕手》,觉得 Y 很像电影中的咨询师,所以迫切地希望见到咨询师,期望咨询师能帮到自己。于是 Y 继续了自己的咨询。在新的咨询里,Y 直言她一切尚好,不足以如此自卑,再次提出她可能因为曾遇性侵才如此不能接受自己。这一次,女生承认了,她说自己被近亲属性侵,充满屈辱。但是,她认为整个过程,自己负有一定的责任,她不能原谅自己。Y 对她进行了安慰。后面 Y 又和女生进行过若干次咨询,慢慢地她开始接纳自己,慢慢地她停止了数落自己。一个月以后,女生来访,问 Y 自己较从前有何不同。Y 说:"我不知道。"女生说:"今天我穿了裙子,这是八年来我第一次穿裙子。"Y 笑了。女生问 Y 一个问题:"如果以后自己的男友介意自己不是处女怎么办?"Y 说:"把他踹了。"女生大笑,说很喜欢 Y 的回答。

在这个个案里，如果咨询师此前没有果断中止咨询，女生没有看过《心灵捕手》，很难想象咨询师能够彻底帮助到女生。

需要强调的是，无论是一次咨询会谈还是多次咨询会谈，都无力彻解当事人生活中的所有困扰。有时，当事人在咨询中取得了收获，但在以后的生活中又遇到新的困难，或者原有的问题卷土重来。这在强迫症患者身上表现得尤为明显。例如一位强迫症患者原来总感觉袜子穿得不舒服，经过咨询后，该症状消失，但是他可能常觉得自己的房门没有锁好。这个时候，当事人可以重新回到咨询中，并用 1—2 次咨询解决这些问题。在大多数情况下，1 次咨询就可以处理这种情况。根据当事人的不同情况，咨询师鼓励当事人在未来需要的时候，再次咨询。

临别了，如果有时间，咨询师也可以邀请当事人评论咨询师的表现。人很难看清自己。透过当事人的反馈，咨询师可以更加准确地评估自己的会谈表现，确定下一步努力的方向。**当事人是咨询的亲历者，他们对咨询具有足够的发言权。实际上，当事人咨询中一直在审视咨询师的表现，评估咨询师的表现。**对于当事人来说，邀请他们反馈是对他们的一种尊重，所以很多当事人非常乐意给予咨询师反馈。有的当事人会非常直率地对咨询师的表现发表意见，如咨询师对问题的分析很到位，如咨询师思维太飘了，如感觉咨询像"教师"一样在"教育"人（心理咨询本质上是一种"服务"，咨询师必须具有"服务意识"）等。聆听反馈，对于咨询师来说，是一个学习的机会。我们经常发现：有时，咨询师自我感觉很好，但当事人会指出其中的不足，令咨询师警醒；有时，咨询师感觉不好，但当事人给予积极评价，令咨询师诧异并安慰；有时，咨询双方感觉都不好，这个时候邀请评论给了当事人一个表达不满的机会，帮助他们宣泄心中的沮丧和失望。有些当事人曾经接受过其他咨询师的咨询，他们会比较当前咨询师和其他咨询师的会谈差异，咨询师认真聆听这些反馈可以令自己学习、欣赏同行做得好的地方，在比较中咨询师也可以更清晰地看到自己的咨询风格，发现自己的优势。当事人反馈完，咨询师要表示感谢，因为他们在帮助咨询师提高，他们本没有这样的义务。

总之，在咨询之秋，咨询师和当事人着手为当事人的改变做最后的努力。此时,咨询师对自己在本次咨询会谈的满意度以及当事人对心理咨询的满意度都慢慢明晰。咨询师的机会在减少。这要求咨询师收缩战线,告别对当事人思想情感的深入讨论,着力于建议、总结和展望。通过这些举措,巩固咨询所得,帮助当事人形成应对生活挑战的具体策略,期待他们在生活中发挥个人才智,创造美好未来。

四、咨询之冬

- 咨询之冬就是咨询会谈的结束阶段。
- 在咨询之冬,咨询师需要从咨询会谈中走出来,回归生活,并在生活中提升自我。
- 在咨询之冬,咨询师需要处理自己在咨询中产生的情绪,再评估自己在咨询中的表现,总结得失,然后积极学习新知,永不止息。

冬天是蛰伏的季节。《内经·素问》云:"冬三月。此谓闭藏,水冰地坼,无扰乎阳。"大意为,冬天的三个月是生机潜伏、万物蛰伏的时令。当此时节,水寒成冰,大地龟裂(谢华,2000)。

咨询的结束阶段就是咨询之冬。在咨询之冬,咨询的谈话已经结束,当事人离开了心理咨询处所。但是,咨询师常常仍然沉浸在已经结束了的咨询会谈之中。如果谈话很成功,他们可能志得意满、踌躇满志;如果谈话过程辛苦、曲折,他们可能感觉身心疲惫;如果谈话很失败,他们可能感觉沮丧、失落;如果咨询没有彻解当事人的问题,他们可能为当事人忧虑;如果他们已经和当事人建立了一定的情感,他们可能依依不舍,感叹生之无常。怎么办?

(一) 分离

分离就是咨询师必须从咨询的状态中解脱出来。咨询需要巨大的情感投入，因为投入巨大，所以分离困难，但是，咨询师必须从咨询的状态中解脱出来，因为咨询只是咨询师生活的一部分。一些咨询师咨询后仍然牵挂着当事人，这听起来美妙，但对于一个职业人是不可取的。**因为每个人有自己的自在命运，当事人和咨询师都是如此。咨询师要对命运谦卑。**当然，在不经意间咨询师会生起对当事人的担心。此时，咨询师可将担心化为祝福，祝当事人平安幸福。

咨询师可以选择多种方法实现情绪的分离。常见的方式有散步、聊天、阅读等。有时候，这些常规方法难以奏效，这就需要督导的帮助。和督导一起讨论咨询中发生的事情，讨论自己的遗憾和困惑等，在其中完成情绪的宣泄和思维的梳理。在找不到督导的时候，和同行尤其是资深的同行讨论，也不失为一个办法。

做好私人的个案记录是帮助分离的有效手段。咨询案例记录，不同的机构有不同的规定，但是私人的个案记录可以随心所欲。私人的个案记录与递交给各机构的案例记录的最大区别就是不写咨询的日期、当事人的真实姓名和联系方式等会显示当事人身份的信息。**详细做好私人个案记录，对咨询师来说，既可以充分地宣泄个人情绪，也可以整理自己的思维，帮助总结咨询中的成败得失。**一个私人个案记录的撰写并没有一个完美的模板，但一个好的私人个案记录需要包括以下信息：① 当事人的基本信息，如性别、年龄、民族、职业等；② 当事人求助的问题以及发展历程，如是不是抑郁症，抑郁症的程度如何，抑郁症有多久了，有哪些发展变化等；③ 咨询师的处理。例如，咨询师主要在倾听、安抚还是进行了很多的互动讨论。如果是互动讨论，主要聚焦于哪些视角，是聚焦在当事人的过去经历，还是他们当前的想法、情绪、行为上等。咨询中发生的那些印象深刻的互动，如咨询师有哪些坐姿改变以及当事人的反应，或者当事人有哪些眼神变化以及咨询师的反应等，心理咨询的节奏如何；④ 当事人对处理的反应，如当事人是很紧张还是很放松；⑤ 咨询师的感受，如咨询师是否放松，是否欢乐，是否无助，是否内心起伏跌宕等。

诚实地记录咨询的过程与结果需要勇气。在回顾咨询历程的时候，我们常为自己犯下的错误汗颜，为自己的愚蠢感到遗憾。我们每一个人有自我肯定的天性。我们会无意识地遮掩自己的不足，无意识地为自己辩护，无意识地为自己的失败开脱。这使得我们会不自觉地对事实进行歪曲,对咨询的过程进行修饰,对咨询的结果进行美化。这种修饰和美化,本质上是一种自我欺骗。但人皆有良心,自我欺骗让我们感觉一丝满足,但亦让我们心怀包袱,让我们不安。诚实地记录咨询中的遗憾,也可帮助我们放下,帮助我们轻装上阵。**诚实地记录咨询中的遗憾,我们会感受苦涩。但是,亡羊补牢,犹未为晚。苦涩给我们警醒,给我们以提高的可能。**

(二) 评估

评估对于咨询水平的提高很重要。评估的价值在于,我们从每一个独一无二的案例中学习,并且养成了理性客观地自我评价的习惯。我们可以问问自己:当事人实现或达到他的目标了吗? 当事人满意吗? 如何解释当事人取得的进步? 还有别的处理方法吗? 作为咨询师,我有没有犯特别的错误? 我咨询的亮点是什么? 我的什么观点让当事人信服,令他们得启发? 我从当事人那里学到了什么?

咨询的目标和评估都应该相对具体,并且尽可能地具有操作性。如果当事人主要是由于抑郁来寻求咨询,那么,抑郁程度的减少就应该是咨询的目标,可以根据改变的程度来判断当事人是否进步。模糊、整体和过于泛化的目标没有价值,实际上(基本上)是具有欺骗性的(加菲尔德,1998)。咨询师的自我欺骗会使当事人收获很少。如果当事人获得的改变少,咨询师就需要认真分析查看当时的情况,调整战略战术,尽最大的努力帮助当事人。知耻而后勇——直面咨询的挫折,积攒咨询的经验,是每一个咨询师成长的必修课。英国学者查尔斯·汉迪(1994)说:

"我发现自己从做错的事情中学到的东西,比从做对了的事情中要多。有时,把事情做对了,人反而会失去判断力。原本是因为好运,你却归功于你的智慧,然后再次如法炮制,却发现运气不再。"

评估中,如果我们发现我们有的个案做得不理想,甚至很失败。此时,我们亦可对此进行反思,这种反思可以从三个角度进行。其一,问自己的咨询策略。从咨询六维结构图看,有哪些可能有效的策略可以尝试? 询问当事人自己的例外经验了吗? 自己需要补充学习哪些知识? 其二,问自己的会谈技术。自己察觉到对方的表述特点了吗？自己对当事人的心理总结概括到位吗？自己启示部分是否耗时太长？其三，问自己的咨询原则。自己是否真的想帮助当事人？自己是否太硬了？自己是否太紧张了？自己是否太急了？自己是否太固执了？自己是否太直接了？通过这些提问，我们将可以理性总结自己的失败教训，明确下一步努力的方向。如果咨询还可以继续，如果当事人下次还来求助，我们即可调整、改变，从而保有成功的可能。

评估中，有时我们会发现我们有的个案非常成功、非常酣畅。对于这些个案，我们切不可在成功的喜悦里滞留。我们要认真地思考它们，总结、萃取其中的成功之处。总结与萃取可以从三个方向进行。其一，自己的咨询策略。我们问自己主要使用了何种咨询策略？从咨询六维结构图看，它们分布在哪些维度？分布在这些维度的哪几个点上？如果综合运用了多个维度、多个要点，自己是如何整合的？其二，自己的会谈技术。我们可以问自己成功之处在哪里？是在倾听部分吗？是我们准确地感知到当事人的语气变化吗？是在调查部分吗？是我们问了一个重要的生活细节吗？是我们对当事人进行了准确的情感反映吗？是我们用了一个精妙的比喻来诠释当事人的处境吗？其三，自己对咨询原则的贯彻。我们可以问自己在咨询中全力以赴了吗？自己在咨询中展示了无条件的包容接纳吗？自己充分尊重当事人的话语权了吗？自己在咨询中展现了巨大的灵活性，对咨询方向进行了及时调整吗？多多问自己这些问题，有助于我们将自己的成功经验逻辑化、体系化，使我们的咨询更加个性化。长期坚持，在某个时候，我们的咨询水准可能会产生质的飞跃。

咨询无论是成功，还是失败，我们都可发现自己的错误。此时，我们无须痛斥自己。我们需要适度地保留它们，因为那提醒我们：**我们是人，我们要谦卑，我们要学习，我们要努力。重要的是，吃一堑长一智——我们需要总结经验教训，力争下次少犯乃至不犯同样的错误。**若有机会再次见到当事人，我们可向当事人坦陈我们的错误，表达我们的歉意。我们可让当事人看到，我们对改正这些错误持一种开放的态度（加菲尔德，1998）。这样，当事人会明白，我们更在意的是当事人，而不是全神贯注于专业上的完美主义。当然，我们需要注意，不是所有的当事人都能接受对不完美的显露。这意味着，遇到有的当事人，我们可以默默地总结咨询的经验教训，悄然改变。

（三） 提高

提高就是学习新的东西。冬季是进补的季节，咨询也一样。咨询是一门缺憾艺术。有缺憾，就该设法去弥补它，让它不再发生。参加专业培训、学术会议和阅读专业论文、著作是提升自我的最常见方式，它们可以让咨询师掌握行业的最新动态和发展趋势。这里需要注意的是，**我们需要维持一个相对宽阔的视野，而不是将学习局限于一种自己钟爱的流派或领域里。** 否则，我们可能变成井底之蛙，不知世界之大，自以为掌握人世间全部真理。由此，自我设限，人为地制造了专业的瓶颈。

有时，功夫在诗外。在中国古代，王羲之观白鹅戏水得运笔之法，张旭看公孙大娘舞剑得书法的真谛。咨询也一样，咨询师只要用心观察生活、玩味生活，也可领悟咨询的真谛。

十多年前，作者觉得自己在咨询中机械呆板，很辛苦，很希望自己的咨询能灵动活泼一些，但不得其门。后来，在一次收看湖南卫视举办的娱乐选秀节目《超级女声》时，产生顿悟——个人感觉从此之后自己的咨询变得自由洒脱起来。当时，自己不知道何以如此，现在想来可能过去的自己过于痴迷对当事人问题的分析诠释，关注逻辑锁链，而忽略了当事人在咨询当下的反应，也忽略了对当事人进行情感反映。《超级女声》恰恰关注的是选手当下的反应，专家的点评针对的也是选手当下的表现。另外，选手们的歌唱和话语着力表现的也是情感，而不是对问题的认识。《超级女声》冲击了笔者，让笔者震颤，让笔者改变。

最后，纸上得来终觉浅，绝知此事须躬行。我们在培训中，在会议中，在阅读中，在生活中，常觉得自己有很多收获，有很多提高。但是，真相可能并非如此。有时候，有些专著写得很精彩，对某类问题（如抑郁症）分析得很精辟，并开列了详细的技术方案，可当我们去运用它们的时候，当事人无情地拒绝了。当事人说那是老外的思维，自己实在不能那么想、那么做。有时候，我们觉得书上推荐的谈话方法很好，很有道理，可是当我们试图运用时，却发现很别扭,自己的思维无论如何适应不了书上的理论。简言之,那些理论可能很好,但却不适合我们。所有这些,我们在实践之前根本无从知晓。因此,我们需要将我们以为得到的"收获"运用到实践中去,去尝试,去检验,去扬弃。在实践中,我们提升自己。**未经实践检验的"收获"只是海市蜃楼,只是美丽的传说。沉迷于此,可以自娱,可以诲人,但不可自我提升。**

总之,在咨询之冬,咨询师须聚焦于咨询师的自我,整理自我,提升自我。分离要求我们在咨询结束的时候,毅然决然地离去,学会放下,回归生活。如果咨询成功了,那么,胜不骄;如果失败了,那么,败不馁。评估和提高,要求我们志存高远,及时总结咨询中的经验和教训,学习新知,提高个人的咨询水准,让自己的下一次表现更好。

小　结

《阴符经》说:"观天之道,执天之行,尽矣。"世界依照春夏秋冬的顺序流转,咨询师自可按照春夏秋冬的顺序来安排咨询。心理咨询依照天人合一的思想可划分为春夏秋冬四个单元,每个季节都有各自的工作要点。在这个结构里,每一个单元、每一季节都自成一体、相对完整。但各个单元之间又密切联系、相互交融,很好地反映了咨询实际。

心理咨询可划分为春夏秋冬四个阶段,从阐述上看,它们似乎是直线推进的,但实际咨询远非如此简单、顺畅——这四个阶段绝非截然分开,也非依序进行,而是交叉融合在一起。**心理咨询跌宕起伏、充满波折。在其中,当事人常卡壳,常反复,常突变。相应地,咨询师的会谈策略也需不断跳跃、折返、逗留。**例如,有时咨询师需在咨询之春后,跳过咨询之夏,直接给当事人提出建议,而有时咨询师在建议受阻时又需退回到咨询之夏,去调查他们的生活,探索他们的思维情感。前面的女运动员的个案已经充分反映了这一点。

心理咨询是咨询双方的一种全身心的对话,而不仅仅是语言的交流。咨询师需要用心去倾听,去体会,去关注,关注当事人的话语、手势、眼神、身体。在其中,咨询师也要调动自己的全部资源,用他的话语、他的手势、他的眼神、他的身体去展示自己的思想和灵魂。

其实,生活也是这样。巴赫金(1984)说:

"真实的人类生活是一个开放式对话的生活。生活是发自纯然的对话,意味着积极参与对话:去疑问,去留心,去回应,去应允,等等。在对话中,一个人全身心地参与其中:用他的眼睛、他的嘴唇、他的手、他的灵魂、他的身体和他的壮举。他把自己的全部投入到表述(discourse)之中,这些表述构筑成了人类对话的结构,最终成为世界共有的哲学对话(symposium)。"

心理咨询在这里与生活会通。

心理咨询是咨询双方心灵的碰撞,它成功的希望不在咨询师一方,亦不在当事人一方,而是在那碰撞产生的火花之上。在碰撞中,咨询师努力奉献智慧,依托自己的内心地图和瞬间灵感去发现当事人执着性的破除之道。与此同时,心理咨询也期待当事人的主动性:**咨询师倾听理解当事人,尊重当事人的话语权,赋予当事人对咨询师任何思考的否决权**。咨询中,咨询师的这两种努力交相辉映,此起彼伏,相互接力,共同促进了当事人心中的主动性与执着性力量对比的改变。最终,当事人的主动性占据优势,当事人心理困扰解除。

心理咨询是常新的,每一次咨询都是一次全新的轮回。对于咨询师来说,一个个案可能只是单次的会谈,也可能是多次的会谈。对于一次咨询的个案,咨询就是一次的春夏秋冬。对于多次的会谈,咨询就是多次的春夏秋冬。一次会谈之后,当事人的生活常有变化,这种变化可能是他们的宿舍来了新的同学,他们和一个朋友的关系结束了,他们见到了许久未见的父母,他们看了一部电影,他们要考试了,他们尝试了咨询师的建议,他们对咨询师有了新的态度……这意味着,**每次咨询,对于咨询师都是全新的开始,都需要咨询师和当事人重新确定心理咨询的议题**。如果咨询师的思维和情感还停留在上一次的会谈之中,他们将犯下刻舟求剑的错误。

天人合一,我们将上述咨询会谈模式称为心理咨询会谈的四季模型。

5 第五章
心理咨询的意象：涧水

◆ 道法自然。咨询师当效法涧水的精神，以弱者的姿态为咨询对象工作。

◆ 咨询师需要坚韧不拔，保持警觉，保持头脑开放，帮助咨询对象走出心理困境，同时成就自己的人生精彩。

心理咨询里的智慧是无穷的。

在前面的章节里，我们努力详尽地阐释我们对于心理咨询的理解。但是，言有尽而意无穷——我们的阐释还是不尽充分。例如，在心理咨询技术的行动维度中，我们将行为界定为对现实的回应，并据此帮助当事人对他们的行为进行分类、评估和修正，借此来帮助当事人。在这里，我们没有对现实本身进行分类和讨论。可是，"世事洞明皆学问，人情练达即文章"。**很多时候，当事人的困扰就是因为他们对现实认识不清，咨询的重要内容就是和他们讨论他们的现实境遇及其蕴含的机遇。**在讨论完这些之后，我们才可充分理解他们的行为。心理咨询常逃不过对现实的分析。对现实的分析考验着咨询师和当事人双方的智慧。

《周易·系辞》云："书不尽言，言不尽意"，"圣人立象以尽意"。大意为——孔子说："文字不能完全书写言语，言语不能完全表现心意。"怎么办？圣人创立意象以穷尽所要表达的心意。

这意味着，心理咨询虽复杂，但可用意象来表达。

另一方面看，**心理咨询虽然复杂，但在人类的各种活动中亦只是一种技能而已。**在人类发展的长河里，我们发展了许许多多的技能，如游说、武术、烹饪、医药、文学、艺术等。

在中国传统哲学中，所有的技术人员若想追求技艺的提升均需向"道"看齐。关于此，哲人庄子借庖丁之口说："臣之所好者，道也，进乎技矣。"而大道是相通的。

大道似水。

老子说："上善若水。"意为水是天地之间最具善德的事物。水柔弱而不争，养育万物，无所不容，无所不用而泽被万物；水行天道，顺自然，处卑下地位而不亢，始终如一而勇往直前。

心理咨询不也要这样吗？当事人来咨询的时候，是他们内心困扰之时。因此，与咨询师相比，他们常处于一种心理劣势，感觉自己不好，甚至哪儿都不好。而咨询师常常处于一种健康状态,他们作为一个权威,一个拯救者的形象出现,来被期待。因此,咨询师常自觉不自觉地处于一种心理优势地位,更何况傲慢是每一个人内心固有的执着。但这只是事情的一个方面,事情还有另外一面。从另外一面看,**咨询师是弱者,是非常被动、柔弱的,而当事人才是强者——因为当事人是心理咨询的发起者,他们启动了心理咨询,掌握着全部的信息,决定着是否采纳咨询师的意见,决定是否在咨询中投入,决定是否让咨询继续,决定自己下次是否再来。**

因此,若要心理咨询取得成功,咨询师必须如水一样。他们要自觉放低姿态,用自己的真诚、包容、谦卑和礼让,去陪伴、去倾听、去鼓励、去安慰。他们注定会遇到很多的阻碍,但不可轻言放弃。他们需要坚持不懈地与当事人肩并肩,一起去发现问题的解决之道。特鲁多医生说:"有时去治愈;常常去缓解;总是去安慰。"不必讳言,咨询师,无论多么优秀,但是总有一些时候,他们无法完全帮助到当事人。这个时候,他们一定要做到用自己的态度,给他(或她)安慰,给他(或她)祝福。

心理咨询有时似战争。

在心理困扰的时候,当事人的心中有两种力量在搏斗:一种为执着性,它制造了当事人的窘境,耍弄种种把戏来维持窘境;另一种为主动性,它努力帮助当事人摆脱窘境,让生活恢复平静。经常地,当事人的把戏得手,为此他们既得意又悲哀,因为**他们赢了游戏,输了生活。**当当事人来寻求咨询的时候,搏斗再起,游戏继续——他们想让咨询师帮助自己维持窘境,也想让咨询师帮助自己摆脱窘境。咨询师就这样卷入战争,就这样成为这场战争的一部分。

关于战争,中国古人亦主张向水学习。孙子云:"夫兵形象水,水之行,避高而趋下;兵之行,避实而击虚。水因地而制流,兵因敌而制胜。故兵无常势,水无常形,能因敌变化而取胜者,谓之神。"

咨询亦如是。

心理咨询需要避实击虚。

避实击虚首先要求咨询师在咨询中有所选择。

在咨询的过程中,每个当事人都有很多的不足,但是有些不足非常顽固,难以改变;有些不足则不然,它们非常薄弱,可以被轻松突破。面对此景,孙子提出:"途有所不由,军有所不击。城有所不攻,地有所不争。"咨询师需要发现容易突破的地点,有针对性地开展工作。对于那些坚固的不足,即使它们非常明显,非常具有诱惑力,咨询师也要坚决放弃。

《易经·系辞》云:"**天下何思何虑?天下同归而殊途,一致而百虑,天下何思何虑?**"成功的路有很多,咨询师不必拘泥于一个确定的方向。否则,咨询师将堕入执着。

其次,避实击虚还需要一份坚韧。

涧水在穿行山谷的时候,注定会遭遇很多山石的阻碍。面对众山石的阻碍,它们总是像白痴一样径直撞过去。它们不知道山石的阻力多大,它们用自己的生命去感知、去评估、去战斗。有时候,它们很幸运,它们将山石直接推下山谷;有时候,它们难一点,它们从众山石的缝隙中穿过;有时候,它们更难一点,它们原地踏步,当后面的援军涧水到来的时候,它们超过了山石的高度,发现缝隙,漫过山石;有时,它们也原地踏步,当后面的援军涧水的到来时,合力将山石推下山谷……它们就这样一路前行。

心理咨询亦如是。

心理咨询中每一个个案,都是鲜活的、独特的。咨询师在和当事人交流的时候,有时发现一个突破点,轻松突破;有时发现的只是一个疑似突破点,无法突破,于是继续交流,继续等待,后面又发现了新的突破点,一举成功;有时,咨询师无法突破,并继续进行多次的咨询交流,后面杀个回马枪,轻松突破原来无法突破的地方;有时,咨询师无法突破,但是随着多次咨询后的交流深入,所有的阻碍都不重要了,当事人自己释然了。**心理咨询,恰似涧水在山谷里蜿蜒曲折,时缓时急,突破重重阻碍,决然前行,奔向大海。**

最后,避实击虚要求咨询师时刻保持头脑开放。

涧水流出山谷时,它们的心中并没有预先的线路图,它们只是随着沿路的地理状况及时调整自己的线路和穿越方式。

心理咨询也是这样。

心理咨询不存在成功的路线图。咨询中,咨询师会凭借着自己的生活哲学、自己所学的理论、自己的临床经验和生活经验,去发问、去分析、去建议等,试图得到某种预期的结果。但是,**咨询师的预想是一回事,当事人的反应是另外一回事——他们的反应可能完全出乎咨询师的预料。他们可能**

会突然讲述令人诧异的事，说出令人诧异的想法。这时，咨询师需要保持头脑开放，放下预先的假设、预想的线路图，倾听他们，回应他们，思考他们话语里蕴含的机会，调整心理咨询的方向。如果咨询师无视他们的突然报告，继续之前的谈话，他们会感觉自己被漠视了。他们会失望，会伤心，会愤怒，会沮丧。后面，他们会对心理咨询产生怀疑和动摇，他们的心将游离。

心理咨询充满了随机性和不确定性。对于当事人咨询的任何问题，我们实际都无力知道当事人能否开悟，能否改变。我们也不知道，如果他们开悟，他们改变，那会发生在什么时候。所有这些给我们带来挑战，但也带来机会。纳西姆·尼古拉斯·塔勒布（2012）说："风会熄灭蜡烛，却能使火越烧越旺。对随机性、不确定性和混沌也是一样：你要利用它们，而不是躲避它们。你要成为火，渴望得到风的吹拂。"心理咨询亦如是。**咨询师就是要迎着随机性和不确定性，驾驭它们。**在其中，发挥才华，展现智慧，将当事人带出泥沼。

《易经》对涧水也进行了讨论。这一卦就是《蒙卦》，此卦讨论涧水，也讨论启发教化，破除蒙蔽。从某种意义上说，**心理咨询也是一种启发教化、破除蒙蔽的过程。**《蒙卦》说："山下出泉，蒙。君子以果行育德。"大意为：山下流出泉水，蒙。君子看到此景，领悟到在对他人进行教化时要坚决果断，平时要积极培育自己的德性。两者有机统一。事实上，一个人只有德性完善了，在对他人进行教化时才能坚决果断，德性不完善时人们或犹犹豫豫、闪闪躲躲，或草率鲁莽、胡言乱语，结果都是折戟沉沙，令人叹息。

《蒙卦》描绘的自然景象就是崇山峻岭之间的涧水，它源源不断地向外面，向山下涌流，安静、清澈、美好。那么，如何才能实现这种美好，常葆这种美好呢？这就需要山林茂盛，因为山林涵养水源，只有山林茂盛，涧水才能四季长流，绵延不绝。如果山上光秃秃的，树木很少，则涧水必然细小乃至干枯、断流。

心理咨询何尝不是如此呢？

心理咨询是艰辛的旅程，它要求咨询师真诚、包容、谦卑、敏锐、坚韧，它要求咨询师知识丰富，业务熟练。但是每个咨询师先天禀赋不同，没有一个人生来就真诚、包容、谦卑、敏锐、坚韧、博学、技术熟练。

怎么办？

这就需要我们在平时的生活中多多学习磨砺,提升自我。台上一分钟,台下十年功。只有我们平时多多学习,培养我们的品质,丰富我们的知识,我们的德性才能趋于完善,咨询的时候才能处变不惊、游刃有余。否则,我们可能只是偶尔地帮助到当事人,大部分时光里等待我们的都是挫败和忧伤。由此,我们一次次辜负了当事人,一次次地辜负了我们自己,令我们怀疑工作与生活的意义。

佛学经典《碧岩录》记载了这样一则故事。僧问大龙:"色身败坏,如何是坚固法身?"大龙云:"山花开似锦,涧水湛如蓝。"其中大龙禅师话的大意为:"看,那山上的鲜花,美得像锦缎似的,它们转眼即会凋零,但仍不停地竞相绽放。看,那山下的溪流,它的内在一直在奔袭不止,但那溪面静止不变,影衬蓝天,无限美丽。"

心理咨询亦如是。

心理咨询中,每一个当事人都是美丽的,咨询会谈的每一瞬间都是美丽的,但是它们不可能长留,转眼它们就消逝了。但是,这一切又是那样的值得,因为**咨询师的使命就是去见证、创造一个个美丽的故事。它们充实咨询师的心灵,撑起咨询师的美丽生涯。**

综上,涧水,可以给心理咨询无尽的启发。心理咨询虽然充满变化,充满奥妙,难以言尽,但是涧水这个意象,可以充分地表达它。

附录1
一名双相情感障碍女生的咨询自述

接下来我们将介绍一位双相情感障碍女生的咨询自述。

该女生当时读大学二年级,在国内某名牌大学理工科专业就读。她曾去一家全国知名的精神卫生中心求助,被诊断为抑郁躁狂双相情感障碍,建议药物治疗,但被其拒绝。也缘此,她的学业遇到很大的困难,被迫休学。此外,她的父亲,因为经济犯罪潜逃,多年没有音讯。她所在学院的领导非常同情她的遭遇,同时信任笔者,所以竭力要求她来笔者处咨询。经过8次咨询,她的情况得到极大的改善。惊诧于她的神奇改变,笔者邀请女生回顾她的咨询历程,试图透过当事人的视角来审视心理咨询。

女生答应了笔者的邀请,对8次咨询会谈逐一进行回顾。出于保护隐私的需要,我们对极个别细节做了处理,其他均一并如旧。为了让读者获得该个案的完整画面,更好地理解当时咨询的过程,笔者对她的8次咨询的自述进行逐一评点。

2011 年 12 月 12 日

杨老师是我见的第四个咨询师。前两个咨询师都是年轻的实习生。换掉第一个是因为她看起来比我还紧张。第二个咨询师说我对咨询的要求可能高出她的能力,建议我换资深一点的。在换到第三个后,学院老师强烈要求我来见杨老师,因为他曾经治疗好院里一个抑郁的女生。

了解到我正处在抑郁期,杨老师问我是否了解正念。我以前曾做过冥想,将注意力集中在鼻尖,但鼻子会痛,人也不太舒服。他于是建议改成将注意力集中在腹部,并带着我做了一次。说实话我并没有明显的感觉,他说的窗外的鸟叫声也没有听到,但我不想让他失望,也不想让咨询在这停留太久,就用我惯常的微笑和点头回应。

因为休学的缘故,我有许多对未来的焦虑,担心自己过不了想要的生活。他教我在产生负面想法后在心里默念"这只是一个想法"。默念了一遍后,我心里忽然轻松了许多,不再被那些念头压得喘不过气了。这是我第一次意识到,想法与现实有很大的区别。

这天下午,我仍旧如约去了第三个咨询师女老师 H 那里。这也许违反了什么咨询规则,但与杨老师的第一次会面印象不太好——有种在领导办公室汇报工作的感觉,我太紧张,太急于讨好。而且,在两天以前男朋友(我习惯喊他"哥")刚提了分手,虽然被及时挽回,但我急需和咨询师聊聊这件事。

晚上,我在微信上预约下周的心理咨询,却选中了杨老师。或许是因为对下午的咨询有点失望,H 老师说用"爱的五种语言"对待哥,可我隐约有些反感;或许是因为杨老师聊天般的咨询风格,让我意识到自己不喜欢 H 老师那种温柔甜软的语气;或许是我受够了妈妈,而有些想念久不联系的爸爸。接下来的两个月证明我的选择是对的。

咨询师的评点:

接到女生的学院辅导员的电话,知道了她的情绪状况和生活状况,知道了她正在我们中心一名非常优秀的咨询师处咨询后,我建议学院让其继续在该咨询师处咨询。但是,后面该学院的领导打来电话,介绍了女生的家庭情况,强烈要求我亲自接待该女生。为了维护与学院的信任关系,我答应下来。

初见女生,感觉她非常漂亮、拘谨。她话语很少,所以我被迫说很多话,我不想让谈话冷场。谈话中,她提到自己喜欢运动。于是,我想到身体策略,推荐了正念。她还告诉我,她喜欢看心理咨询的书,并期望老师推荐一些。考虑到她的家庭情况,感觉她的情绪与她的早期经历有些关系,我推荐了一名美国咨询师写的心理自助书籍《爱是一种选择》,和澳大利亚一名全科医生写的"接受—承诺疗法"自助书籍《幸福是陷阱》。

在读到她的咨询自述前,我完全不知道她又去同事处咨询了。

2011 年 12 月 19 日

我迫不及待地提起了困扰我最久的问题：无法独处。不过那时刚刚休学，又离开了吵闹的室友，我在校外租了一个可爱的小房子，将它精心布置了一番。这些事情都让我十分开心，对抑郁时痛苦的独处已记不太清，只是本着未雨绸缪的态度问了出来。

杨老师说，不敢独处，可能是因为缺爱。我不太认同。虽然父母感情有裂缝，但妈妈对我倾注了全部的爱；虽然爸爸阴晴不定，但他开心的时候对我特别好。我说了出来，本以为杨老师会告诉我这就是缺爱，但他立刻改口说："那，就是不想长大。小孩子害怕一个人，需要人陪着。"看到我理解不了，杨老师解释说，妈妈把我保护得太严实，不让我接触外界，而且她将生活的重心几乎全部压在我身上，我很容易顺从她的意志。

不清楚杨老师从何得知妈妈的情况，但很明显他是对的，因为我对这几句话产生了强烈的共鸣。以前的许多场景浮现出来：妈妈总说世界上坏人太多，要处处提防别人；在街上她非让我用口罩和阳伞遮住脸，以防"太引人注意"；租房子她要替我办手续，因为公司"人多眼杂"……

以前听说，如果当事人不按照咨询师的要求去做，那么咨询师也无能为力。因此我以为咨询师的观点是权威。但杨老师的反应让我觉得很安全。我受到了鼓舞，接着告诉他，我对他推荐的《爱是一种选择》共鸣不强。再一次宽心的是，他说那就不用看了，而非想象中的要求我更用心看。

直到下次走进咨询室时，我仍不理解不愿长大与抑郁有什么联系。但看到自己的症结总归是让人开心的进步。只要对自己说"是妈妈在害怕，不是我"，与人交谈好像就没那么可怕了。这周天气晴朗，我像他说的那样"享受轻躁"，几乎以为自己要好起来了。

咨询师的评点：

我爱给我的当事人推荐一些心理学书籍和演讲视频。有时，我会在心理咨询室里，直接翻阅一些心理学书籍中的片段，请当事人现场看，然后和他们讨论书中的观点。对于我推荐的东西，有的当事人喜欢，有的当事人不喜欢。这是他们的自由。对于此，我早已习惯。

我也爱给当事人做些心理分析和解释，但是我仅仅把它们作为撬动改变的杠杆。我不认为它们是绝对真理。咨询中,有时我会同时列出三种解释,请当事人自己挑选他们喜欢的解释。我认为咨询师只是当事人的参谋。因此,当当事人不同意我的观点时,我会毫不犹豫地放弃它,另寻他途。在这个个案里,她不同意我的"不敢独处,可能是因为缺爱"的观点,我就跑到"她不想长大"那里去了。因为感觉她对这个观点有些兴趣,但似懂非懂,于是我加大了力度,大胆臆测她妈妈的教育方式。很幸运,我说中了。

2011 年 12 月 30 日

这周本不打算来做咨询,但四天前,哥因为我"占错了座位,道歉又不诚恳"提分手。才在一起三个多月,这是第四次他因为无足轻重的事(至少在我看来如此)提分手。那天晚上每隔几小时我就要醒来看微信,期待他说一句原谅。三个月的相处本不会让分手如此心痛,可半年前我刚被相处三年的男朋友甩了,对分手心有余悸。第二天我还是艰难地挽回了他,就像前三次一样。杨老师说哥有他不成熟的地方——不能处理亲密关系中的冲突。很开心他这么说,我可以停止责怪自己。

杨老师第一次提起了权利与责任。哥总因为我做的选择(尤其是餐厅)不合心意而大发脾气,我只好全部听他的,至少他不会因为自己做得不好而生气。我以为所有的男性都如此易怒,所以和哥在一起也从不选择。杨老师说我将权利让出去了太多,应该试着拿回来一些。他建议从主张小的权利开始,主动点一道菜,主动选一家餐厅,主动要求哥亲亲自己。听起来不难,我愿意试试。

"无法改变别人,只能改变自己",我一直理解不了。拿回一点点权利,哥就不提分手? 我表示怀疑。

咨询师的评点:

她的男友有明显的不足——他曾经谈过多位女友,但是每次均维持一个月左右,然后他即离开。他长于建立亲密关系,但不知也不愿维护一段亲密关系。尽管如此,我还是为她拥有男朋友开心,因为她需要陪伴和温暖。但是,我认为她在这个关系里牺牲了太多的个人权利。这会令其压抑。当压抑到一定程度的时候,她会抑郁。我对权利这个词很敏感,因为它是我的自我认知三要素中身份这个要素的重要组成部分。在本个案里,我轻松提取了权利这个词。但是,我知道女生的行为已经模式化了,要改变,她需要一点点来。单单的心理分析是不够的,她需要行为的调整来改变。

2012 年 1 月 5 日

这天上午我在试着申请一个去一所欧洲大学的海外交流项目,却被学院老师劝阻了。我既害怕与领导打交道又害怕被拒绝,所以对他的阻止惊慌失措,赶忙来和杨老师讨论。杨老师说他可能是担心我的状态不能应付海外交流。原来理由这么简单,之前在心里假设的种种阴谋显得有些可笑。我既嘲笑自己为这种小事担惊受怕了一上午,又鄙视自己如此胆怯。我问杨老师究竟该不该听从别人的建议,杨老师说在安全范围内坚持自己的选择是可以的。以前我经常放弃选择的权利,因为无法承担不听从建议带来的责任。看来权利与责任是一个很重要的问题。

咨询师的评点：

她是临时要求来咨询,我不知道发生了什么就答应了下来。当当事人期望我对他们的个人事务表达态度时,我常简单直接地说出我的个人观点。我不会循循善诱,这是我的性格使然。在这个个案里,我咨询结束了也不知道她“心里假设的种种阴谋”。她在咨询时一直很内敛,她没有说这些,我也没去问。不过,很幸运,我的观点击破了她的内心假设。

在和女生讨论了海外交流之后,我们一起讨论了她过去的重大人生选择,如中考志愿和高考志愿等。在过去的选择中,她一次次地牺牲了个人的兴趣,服从了父母的意志。这样,谈话又过渡到了权利和责任上来。

她还提到她和母亲相处得不愉快。母亲总想来照顾她,为此辞去了老家的工作来到上海,并非常想住得离大学更近一些。她非常反感。每次和母亲见面,她都想尽快离开。

2012 年 1 月 12 日

我又抑郁了。其实咨询室是为数不多的开心的地方,但为了增加抑郁的可信度,我尽力带着一副悲伤的表情。我与抑郁已经战斗了至少三年(虽然今年才意识到),它是可以预测的:当冬季到来,当改变带来的新鲜劲过去,当哥不得不拒绝时刻黏着他的我。我满怀希望地说出这些,期待杨老师能给出一个让我恍然大悟的理由,可他只是说,心理层面问题已经很清楚了,剩下要解决的只是生理反应。不知道那会儿我的眼神是不是黯淡了几分,因为这些话是如此让人丧气——原以为心理和生理问题是同步解决的,但这句话相当于告诉我还要付出更多的努力。

杨老师问起冥想,我撒谎说那没有用。其实我根本没做,因为不喜欢斩断情绪的感觉。他带着我试了另一种冥想:逐一感受自己的脚趾、小腿、膝盖……我告诉他,不停咀嚼自己的难过其实更好接受。我把自己裹在被子里,试着拆分出情绪中的每一种成分。在拆出来一两种后,尽管我不知道对错,还是能平静下来。杨老师没有否定这种方法,他说每个人的抑郁都不一样,只要适合自己就是好的。我感到被包容了,即使没有做到他的要求,也不必因此羞于见他。

临走前,杨老师说抑郁可能是活力被压抑的结果。我不太懂他的意思,但活力这个词让我莫名的开心。

咨询师的评点:

我认为对于她的心理分析已经结束。因为分析只是一种诠释罢了,而诠释是无穷无尽的。太多的诠释是对生活的逃避。我们应该回到生活上来,用行动改变生活,用生活改变人心。所以,我拒绝和女生继续进行深入的心理分析。

我之前向女生推荐了正念中的呼吸禅修技术,她说没有使用,我就理解为这个技术对她没用,反正那只是一种工具。但是,我想试试正念中的身体扫描技术,她否决了,这对我是一种反馈。当她提到她的个性化方法时,我很开心,因为她告诉我那方法可以帮助到她。

临走时,我提到"活力"一词,这是因为我看了 TED 演讲中一名抑郁症患者的演讲,演讲者用了这个词。我对那个演讲印象深刻,于是就和女生分享演讲者的观点。直到咨询结束的时候,我也不知道她那么喜欢我的分享,那么喜欢"活力"这个词。

2012 年 1 月 16 日

后来杨老师说,咨询有几次小波折,这可能是其中一次。两天前 14 日的晚上我给他发了一封歇斯底里的邮件,痛苦地描述哥这四天来是怎样对我实施"冷暴力"的。向杨老师发邮件求助,这在两个月前绝不可能发生,但我确实这么做了。一是因为四天没和哥见面让我的情绪掉到了谷底,除了杨老师根本没有可以倾诉的人;二是他上次鼓励说不要怕犯错,这无疑给了我打扰他的勇气;三是我曾预防性地向他确认过,在他的寒假期间可以发邮件。能在邮件里说出这件事已经舒服了很多,而让我出乎意料又受宠若惊的是,他很大方地安排了 16 日的一次咨询。

波折之处在于,15 日的晚上我又发邮件取消了咨询,因为和哥度过了愉快的一天,让我觉得没有必要再咨询。我意识到,情绪不会一直陷在最低点。睡觉也好大哭也好,只要能设法熬过最抑郁的几天,接下来情况一定会好转。不过我为爽约羞愧了很久,这似乎是滥用了杨老师的包容。

咨询师的评点:

我过去常拒绝和当事人通邮件,但是看了澳大利亚籍国际著名咨询心理学家麦克·怀特的书以后,我改变了看法。我现在很乐意和当事人进行邮件交流。所以,收到她的邮件,我检查了自己的日程安排,发现自己有时间,就回她说"可以见她"。我对于她的心理历程一无所知。

后来,她回邮件说她生活状况改善,要取消预约,我很为她高兴,觉得生活很有趣。

2012 年 2 月 15 日

再见杨老师已是一个月之后。春节期间和一个男生(称他为 L)相处了几天,L 对我言听计从,正如我对哥一样。经历了从被动到主动的地位转换,我彻底明白了"权力与责任"的含义。我激动得告诉杨老师,我自作主张地在哥身上做了些试验:试着在谈话中打断他,而不总是绞尽脑汁去接他的话;开始专注于自己的感受,鼓励自己说出:"我不太想去跑步,不如去游泳?"也偶尔不回他的微信消息。这些事做起来并不轻松,需要不停安抚心里的恐慌。但哥确实开始越来越多地问我的想法,我成功地"把权利一点点拿回来"了。几天前发生过一次争吵，但正如杨老师说的，他不再提分手了。

在听我叙述的过程中，杨老师不停地点头微笑，说"这很好"。也许他也正想着：我在好转了。

咨询师的评点：

当事人和 L 男生的交往时，在交往中观察思考自己的行为模式，让我感叹生活的趣味——你永远不知道当事人会做些什么。她对自己的行为可能对 L 男生的伤害感到愧疚，我对其进行了安抚。我告诉她，那是 L 男生愿意的，L 男生对能和她交往已经很知足。我的话打消了她的愧疚。

她完全吸收了我关于权利的观点，大胆前行，不断突破。

她还说她和母亲的关系大大改善，我很惊诧，但我没有去追问，我只表达了我的欣喜。

基于自己的进步，她还提到她要搬回宿舍。她说她过去一直喜欢和男生交往，很不擅长和女生相处。因为和室友相处不好，所以她搬出宿舍，在外面一个人租房子住。对于她要搬回宿舍的决定，我给予了鼓励。我觉得那是一道必须迈过的坎儿，因为在这个世界我们需要和同性相处。

我没想到她会进步这么快。

2012 年 2 月 24 日

我骄傲地告诉杨老师，上次咨询后我做了更大胆的尝试：表情严肃地告诉室友她的闹钟声音太大。面对她时我紧张得双手发抖，但说完后明显心里一轻，和她同处一室时常有的压抑感瞬间消失了。我敢肯定自己在好转，因为开始关注内心，问自己想要什么，不再看人脸色做事，不再为一条未被答复的微信胡思乱想。除去讨论写这篇自述的时间，这次咨询只进行了一小会儿——解决不了的问题几乎没有了。

杨老师说我已经痊愈了 99%，即使冬天也不会抑郁了。这正是我一直期待的，不过它来得出乎意料的快。过去的抑郁期还在眼前，那种绝望感依然让人心悸。虽然仍担心冬季抑郁会如约而至，但这次也许我能和它共处。

咨询师的评点：

她在宿舍不再忍气吞声，她成功地捍卫了自己的权利。

她和男友的关系得到了改善，她和母亲的关系得到了改善。

对于她的咨询在冬天开启，她的情绪在冬天改善。所以我认为下一个冬天来临的时候，她情绪会低落，但可能不会抑郁。

人际关系治疗告诉我们，人际关系的改善可以帮助很多抑郁症患者痊愈。现在，她的人际关系改善，人际相处的技能也提高了。此外，她的内心发生了改变，她的行为模式发生了改变。她的情绪很平稳。所以，我认为她的抑郁症得到了控制。但是，这个世界充满神秘，我不能完全确定。因此，我说她的抑郁症已经"已经痊愈了 99％"。

我相信她的痊愈。我想告诉她这个消息。

2012 年 3 月 23 日，邮件

杨老师：

哥又生气了。事实上，他很可能会在一天或者两天后提分手。做出这样的判断，不只是因为我一贯的悲观态度。吵架中如果哥不停地描述我做得怎么怎么不对，那么他其实不很生气；而如果他像今天这样少言寡语，那么几天后提分手是不可避免了。

我还没来得及看《伯恩斯情绪疗法》（现在后悔没有快点看完），但能猜到这次又说错话了。我告诉哥周日准备去和跑虫社团春游，他有点失望，说本来想周日一起吃饭看书的。我说如果活动不好玩就不去了。他开始生气了，说不应该让他等着我做决定，他宁愿就不和我吃饭了。之后便是哄不化的严肃和不停挣脱的冷漠。我试图从哥的眼神里看到一丝动摇，可是五分钟十分钟的等待只是更多的失望。我只好放开了他——除此之外还能怎么办呢。在他面前我总是说错话做错事，俨然一个情商低下什么都不懂的小女孩。为什么会这样，我一直自诩恋爱经验丰富。

印象最深刻的大概是哥面无表情甩开我的手的样子。几乎每次吵架他都会这样做，第一次发生时我十分慌乱，几乎不敢相信；现在有点习惯了，虽然仍被刺痛。我不止一次地"劝说"过自己，这么过分的男生不值得去难过。今晚我很快就放弃了挽留，因为此前在心里设想过许多遍，如果哥再提分手,要毫不犹豫地答应。我开始疲惫了,开始厌倦那些担惊受怕的夜晚。虽然每次都竭尽全力地挽留他,可被伤害后的愤怒在悄悄积攒着。也许就是这次了,也许是我先提分手——可能性微乎其微,但有这种想法已经能说明些问题了。

我很伤心,哭得停不下来,但已经没有了抑郁和绝望感。就像长跑一样,尽管累得要趴在地上,但依然重心稳定呼吸平缓。这段关系很美好,但弊端显而易见。我太被动,太卑微,时刻注意着哥的语气神态,生怕惹恼他;随之而来的是我失去了提意见和生气的权利。说哥没做任何适应我的改变肯定是不客观的,但他比我做得少得多。不知道迎合是不是一种习得性无助,但至少它被觉察到了,觉察总是改变的开始。

除了九成心痛,还有一成开心和好奇。开心自己真的走出抑郁了,现在难过却平稳的心境就是最好的证明;好奇这样的自己会怎样面对痛苦。哥陪我度过漫长的冬天,教会我只有自己才能对自己好,抑郁的康复有他很大一份功劳。若哥愿意陪着再走一段,我求之不得;若哥不愿再指导这个自私任性的小女孩,我也能在新的人生阶段照顾好自己。

咨询师的评点:

征得她的同意,我公开了这封邮件。邮件中提到的《伯恩斯情绪疗法》是应她的要求推荐的,她提到想解决和男友的冲突问题。我想到了这本书。在过去的小冲突中,女生遇到指责习惯性地否认、辩解,这样直接导致冲突升级。升级之后,女生投降,投降后觉得屈辱。我想改变这种状况。我记得该书介绍了冲突管理的 EAR 模式,即强调沟通中的 E(Empathy,表达对他人的共情)、A(Assertive,主张自己的权利)和 R(Respect,尊重他人)。感觉她需要这个。

从这封邮件不难看出她变得很勇敢。她的情绪也稳定了。

在这封邮件之后,我又为她做了三次咨询。她说她的男友主动和她和解了。她在后来的小冲突中尝试 EAR 模式,取得不错的效果。我们亦讨论了冬季抑郁的问题。她对其进行了新的解读:高三的冬天特别冷,她的压力也很大,很压抑、紧张,至今想来依然心有余悸。自此之后,每年冬天,她都很紧张。我猜测也许是高三那年冬天,她的父亲失去音讯,但我们当时没有就此讨论。第三次咨询,她再次讨论她和男友的关系,说起对男友的依赖。我们过渡到她和父亲的关系。她哭了,她说她非常非常思念父亲,她不知道他过得好不好。她自小就非常喜欢自己的父亲,崇拜自己的父亲,尽管父亲和母亲关系不好,对她也经常很粗暴(当然非常爱她)。她在幼儿园读的是寄宿制,她总不开心,总盼着父亲早早把自己接回去。高三那年冬天,她的父亲搬出和别的女性住在了一起。

咨询完了,感觉她的心挣脱了枷锁,她自由了。

这三次咨询她没有自述。在她写完前面的自述之后,我没有想到她会继续咨询。但是她来了,自然地我发出续写的邀请,她答应了下来。几周以后,她反馈说自己写起来很累。她说,可能因为好了,就不愿再回忆难过。我告诉她:"你可以拒绝。"她说:"真的吗?"我说:"是的,这是你的权利。"她放松了下来。于是,本章就没有她后面三次的自述了。

咨询后三个月迎来学校九月开学季,她复学了。新的学期,她适应很好,学习很轻松,和男友相处也很好。两年后,她直升了某名校的博士研究生。

总体评点:

这是一个困难的个案,因为一份幸运相随,咨询取得成功。

很明显,咨询师在咨询中展示了很多的不足,例如咨询师并没有充分理解当事人,不知道她的担心、恐惧和纠结。咨询师很多的建议并不适合当事人。

但是咨询亦有闪光的地方。

咨询师得到了充分的信任。咨询中,当事人很自由,可以自由发表自己的见解,咨询师也是知无不言,言无不尽。咨询师尊重当事人的话语权,所以当事人可以轻松否决咨询师的观点。

咨询师所有的分析建议都是基于心理咨询的六维结构做出,非常灵活。

谈话遵循了四季模型。每次谈话都是全新的开始。每次谈话都没有预案,都是当事人挑起议题,咨询师就此回应。咨询师只和当事人讨论当事人关心的议题,没有去讨论她暴露出来的所有缺憾。例如,咨询师并没有和当事人讨论如何改进和其母亲的相处,也没和当事人讨论如何和同性相处。当事人自己运用自己的智慧解决了这些问题。

整个咨询像行云流水一样。

附录2
一例电脑游戏成瘾的心理咨询

一天,一位辅导员打来电话,说院里一位同学整天沉溺于游戏,有时甚至夜宿网吧,自己和班主任多次找其谈话也没有作用,想请我看看他是否有心理问题。我答应了下来。

第二天中午,同学来到心理咨询室,他睡眼蒙眬、脸色苍白,我们开始了交谈。在简单地询问了他的当前学习生活情况之后,我问他打游戏的情况。他坦言自己打游戏很厉害,有时甚至连续两三个昼夜都泡在网吧里,自己也很恨自己,但就是无法控制,甚至变本加厉。但他透露,早在初中,他就打游戏机,但那时没有瘾,放下很容易,不像现在,像疯了一样。言谈中,同学一直低着头,眼睛盯着地板,话语中显示个人性格执着坚定,思维缜密。作者据此推测一定有一种情感,挥之不去的情感,驱赶着他上网游戏。上网游戏也许是他内心的某种呐喊。

怀着这个假定,我询问了他的身体状况、人际交往及感情方面的情况,希望能从中发现蛛丝马迹。但很遗憾,他的身体状况非常好,睡眠也相当不错,还经常打篮球!交往,虽然内向了些,但与同学相处还是很和谐的。至于情感,他说自己没有女朋友,但个人从未感觉到这方面的压力,甚至说自己可能一辈子都不结婚,因为自己看不到结婚的必要。

我找不到特别的线索,失望之余只好冒险发问:"我有一个猜想,你中学时读书非常好。"同学一怔,回答道:"是的,中学时我读书很好,老师经常表扬我,同学也很羡慕,走在校园里常能看到听到同学指我说我……""校园明星?""是的。""现在呢?""现在成绩不太好。""你很怀念中学的时光?""嗯。""你很想回到过去,并切实地努力过。""是的,我努力过,但有几门功课就是学不好,没有办法。但进步是有的。"

"对,可还是比不上别人。这也是我打游戏的一个原因吧,每当心情不好时,我便上网发泄一番……"

"去网上寻找辉煌的感觉?"

"嗯,网上游戏是分级的,过了一级,计算机便会提示你水平提高了,然后进一级。在网上挑战与进步非常明显……""打完了呢?""很后悔,很恨自己,很想改。""怎么改法?""忍住不去网吧,我曾成功地三天不打游戏,但后来还是控制不住。我发现我的情绪有一个周期,一个月中总有几天心情不太好。心情不好就去打游戏,打游戏的时候心情会好一些。""但后来呢?""心情却不好借酒浇愁,只会愁更愁。"

谈话至此,我大体搞清了他游戏成瘾的原因,那么如何帮助他走出来呢?

作者问道:"每个人都曾有一个理想,这个理想弥足珍贵。你能谈一谈你的理想吗?""我的理想? 我的理想淹没了。""那就把它刨出来吧。""我曾想成为一名伟大的物理学家,像爱因斯坦那样的。我中学的时候非常喜欢物理,还曾得过奖,高考填志愿很想填物理,但父亲强烈反对,结果填了计算机,但学校计算机的录取线很高,我没有被录取,转到了现在的院系。对现在的专业我真的很不喜欢,而且好像毕业了要么失业,要么改行……""你不是可以考研,考物理,这样你不就可以重拾旧日的梦想了吗?""……"他,沉默不语。"我有一个观点,搞物理要搞出点成绩,最好能出去走走,你同意吗?""同意。""那么怎么才能出去呢?""不太清楚,可能要考 TOEFL、GRE吧,别的就不清楚了。""对,出去好多时候需要 TOEFL、GRE 成绩,但还有一项成绩也是必需的,叫 GPA,即你的平均学积分,主要反映你平时的专业课成绩。尽管你要选物理,但你现在的专业课成绩学校还是要看的。"……他又沉默了,但似有所触动。

谈至此,我话锋一转,问道:"你能谈一谈你的兴趣、爱好吗?""我没有什么兴趣爱好。""那平时课余时间你都做些什么呢?""上网、打篮球什么的。实在谈不上什么喜欢,唉……"

"那么过去呢?""过去?""就是你中学或者小学的时候。"

"中学的时候,我很喜欢大自然,很喜欢昆虫、蝴蝶、鸟儿,我读过法布尔的《昆虫记》,还曾自己制过昆虫的标本,不过最后不知怎么弄丢了,很可惜……""现在呢?""不做了,想不起来了。"

"你可以重新做起来啊,你看我们的校园正好在市郊,空气和绿化都很不错,昆虫一定不少,想欣赏大自然,步行就可到黄浦江边。"

"嗯。"

交谈到这儿,作者认为咨询已可结束,在征求了同学的意见之后,我对整个谈话进行了小结:"第一点,你很优秀,你的话语执着,我能感到一份独立和自信,你的思维也非常棒,你蛮有机会成功,尽管现在的境遇不太好。第二点,关于情绪,人的情绪是有周期的,每个人在一段时间里都可能经历一段心理的消沉期,这倒不见得是因为你做错了什么或者是什么做得不好,而是因为这是一个与生理、气候等有关的一个规律。情绪不好的时候,一定要好好照顾自己,不要亏待自己,如果你不照顾自己,那么谁来照顾你呢!实际上你讲到你欣赏大自然,喜欢散步、捉昆虫,你完全可以通过此来调节自己的情绪,使自己的心宁静。你说你常打篮球,打篮球确能起到一个发泄的作用,但对于你,它更像是一种逃避。情绪需要宣泄,但好多时候它更需要消融,就像食物需要消化。第三点,关于激励,我们每一个人都需要激励,你好像更需要一些。但现在因为一些原因,你得不到激励,你选择了游戏。在游戏中,你仿佛回到了从前。你也曾抗争,比如猛读书,但还是比不上别人。实际上,你是可以不和人比较的,因为你的志向与别人不同,你可以自我激励。只要你进步了,不管在别人看来多么的渺小,多么的微不足道,你都应该奖励自己,比如下馆子、打游戏,你也可以打电话、写信给你的好友、家人,他们一定会为你高兴,而你就可以从他们的高兴中获得激励。第四点,关于理想,你不应把它埋葬,实际上从你的言谈中,我也发现,它从没有熄灭!虽然现在你的境况不尽如人意,但就像我们分析过的,你还有机会,你可以去争取,你也应该去争取!第五点,关于过失。每次打完游戏后,你都很后悔,很愧疚,但'人非圣贤,孰能无过'。可能这次谈话以后,你还去打游戏,甚至又是通宵。但要记住,不要再责备自己了,你已看到每次的责备只是增加你的不快,只是把你推向下一次游戏。打完游戏,散一散步,想一想自己的将来,想一想自己的过去,想一想做些什么,想一想现在要做些什么,立刻做起来。记住,不要去责备自己,我们还年轻,我们必然会犯错误,我们也犯得起错误。"

咨询结束了,共耗时约一个半小时。一周后辅导员反馈他依然打游戏,但时间大为减少,两个月后,辅导员说他学习非常努力,再也不在网吧出没。三个月后,我见到了他,他气色很好,面带微笑,说自己已从中彻底走了出来,并对我的帮助表示衷心的感谢。他还愉快地接受了电视台记者关于游戏成瘾戒除的采访,在摄像机面前,他镇定而自信,侃侃而谈。我由衷地为他高兴,为他祝福。

(原文发表于 2001《大众心理学》)

个案分析:

这是一个典型的游戏成瘾个案,在这个个案里,咨询师综合运用了六维结构。

(1) 时间维度的过去方向,探索了游戏成瘾的原因以及过去的兴趣爱好(抓昆虫);

(2) 时间维度的将来方向,挖掘了同学的远期憧憬(做伟大的物理学家);

(3) 身体维度的运动方向,建议同学散步;

(4) 同情维度的自我同情方向,建议同学停止自我谴责。

非常幸运,虽然仅仅一次会谈,咨询即取得成功。

附录 3
一例抑郁症的心理咨询

一天傍晚,一位女生叩开心理咨询中心的大门,她面容憔悴、神情焦虑,没等坐下,便急切地要求咨询。我给她倒了一杯水,让她描述自己的情况。没等开口,她已泪眼婆娑。

最近两个月来,她境况很不好,看书、吃饭都没有一点精神,很着急。自己虽努力尝试改变,但情绪依然很差。一个月前,她去了某直辖市精神卫生中心,中心的医师告知她患了抑郁症,给了很多药,但现在 3 个多星期过去了,情况依然没有改变。我心头一紧,我不愿她真的患上抑郁症,因为如果是,那对一个咨询师来说将是一个相当大的挑战。于是,我询问最近她有没有发生什么特别的事情,她说没有。我紧接着问她的寝室关系怎么样,她回答:很好,她们经常帮她,这次来也是同学建议的结果。我有一丝失望,我不情愿地问她过去是否出现过类似的情况。她告诉我,在她大学一年级的第二学期时也曾无缘由地情绪低落,做事没有精神,但后面不知怎么,过了一段时间自然好了。

她患上了真正的抑郁症。

为了确证,我询问她平时的情绪怎么样,她说自己的情绪一直不好,常因很小的事哭泣。

家庭治疗理论告诉我,抑郁与一个人的家庭有很大的关联。本着这个想法,我们开始探讨她的家庭。她告诉我她的父母亲虽是自由恋爱结合,可关系一直不好,两人争执不断。他们常常表示要不是因为她,他们可能早已分开。母亲有时还半真半假地对她说:"你以后不要找男朋友,妈妈和你过一辈子。"听到此,她毛骨悚然。父母亲结婚时母亲是下乡知青,而父亲是当地的。我插上一句，说："你母亲能力很强。"她说："是的，母亲能力很强，也很活跃，家里很多事都是她张罗。可父亲不善言辞，朋友很少，下了班一般就在家待着。"谈至此，她父母不和的原因已可以解释。两个小时很快过去，我和她相约下一次的见面。临走，我借给她一本心理自助书——《爱是一种选择》，嘱托她回去好好看一看。书是从爱的角度，深入精细地分析父母关系不和对下一代心理的影响。我想兴许这本书可以帮助她看清自己的问题。

第二周，她如约而至。我问她书看完没有，她说看了而且看了三遍。于是我和她开始谈书中一些理念。她告诉我一个事情，她在校园里一直很怕见到猫，见到了就特别难受。有一次，在学校的路上她见到一只猫，她的胃立刻翻腾起来，脸色苍白，呼吸困难，无法站立。于是她蹲了下来，过了许久，才挣扎着回到宿舍。长期以来，她一直不明白为什么，看完书以后，她明白了。原来，小时候有一次，她在路上看到一只小猫。她觉得它很可怜，便将它抱回家去。回到家，父母亲正在争吵，父亲说从哪弄来的野猫，随后一脚便把猫踹出了门。她赶紧冲出门去，把猫抱回来。第二天，猫死了，她好悲伤。自此以后，她见到猫就特别难受。

听完她的讲述，我说："你就是那只猫。"她点了点头。

第三周，她如约而至。她的精神状态有所改善。我们开始讨论她现在的生活，她忽然告诉我，其实她经常虐待自己。她常一个人在房间里用针扎自己，扎得很痛很痛。扎痛了，自己反倒觉得开心。有时她会饿自己，好几天不吃饭只喝水，最后实在撑不住，才在同学的规劝中去吃一些东西。她不知道自己为什么。我思考了一会儿，说："因为你恨自己。当年幼小的你，曾梦想帮助父母亲和好，你为此努力。但那实非你的能力所能及也，于是你恨自己；当年幼小的你，频受父母的指责，因为正是你，他们才不能离异。你不但多余，而且罪恶，你恨自己。你其实恨父母亲，但你不敢。实际上不光你不敢，世界上几乎所有的孩子都不敢恨自己的父母，不敢接受自己的父母不爱自己，他们总是反反复复地告诉自己：父母亲如何如何爱自己，因为孩子离开了父母是无法生存的。于是，你因为'不敢与不愿'所以'不知'，不知自己有深刻的'恨'。但它真真切切地存在，存在便求表现的机会，于是它表现了：你用针扎自己……"

第四周，她说自己的状况好了很多，但觉得自己和男朋友的关系问题很大。男朋友是中学时自己主动追的,但现在大家却没有什么话说,见面总是感觉很堵,但不见又有些想。我问了一句:"他是不是和你父亲很像?"她愕然,沉默了一会,说:"是的。"我说:"你在重复你父母亲的生活。"她陷入了沉思,很长时间以后,她点了点头。她男朋友和她父亲一样沉默忠诚,他现在另一座城市读书,见面机会很少,见了面说话也很少。她因寂寞与缺乏温暖而谈朋友,但现在的朋友让她寂寞而缺乏温暖。命运真会戏弄人,它总是不知不觉让人走进一个圈套,走进一个循环。圈套总是两个人扎的,我想他可能也有一些问题。我建议他们找个机会,把问题摊开,好好谈一谈,试试运用我们晤谈时的思维、理念来分析、处理存在的问题。古希腊人认为直面问题,恶魔可以变天使。我想他们如果能勇敢地面对问题并切实地采取行动,他们的关系兴许因此而增进。她坚定地点了点头。

第五周,她又如约而至。一周来,她的情绪稳定了很多,读书已能集中精力,但生活还是没有精神。另外,经历几次谈话后再接母亲的电话,感觉自己对母亲好像很冷漠,为此感到很内疚。我想这是一件自然的事,因为觉悟这样的事之后通常是痛恨,痛恨后自然是冷漠。于是,我们谈及对父母的态度,谈及对父母的感谢,谈及原谅一个人就是给予自己自由,过去业已发生,而人当面向未来。

第六周了。她似乎冷静了一些,神情也放松了许多,但她说自己仍然非常没自信,很希望自己能自信一些。听到她的汇报、她的希望,我轻舒了一口气:咨询有了很大的进展。我坦率地谈了自己对自信的理解:我认为自信是安全感的一个表现,也是生活训练的产物。在她的成长条件下,没有自信是非常自然的事,因为长期以来,她一直缺乏安慰与鼓励,自己也在不断地斥责自己、贬损自己,在这种情况下,有自信可能才是一件奇怪的事。不过,我想现在虽然她生活情况似乎没有改变,但她毕竟认识到了自己的问题,这实在是一个很大的飞跃。我告诉她要多多鼓励自己,不要再斥责自己、贬损自己。我也告诉她不要像阿Q那样不顾事实地对自己说自己如何好、如何优秀。因为那只是自欺欺人,对心理不会有多少帮助。但即使一个再差的人也会做成一些很好的事,而如果一个人做成了很多很好的事,她自然就是一个很好的人、优秀的人。所以,努力争取进步,肯定自己取得的每一次小小的进步,原谅自己身上的一些不足,悦纳自己,是自信的开始。自信,从某种意义上说,是不断成功的战利品。它不可能一朝铸就,就像罗马不能一日建成。但我们只要执着地追求,它一定可以到来。

第八周,她准时来到中心,神采飞扬,几乎是蹦跳着走进我的办公室。她兴奋地告诉我她情绪好了很多。两周来她一直在不断地抚慰自己,鼓励自己。这次英语她考了90分,她非常非常的开心。她的心充满了温暖,她感觉一个多月的治疗让她的心灵受到了一次涤荡。我由衷地为她高兴,为她祝福。

咨询过后两个月的一天,天很阴,我接到她的电话,从医院打来的。她病了,是肺结核,住进了医院,父母最近离婚了。我问她怎么样。她说自己很沉静,很坚强,因为心结开了,因为有所准备。我嘱咐她照顾好自己,也祝福她未来的日子生活幸福美好。

年末,她寄来自己手工制作的贺卡,感谢我的帮助。

从此,再没有她的消息。祝她快乐。

（原文发表于2002《大众心理学》）

个案分析:

这是一个经过多次咨询后成功的治愈抑郁症个案。咨询师在处理的时候,呈现以下特点:

(1)咨询师充分展现了心理咨询的原则,赢得了当事人的高度信任。

(2)咨询中,咨询师有很多现场发挥、很多猜测,当猜测错误的时候,咨询师悄无声息地离开,没有在上面停留。

(3)每次咨询会谈均遵循了四季模型:没有计划,没有预案,双方合力摸索,携手前进。

(4)咨询师使用六维结构中的技术有:

时间维度中的过去方向,认真探讨了童年家庭对其的消极影响;

行动维度的行为方向,建议女生积极与男友改善沟通和努力学习;

目标参照中的生活观念,推介"自信来自胜利"等观念;

同情维度的自我同情,建议女生积极开展自我肯定。

(5)咨询自然流畅,像涧水一样。

以上因素的综合作用促进了该生抑郁症的康复。

主要参考文献

［1］谢华.黄帝内经白话释译［M］.北京：中医古籍出版社,2000.

［2］冯友兰.中国哲学简史［M］.赵复三,译.天津：天津社会科学院出版社,2005.

［3］梁漱溟.人生与人心［M］.上海：上海人民出版社,2005.

［4］马斯洛,奥尔波特,罗杰斯,等.人的潜能和价值［M］.北京：华夏出版社,1987.

［5］罗杰斯.个人形成论：我的心理治疗观［M］.杨广学,等,译.北京：中国人民大学出版社,2004.

［6］罗伯逊.贪婪：本能、成长与历史［M］.胡静,译.上海：上海人民出版社,2004.

［7］郑石岩.禅：生命的微笑［M］.桂林：广西师范大学出版社,2004.

［8］舍勒.价值的颠覆［M］.刘小枫、罗悌伦,等,译.北京：生活·读书·新知三联书店,1997.

［9］约翰·加尔文.基督徒的生活［M］.孙毅,选编.钱曜诚,译.北京：生活·读书·新知三联书店,2012.

［10］威廉·B.欧文.像哲学家一样生活［M］.胡晓阳,芮欣,译.上海：上海社会科学院出版社,2018.

［11］王正山.中医阴阳的本质及相关问题研究［D］.北京中医药大学,2014.

［12］徐光社.因动成势［M］.南昌：百花洲文艺出版社,2003.

［13］彼得·德鲁克.卓有成效的工作管理［M］.齐思贤,译.北京：东方出版社,2009.

［14］萝瑞·艾胥娜,米奇·梅尔森.欲惑［M］,吴奕俊,陈丽丽,译.北京：机

械工业出版社,2013.

[15] 杰弗里·E.杨,珍妮特·S.克洛斯特,马乔里·E.韦夏.图式治疗:实践指南[M].崔丽霞,译.北京:世界图书出版公司,2010.

[16] 奥汉隆,戴维斯.心理治疗的新趋势:解决导向疗法[M].李淑珺,译.上海:华东师范大学出版社,2009.

[17] 麦克·怀特.叙事治疗的工作地图[M].黄梦娇,译.台北:张老师文化事业股份公司,2008.

[18] 恩斯特·卡西尔.人论[M].甘阳,译.上海:上海译文出版社,1985.

[19] 弗兰克·维克多.活出意义来[M].赵可式,沈锦惠,译.北京:生活·读书·新知·三联书店,1998.

[20] 丹尼斯·赛里贝.优势视角:社会工作实践的新模式[M].李亚文,杜立婕,译.上海:华东理工大学出版社,2004.

[21] 伊根.有效的咨询师[M].王文秀,译.台北:张老师文化事业股份公司,1998.

[22] 欧文·亚隆.直视骄阳:征服死亡恐惧[M].张亚,译.北京:中国轻工业出版社,2005.

[23] 玛莎·戴维斯,等.放松与减压手册[M].宋苏晨,译.南京:译林出版社,2009.

[24] 罗·马里诺夫.哲学是一剂良药[M].黄亮,译.北京:新华出版社,2010.

[25] 春口德雄.角色书信疗法——一种针对问题少年的心理咨询方法[M].孙颖,译.北京:中国轻工业出版社,2011.

[26] 戴夫·默恩斯,布莱恩·索恩.以人为中心心理咨询实践[M].刘毅,译.重庆:重庆大学出版社,2010.

[27] 大卫·韦斯特布鲁克,等.认知行为疗法——技术与应用[M].方双虎,等,译.北京:中国人民大学出版社,2015.

[28] 钟友彬.中国心理分析——认识领悟心理疗法[M].沈阳:辽宁人民出版社,1988.

[29] 罗伯特·伍伯丁.现实疗法[M].郑世彦,译.重庆:重庆大学出版社,2016.

[30] 加德纳.多元智能[M].沈致隆,译.北京:新华出版社,1999.

[31] 阿马蒂亚·森.身份与暴力：命运的幻象[M].李风华,译.北京：中国人民大学出版社,2009.

[32] 史蒂文·赖斯.我是谁：成就人生的 16 种基本欲望[M].于洁,译.北京：机械工业出版社,2004.

[33] 高良武久.森田心理疗法实践：顺应自然的人生学[M].康成俊,尚斌,译.北京：人民卫生出版社,1989.

[34] 森田正马.神经质的实质与治疗——精神生活的康复[M].臧秀智,译.北京：人民卫生出版社,1992.

[35] 大卫·雷诺兹.建构生活[M].汤宜朗,译.北京：中国社会科学出版社,2007.

[36] 杰克·霍吉.习惯的力量[M].吴溪,译.北京：当代中国出版社,2007.

[37] 黎琳.大学生的社会比较与情绪健康[D].华东师范大学,2006.

[38] 陈鼓应.管子四篇诠释[M].北京：商务印书馆,2006.

[39] 克莱尔·威克斯.精神焦虑症的自救[M].王泽彦、刘剑,译.乌鲁木齐：新疆青少年出版社,2012.

[40] 杜炜,何霄,心理咨询的渠道和缓解心理焦虑的呼吸练习[EB/OL],伯克利 CGPSA 公众号,2020,4.

[41] 马克·威廉姆斯,约翰·蒂斯代尔.改善情绪的正念疗法[M].谭洁清,译.北京：中国人民大学出版社,2009.

[42] 罗纳德·西格尔.正念之道：每天解脱一点点[M].李迎潮,李孟潮,译.北京：中国轻工业出版社,2011.

[43] 大卫·塞尔旺施莱伯.痊愈的本能：摆脱压力、焦虑和抑郁的 7 种自然疗法[M].黄钰书,译.北京：中国轻工业出版社,2010.

[44] 季浏,汪晓赞,蔡理.体育锻炼与心理健康[M].上海：华东师范大学出版社,2006.

[45] 毛书凯,王晓红.运动按摩对于改善心境状态的研究初探[J].体育世界,2008(9)：96-97.

[46] 王先滨.中国古代推拿按摩史研究[D].黑龙江中医药大学,2009.

[47] 戴维·丰塔纳.驾驭压力[M].邵蜀望,译.北京：生活·读书·新知三联书店,1996.

［48］克里希那穆提.关系的真谛：做人、交友、处世［M］,邵金荣,译.北京：九州出版社,2010.

［49］斯科特·普劳斯.决策与判断［M］.施俊琦,王星,译.北京：人民邮电出版社,2004.

［50］彭明辉.生命是长期而持续的累积［M］.北京：光明日报出版社,2012.

［51］比斯瓦·斯迪纳.勇气［M］.萧潇,译.北京：中信出版社,2013.

［52］费勇.不抑郁的活法：六祖坛经修心课［M］.上海：华东师范大学出版社,2013.

［53］费勇.金刚经修心课：不焦虑的活法［M］.上海：华东师范大学出版社,2013.

［54］戴尔·卡内基.如何停止忧虑,开创人生［M］.陈真,译.北京：中国友谊出版公司,2001.

［55］根纳季·齐平.演奏者与技术［M］.董茉莉,焦东建,译.北京：中央音乐学院出版社,2005.

［56］伯恩斯·伯恩斯.情绪疗法［M］.覃薇薇,译.沈阳：万卷出版公司,2010.

［57］王芹.大学生成功恐惧及其预测因素研究［D］.天津师范大学,2005.

［58］冯小玉.职场员工的成功恐惧及其与职业幸福感的相关［D］.南京师范大学,2013.

［59］亚当·斯密.道德情操论［M］.胡企林,等,译.北京：商务印书馆,2000.

［60］聂夫.自我同情：接受不完美的自己［M］.刘聪慧,译.北京：机械工业出版社,2012.

［61］斯蒂夫·海耶斯,斯宾塞·史密斯.学会接受你自己——全新的接受与实现疗法［M］.曾早垒,等,译.重庆：重庆大学出版社,2010.

［62］麦凯,伍德,布兰特利.辩证行为疗法［M］.王鹏飞,等,译.重庆：重庆大学出版社,2009.

［63］玛丽莲·阿特金森,蕾·切尔斯.被赋能的高效对话［M］.杨兰,译.北京：华夏出版社,2015.

［64］弗洛姆.爱的艺术［M］.李建鸣,译.上海：上海译文出版社,2008.

［65］刘长林.中国象科学观［M］.北京：社会科学文献出版社,2008.

［66］南怀瑾.《易经》杂说［M］.上海：复旦大学出版社,2011.

［67］金景芳,吕绍刚.周易全解［M］.上海：上海古籍出版社,2005.

［68］张松涛.庄子译注与解析［M］.北京：中华书局,2011.

［69］钱铭怡.心理咨询与心理治疗［M］.北京：北京大学出版社,1994.

［70］加菲尔德.短程心理治疗实践［M］.章晓云,译.北京：中国轻工业出版社,2005.

［71］克拉拉·克拉希尔.助人技术：探索、领悟、行动三阶段模式（第3版）［M］.胡博,等,译.北京：中国人民大学出版社,2015.

［72］休·卡利,蒂姆·邦德.整合性心理咨询实务（第二版）［M］.方双虎,等,译.北京：中国人民大学出版社,2015.

［73］哈罗德·哈克尼,谢里·科米尔.专业心理咨询师——助人过程指南（第五版）［M］.武敏,等,译.北京：高等教育出版社,2015.

［74］比安卡·科迪·墨菲,卡罗琳·狄龙.互动中的咨询会谈：关系、过程与转变（第二版）［M］.高申春,等,译.北京：中国人民大学出版社,2015.

［75］劳伦斯·布拉默,金杰·麦克唐纳.助人关系：过程与技能［M］,张敏,等,译.北京：中国人民大学出版社,2015.

［76］约翰·萨摩斯·弗拉纳根,丽塔·萨摩斯·弗拉纳根.心理咨询面谈技术［M］.陈祉妍,等,译.北京：中国轻工业出版社,2014.

［77］伊丽莎白·雷诺兹·威尔菲,路伊斯·帕特森.心理咨询的过程——多元理论取向的整合探索（第六版）［M］.高申春,等,译.北京：中国人民大学出版社,2009.

［78］查尔斯·汉迪.我们身在何处［M］.周旭华译.上海：东方出版中心,2017.

［79］纳西姆·尼古拉斯·塔勒布.反脆弱［M］.雨珂,译.北京：中信出版社,2014.

［80］亚科·塞库拉、汤姆·埃里克·阿恩克尔.开放对话.期待对话［M］.吴菲菲,等,译.台北：心灵工坊,2016.

［81］杨文圣.一例计算机游戏成瘾的心理治疗［J］.大众心理学,2001(2)：11-12.

［82］杨文圣.家庭的烙印［J］.大众心理学,2002(7)：26-27.

［83］杨文圣,王重鸣.润水疗法要义——心理咨询的中国阐释［J］.医学与哲

学,2006(11)：46－48.

［84］杨文圣,朱育红.基于中国传统文化的心理咨询概念研究［J］.华东理工大学学报(社科版),2009(1)：83－87.(人大复印资料全文转载)

［85］杨文圣,邹雷.基于中国传统文化的心理咨询原则构建［J］.苏州大学学报(哲社版),2010(4)：36－39.

［86］杨文圣,朱育红.涧水心理咨询理论的意志维度研究［J］.华东理工大学学报(社科版),2011(4)：109－113.

［87］杨文圣.涧水疗法的利益维度研究［C］//.黄晞建,张海燕.哲学社会科学论坛.上海：东华大学出版社,2012：178－185.

［88］杨文圣.涧水疗法的参照维度研究［C］//.黄晞建,张海燕.哲学社会科学论坛(第七辑).上海：东华大学出版社,2013：167－172.

［89］杨文圣.心理咨询的中国本土探索［C］//.徐飞.学者笔谈(第8辑).上海：上海交通大学出版社,2013：34－42.

［90］杨文圣.涧水疗法的行动维度研究［C］//.黄晞建,张海燕.哲学社会科学论坛.上海：东华大学出版社,2014：167－172.

［91］杨文圣.涧水疗法的时间维度新论研究［C］//.黄晞建,张海燕.上海高校心理咨询协会第二十三届年会暨上海高校心理健康教育开展30周年学术研讨会论文集.上海：东华大学出版社,2015：397－411.

［92］杨文圣.涧水疗法的同情维度新论研究［C］//.黄晞建,张海燕.上海高校心理咨询协会第二十三届年会暨上海高校心理健康教育开展30周年学术研讨会论文集.上海：东华大学出版社,2015：412－422.

［93］杨文圣.涧水疗法与周易思想的关系研究——与王行先生商榷［J］.本土咨商心理学学刊(中国台湾),2017(1)：51－61.

［94］杨文圣.两仪心理疗法简论［C］//.徐凯文.心理咨询理论与实践.汕头：汕头大学出版社,2019：55－66.

［95］爱德华·泰伯,费丝·霍姆斯·泰伯.心理治疗中的人际过程(第七版)［M］.董娅婷,等,译,北京：人民邮电出版社,2021.

［96］克里斯托弗·肯·吉莫.不与自己对抗,你就会更强大［M］.李龙译.长春：吉林文史出版社,2012年.

［97］钱穆.论语新解［M］.北京：生活·读书·新知三联书店,2006.

后　记

　　本书最早于 2017 年由上海三联书店出版,名为《两仪心理疗法——心理咨询的中国阐释》。那是我写的第一本书,它饱含我的心血,同时饱含遗憾。为了弥补遗憾,这些年我不断反思。在反思的基础上,我对原书进行了大幅修改,前后修改六万余字,个别章节的顺序亦有调整。通过修改,道理阐述得更加直白通透。我来自山村,直白通透是我的追求。我很欣慰,我达到了。

　　我满意这本书。

　　我将心血注入这本书。

　　我感谢我的家人、我的历任领导和同事。长期以来,你们一起为我创造了宽松的工作、生活环境,让我可以思接千载,神游八荒。

　　我在此也感谢上海交通大学党委书记、教育部普通高等学校学生心理健康教育专家指导委员会副主任委员、上海学校心理健康教育专家指导委员会主任委员杨振斌教授,加州大学伯克利分校心理咨询中心时任主任杰弗里·普林斯博士,教育部普通高等学校学生心理健康教育专家指导委员会副秘书长、清华大学学生心理指导中心主任李焰教授为本书倾情作序。感谢英国剑桥大学心理咨询中心前主任杰拉尔丁·杜福尔博士,教育部普通高等学校学生心理健康教育专家指导委员会常务副秘书长、北京师范大学心理咨询中心主任乔志宏教授为本书撰写推荐语。感谢教育部普通高等学校学生心理健康教育专家指导委员会委员、中山大学心理咨询中心主任李桦教授长期以来对我的支持。你们的肯定于我是一份莫大的鼓励。感谢上海交通大学学生工作指导委员会秘书长方曦老师和学生处副处长康健老师对我的工作和本书出版的大力支持。感谢本书编辑吴芸茜老师的智慧付出,感谢天津市教科院研究员曹瑞老师、上海师范大学心理咨询中心马婷婷老师和华中科技大学心理咨询中心孙晗老师的修改意见。感谢上海交通大学李安英老师和徐绎洋老师的帮助。谢谢你们!

感谢上海交通大学大学生发展研究院的出版资助。

最后,我感谢我的家乡安徽省霍山县,你赐予我灵魂;我感谢我一直以来学习工作的地方——上海,你赐予我技能。

杨文圣

2022 年 5 月